特种作业人员安全技术考核培训教材

施工升降机工

主编　王积永　张永光

中国建筑工业出版社

图书在版编目(CIP)数据

施工升降机工/王积永，张永光主编. —北京：中国建筑工业出版社，2020.2
特种作业人员安全技术考核培训教材
ISBN 978-7-112-24589-5

Ⅰ.①施… Ⅱ.①王…②张… Ⅲ.①建筑机械-升降机-安全培训-教材 Ⅳ.①TH211.08

中国版本图书馆CIP数据核字(2020)第011013号

责任编辑：李 杰
责任校对：李美娜

特种作业人员安全技术考核培训教材
施工升降机工
主编 王积永 张永光
*
中国建筑工业出版社出版、发行（北京海淀三里河路9号）
各地新华书店、建筑书店经销
北京红光制版公司制版
天津翔远印刷有限公司印刷
*
开本：787×1092毫米 1/16 印张：15¾ 字数：334千字
2020年5月第一版 2020年5月第一次印刷
定价：**66.00**元
ISBN 978-7-112-24589-5
(35340)

特种作业人员安全技术考核培训教材编审委员会

审定委员会

编写委员会

本书编委会

主　　编　王积永　张永光

副 主 编　李绘新　李晓南　张岩斌

参编人员　魏学升　焦玉强　罗福文　赵晓洲　宋　超

出版说明

随着我国经济快速发展、科学技术不断进步，建设工程的市场需求发生了巨大变换，对安全生产提出了更多、更新、更高的挑战。近年来，为保证建设工程的安全生产，国家不断加大法规建设力度，新颁布和修订了一系列建筑施工特种作业相关法律法规和技术标准。为使建筑施工特种作业人员安全技术考核工作与现行法律法规和技术标准进行有机地接轨，依据《中华人民共和国安全生产法》《建设工程安全生产管理条例》《安全生产许可证条例》《建筑起重机械安全监督管理规定》《建筑施工特种作业人员管理规定》《危险性较大的分部分项工程安全管理规定》及其他相关法规的要求，我们组织编写了这套“特种作业人员安全技术考核培训教材”。

本套教材由《特种作业安全生产基本知识》《建筑电工》《普通脚手架架子工》《附着式升降脚手架架子工》《建筑起重司索信号工》《塔式起重机工》《施工升降机工》《物料提升机工》《高处作业吊篮安装拆卸工》《建筑焊接与切割工》共10册组成，其中《特种作业安全生产基本知识》为通用教材，其他分别适用于建筑电工、建筑架子工、起重司索信号工、起重机械司机、起重机械安装拆卸工、高处作业吊篮安装拆卸工和建筑焊接切割工等特种作业工种的培训。在编纂过程中，我们依据《建筑施工特种作业人员培训教材编写大纲》，参考《工程质量安全手册（试行)》，坚持以人为本与可持续发展的原则，突出系统性、针对性、实践性和前瞻性，体现建筑施工特种作业的新常态、新法规、新技术、新工艺等内容。每册书附有测试题库可供作业人员通过自我测评不断提升理论知识水平，比较系统、便捷地掌握安全生产知识和技术。本套教材既可作为建筑施工特种作业人员安全技术考核培训用书，也可作为建设单位、施工单位和建设类大中专院校的教学及参考用书。

本套教材的编写得到了住房和城乡建设部、山东省住房和城乡建设厅、清华大学、中国海洋大学、山东建筑大学、山东理工大学、青岛理工大学、山东城市建设职业学院、青岛华海理工专修学院、烟台城乡建设学校、山东省建筑科学研究院、山东省建设发展研究院、山东省建筑标准服务中心、潍坊市市政工程和建筑业发展服务中心、德州市建设工程质量安全保障中心、山东省建设机械协会、山东省建筑安全与设备管理协会、潍坊市建设工程质量安全协会、青岛市工程建设监理有限责任公司、潍坊昌大建设集团有限公司、威海建设集团股份有限公司、山东中英国际建筑工程技术有限公司、山东中英国际工程图书有限公司、清大鲁班（北京）国际信息技术有限公司、中国建筑工业出版社等单位的大力支持，在此表示衷心的感谢。本套教材虽经反复推敲核证，仍难免有不妥甚至疏漏之处，恳请广大读者提出宝贵意见。

编审委员会

2020 年 04 月

前　言

本书适用于建筑起重机械司机（施工升降机）和建筑起重机械安装拆卸工（施工升降机）两个工种的安全技术考核培训。本书的编写主要依据《建筑施工特种作业人员培训教材编写大纲》，参考了住房和城乡建设部印发的《工程质量安全手册（试行)》。本书认真研究了施工升降机司机和安拆工的岗位责任、知识结构，重点突出了施工升降机作业工种的操作技能要求，主要内容包括起重吊装基本知识、施工升降机的型号和分类、施工升降机的金属结构及基础、施工升降机的传动和电气系统、施工升降机的安全装置、施工升降机的安装与拆卸、施工升降机的安全使用、施工升降机的维护保养与常见故障排除、施工升降机事故危险源及控制等方面，对于强化施工升降机作业人员的安全生产意识、增强安全生产责任、提高施工现场安全技术水平具体指导作用。

本书的编写广泛征求了建设行业主管部门、高等院校和企业等有关专家的意见，并经过多次研讨和修改完成。中国海洋大学、山东建筑大学、山东省建设发展研究院、山东省建筑标准服务中心、山东景芝建设股份有限公司、山东中英国际工程图书有限公司等单位对本书的编写工作给予了大力支持；同时本书在编写过程中参考了大量的教材、专著和相关资料，在此谨向有关作者致以衷心感谢！

限于我们水平和经验，书中难免存在疏漏和错误，诚挚希望读者提出宝贵意见，以便完善。

编　者

2020年04月

目　　录

1　专业基础知识

2　起 重 吊 装

6 施工升降机的安全装置

7 施工升降机的安装与拆卸

9 施工升降机的维护保养与常见故障排除

10 施工升降机事故危险源及排除治理

1 专业基础知识

1.1 液压传动基础知识

液压传动是指利用液压泵将机械能转换为液体的压力能，再通过各种控制阀和管路的传递，借助液压执行元件（缸或马达）把液体压力能转换为机械能，从而驱动工作机构，实现直线往复运动或回转运动的过程。

1.1.1 液压系统的主要元件

1. 动力元件

动力元件供给液压系统压力，并将原动机输出的机械能转换为油液的压力能，从而推动整个液压系统工作。最常用的是液压泵，它给液压系统提供压力。

液压泵一般有齿轮泵、叶片泵和柱塞泵等几个种类。其中柱塞泵是靠柱塞在液压缸中往复运动造成容积变化来完成吸油与压油的。轴向柱塞泵是柱塞中心线互相平行于缸体轴线的一种泵，有斜盘式和斜轴式两类。斜盘式的缸体与传动轴在同一轴线上，斜盘与传动轴成一倾斜角，它可以是缸体转动，也可以是斜盘转动，如图 1-1(a) 所示。斜轴式的则为缸体相对传动轴轴线成一倾斜角，如图 1-1(b) 所示。轴向柱塞泵虽然具有结构紧凑、径向尺寸小、惯性小、容积效率高、压力高等优点，但是其轴向尺寸大，结构也比较复杂。轴向柱塞泵在高工作压力的设备中应用很广。

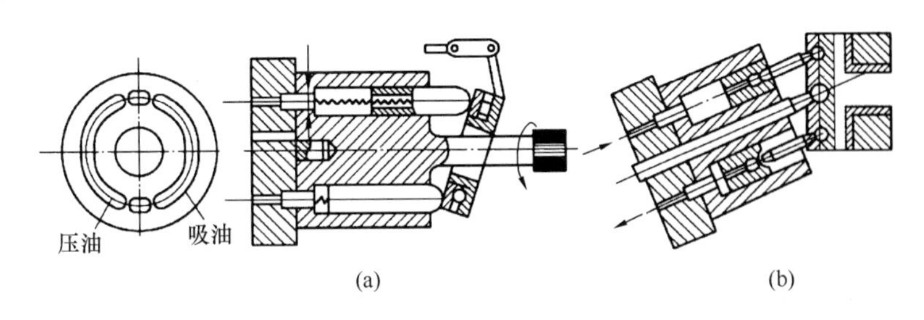

图 1-1 柱塞泵工作原理图

(a) 斜盘式；(b) 斜轴式

2. 执行元件

执行元件是把液压能转换成机械能，以驱动工作部件运动的装置。最常用的是液压缸或液压马达。

(1) 液压缸一般用于实现往复直线运动或摆动，将液压能转换为机械能，是液压系统中的执行元件。

（2）液压马达也是将液压能转换成机械能的转换装置。与液压缸不同的是，液压马达是以转动的形式输出机械能。液压马达有齿轮式、叶片式和柱塞式之分。

液压马达和液压泵从原理上讲是可逆的。当电动机带动其转动时由其输出压力能（压力和流量），即为液压泵；反之，当压力油输入其中，由其输出机械能（转矩和转速），即为液压马达。

3. 控制元件

控制元件包括各种阀类，如压力阀、流量阀和方向阀等，用来控制液压系统的液体压力、流量（流速）和方向，以保证执行元件完成预期的工作运动。

图 1-2　双向液压锁

（1）双向液压锁

双向液压锁广泛应用于工程机械及各种液压装置的保压油路中，是一种防止过载和液力冲击的安全溢流阀，安装在液压缸上端部，如图 1-2 所示。液压锁主要用于油管破损等原因导致系统压力急速下降时，锁定液压缸，防止事故发生。

（2）溢流阀

溢流阀是一种液压控制阀，通过阀口的溢流，使被控制系统压力维持恒定，实现稳压、调压或限压作用。它依靠弹簧力和油压的平衡实现液压泵供油压力的调节。

（3）减压阀

减压阀利用液流流过缝隙产生压降的原理，使出口油压低于进口油压，以满足执行机构的需要。减压阀有直动式和先导式两种。一般采用先导式，如图 1-3 所示。

（4）顺序阀

顺序阀是用来控制液压系统中两个或两个以上工作机构动作先后顺序的阀。顺序阀串联于油路上，它是利用系统中的压力变化来控制油路通断的。顺序阀可分为直动式和先导式（图 1-4），又可分为内控式和外控式，压力也有高压、低压之分。应用较

图 1-3　先导式减压阀

图 1-4　先导式顺序阀

广的是直动式。

（5）换向阀

换向阀是借助于阀芯与阀体之间的相对运动来改变油液流动方向的阀，如图 1-5 所示。按阀芯相对于阀体的运动方式不同，换向阀可分为滑阀（阀芯移动）和转阀（阀芯转动）；按阀体连通的主要油路数不同，换向阀可分为二通、三通和四通等；按阀芯在阀体内的工作位置数不同，换向阀可分为二位、三位和四位等；按操作方式不同，换向阀可分为手动、机动、电磁动、液动和电液动等。换向阀阀芯定位方式分为钢球定位和弹簧复位两种。

图 1-5 换向阀

（a）电磁式换向阀；（b）手动式换向阀

三位四通阀工作原理：如图 1-6 所示，阀芯有三个工作位置（左、中、右称为三位），阀体上有四个通路 T、A、B、P，称为四通（P 为进油口，T 为回油口，A、B 为通往执行元件两端的油口），此阀称为三位四通阀。当阀芯处于中位时[图 1-6(a)]，各通道均堵住，液压缸两腔既不能进油，又不能回油，此时活塞锁住不动。当阀芯处于右位时［图 1-6(b)］，压力油从 P 口流入，A 口流出；回油从 B 口流入，T 口流回油箱。当阀芯处于左位时［图 1-6(c)］，压力油从 P 口流入，B 口流出；回油由 A 口流入，T 口流回油箱。图 1-6(d) 为三位四通阀的图形符号。

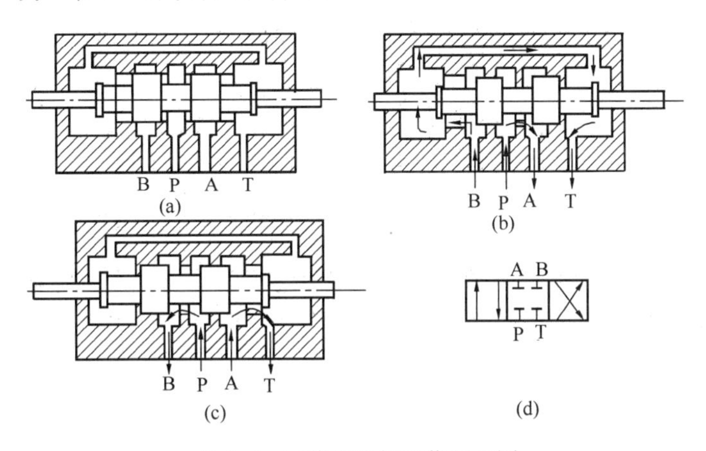

图 1-6 三位四通阀工作原理图

（a）滑阀处于中位；（b）滑阀移于右位；（c）滑阀移于左位；（d）图形符号

（6）流量控制阀

流量控制阀是通过改变液流的通流截面来控制系统工作流量，以改变执行元件运动速度的阀，简称流量阀。常用的流量阀有节流阀（图 1-7）和调速阀等。

图 1-7　节流阀

4. 辅助元件

辅助元件是指各种管接头、油管、油箱、过滤器和压力计等，起连接、储油、过滤和测量油压等辅助作用，以保证液压系统可靠、稳定、持久地工作。

（1）油管和管接头

1）油管。油管的作用是连接液压元件和输送液压油。在液压系统中常用的油管有钢管、铜管、塑料管、尼龙管和橡胶软管，使用时可根据具体用途进行选择。

2）管接头。管接头用于油管与油管、油管与液压元件之间的连接。管接头按通路数可分为直通、直角和三通等形式，按接头连接方式可分为焊接式、卡套式、管端扩口式和扣压式等，按连接油管的材质可分为钢管管接头、金属软管管接头和胶管管接头等。我国已有管接头标准，使用时可根据具体情况进行选择。

（2）油箱

油箱主要功能是储油、散热及分离油液中的空气和杂质。油箱的结构如图 1-8 所示，其形状根据主机总体布置而定。它通常用钢板焊接而成，吸油侧和回油侧之间有两个隔板 7 和 9，将两区分开，以改善散热并使杂质多沉淀在回油管一侧。吸油管 1 和回油管 4 应尽量远离，但距箱边应大于管径的三倍。加油用加油孔（滤网）2 设在回油管一侧的上部，兼起过滤空气的作用。盖上面装有通气罩 3。为便于放油，油箱底面有适当的斜度，并设有放油塞 8，油箱侧面设有油标 6，以观察油面高度。当需要彻底清洗油箱时，可将箱盖 5 卸开。

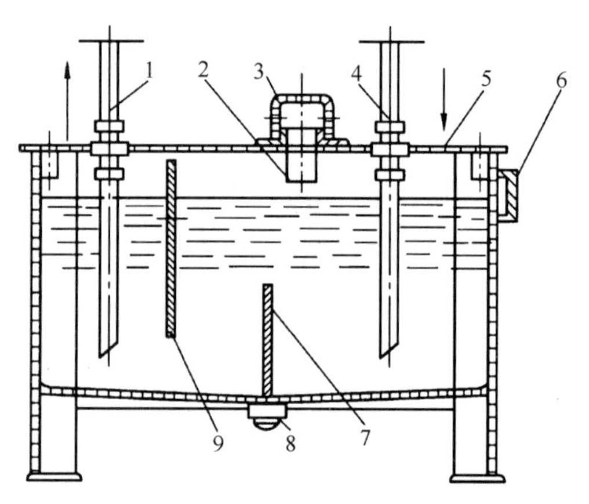

图 1-8　油箱结构示意图

1—吸油管；2—加油孔（滤网）；3—通气罩；
4—回油管；5—箱盖；6—油标；
7，9—隔板；8—放油塞

油箱容积主要根据散热要求来确定，同时还必须考虑机械在停止工作时系统油液在自重作用下能全部返回油箱。

（3）滤油器

滤油器的作用是分离油中的杂质，使系统中的液压油经常保持清洁，以提高系统工作的可靠性和液压元件的寿命，如图 1-9 所示。液压系统中的所有故障，80%左右是因污染的油液引起的，因此液压系统所用的油液必须经过过滤，并在使用过程中要保持油液清洁。油液的过滤一般都先经过沉淀，然后经滤油器过滤。

滤油器按过滤情况可分为粗滤油器、普通滤油器、精滤油器和特精滤油器，按结构可分为网式滤油器、线隙式滤油器、烧结式滤油器、纸芯式滤油器和磁性滤油器等形式。滤油器可以安装在液压泵的吸油口、出油口以及重要元件的前面。通常情况下，泵的吸油口装粗滤油器，泵的出油口和重要元件前装精滤油器。

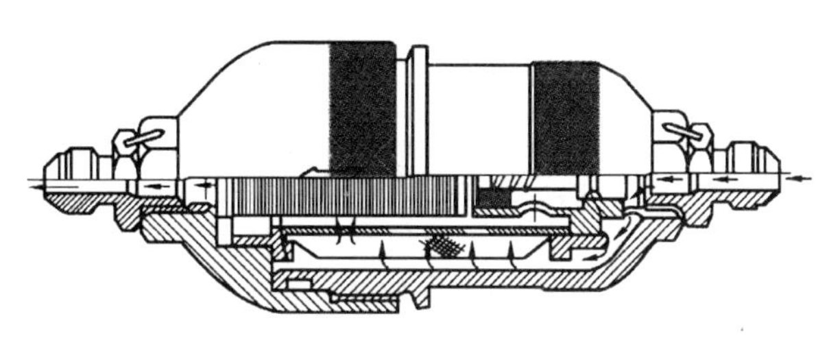

图 1-9　滤油器

滤油器的基本要求是：过滤精度（滤油器滤芯滤去杂质的粒度大小）满足设计要求；过滤能力（即一定压降下允许通过滤油器的最大流量）满足设计要求；滤油器应有一定的机械强度，不会因液压作用而破坏；滤芯抗腐蚀能力强，并能在一定的温度范围内持久工作；滤芯要便于清洗和更换，便于装拆和维护。

1.1.2　液压油

液压油是液压系统的工作介质，指在液压系统中，承受压力并传递压力的油液，也是液压元件的润滑剂和冷却剂。

1. 液压油的性质

液压油的性质对液压传动性能有明显的影响，因此在选用液压油时应注意液压油的黏度随温度变化的性能、抗磨损性、抗氧化安定性、抗乳化性、抗剪切安定性、抗泡沫性、抗燃性、抗橡胶溶胀性和防锈性等。

液压油的性质不同，其价格也相差很大。在选择液压油时，应根据设备说明书的规定并结合使用环境选用合适的液压油，既要适用又不至于浪费。

2. 液压油的更换

油箱在第一次加满油后，经开机运转应向油箱内进行二次加油，并使液压油至油位观察窗上限，以确保油箱内有足够的油液循环。

在使用过程中由于液压油氧化变质，各种理化性能会随之下降，因此，应及时更换液压油。其换油周期可按以下几种方法确定：

(1) 综合分析测定法。依靠化验仪器定期取样测定主要理化性能指标，连续监控油的变质状况。

(2) 固定周期换油法。按液压系统累计运转小时数换油，通常按使用说明书要求的周期进行更换。

(3) 经验判断法。通过采集油样与新油相比进行外观检查，观看油液有无颜色、水分、沉淀、泡沫、异味、黏度等变化，综合各类情况做出外观判断和处理。当液压油变成乳白色，或者混入空气或水，应分离水气或换油；当液压油中有小黑点，或发现混入杂质、金属粉末，应过滤或换油；当液压油变成黑褐色，或有臭味、氧化变质，应全部换油。

1.1.3 液压传动系统工作原理及操作过程

SSD型施工升降机（曳引机上置式）升降套架液压顶升机构液压传动系统工作原理如图1-10所示。

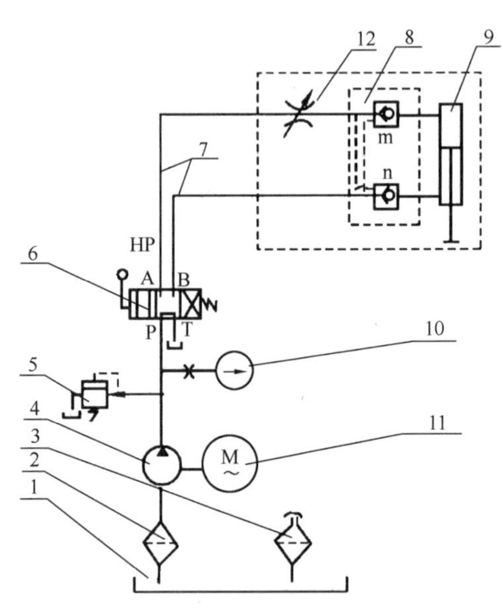

图1-10 液压传动系统原理图

1—油箱；2—滤油器；3—空气滤清器；4—液压泵；5—溢流阀；6—手动换向阀；7—HP（高压胶管）；8—双向液压锁；9—顶升油缸；10—压力表；11—电机；12—节流阀

顶升过程：推动油缸活塞杆伸出时，手动换向阀6处于上升位置（图示左位），液压泵4由电机带动旋转后，从油箱1中吸油，油液经滤油器2进入液压泵4，由液压泵4转换成压力油P口→A→HP（高压胶管）7→节流阀12→液控单向阀m→油缸无杆腔，推动缸筒上升，同时打开液控单向阀n，以便回油反向流动。回油：有杆腔→液控单向阀n→HP（高压胶管）7→手动换向阀B口→T口→油箱。手动换向阀6处于中间位置。电机11启动，液压泵4工作，油液经滤油器2进入液压泵4，再到手动换向阀6中间位置P→T回到油箱1。此时系统处于卸荷状态

下降过程：推动油缸活塞杆收缩时，手动换向阀6处于下降位置（图示右位），压力油P口→B→HP（高压胶管）7→液控单向阀n→油缸有杆腔，同时压力油也打开液控单向阀m，以便回油反向流动。回油：油缸无杆腔→液控单向阀m→HP（高压胶管）7→手动换向阀A口→T口→油箱。手动换向阀6处于中间位置。电机11启动，液压泵4工作，油液经滤油器2进入液压泵4，再到手动换向阀6中间位置P→T回到油箱1。此时系统处于卸荷状态。

1.2 钢结构基础知识

1.2.1 钢结构的特点

钢结构是由钢板、热轧型钢、薄壁型钢和钢管等构件通过焊接、铆接和螺栓、销

轴等形式连接而成的能承受和传递荷载的结构，是施工升降机的重要组成部分。

钢结构与其他材料制成的结构相比，具有下列特点：

1. 强度高、重量轻

钢结构材料为钢材。钢材比木材、砖石、混凝土等建筑材料的强度要高出很多倍，因此当承受的载荷和条件相同时，用钢材制成的结构自重较轻，所需截面较小，运输和架设较方便。

2. 塑性和韧性好

钢材具有良好的塑性，在一般情况下，不会因偶然超载或局部超载造成突然断裂破坏，而是事先出现较大的变形预兆，以利人们采取补救措施。钢材还具有良好的韧性，使得结构对常作用在起重机械上的动力载荷适应性强，为钢结构的安全使用提供了可靠保证。

3. 材质均匀

钢材的内部组织均匀，各个方向的物理力学性能基本相同，很接近各向同性体，在一定的应力范围内，钢材处于理想弹性状态，与工程力学所采用的基本假定较符合，故计算结果准确可靠。

4. 制造方便，具有良好的装配性

钢结构是型钢和钢板等构件采用焊接、螺栓或铆接等手段制造成基本构件，运至现场装配拼接而成。故制造简便、施工周期短、效率高，且修配、更换也方便。

5. 密封性好

钢结构如采用焊接连接方式易做到紧密不渗漏，密封性好，适用于制作容器、油罐、油箱等。

6. 耐腐蚀性差

钢结构在湿度大或有侵蚀性介质情况下容易锈蚀，因而需经常维修和保护，如除锈、刷油漆等，维护费用较高。

7. 耐高温性差

钢材不耐高温，随着温度升高至200～300℃，钢材强度会降低，因此对重要的结构必须注意采取防火措施。

8. 耐低温性差

低碳钢冷脆性一般以－20℃为界，对于我国的环境一般不用考虑低温性能，对于出口俄罗斯、乌克兰等国家就必须考虑钢材的低温性能。

1.2.2 钢结构的材料

1. 钢材的类别和标号

钢结构的钢材主要有：碳素结构钢（或称普通碳素钢）、低合金结构钢和优质碳素结构钢。

（1）碳素结构钢

根据国家标准《碳素结构钢》GB/T 700—2006 的规定，将碳素结构钢分为 Q195、Q215、Q235 和 Q275 四个牌号，其中 Q 是屈服强度中屈字汉语拼音的字首，后接的阿拉伯数字表示屈服强度的大小，单位为 N/mm^2。其中，起重机械结构中应用最广的是 Q235 钢。

（2）低合金结构钢

低合金结构钢是在普通碳素结构钢中添加一种或几种少量合金元素，总量低于 5%，故称低合金结构钢。根据国家标准《低合金高强度结构钢》GB/T 1591－2018 的规定，低合金高强度钢分为 Q355、Q390、Q420、Q460、Q500、Q550、Q620、Q690 等，阿拉伯数字表示该钢种屈服强度的大小，单位为 N/mm^2。其中 Q355 是起重机械钢结构常用的钢种。

（3）优质碳素结构钢

优质碳素结构钢是碳素结构钢经过热处理（如调质处理和正火处理）得到的优质钢。优质碳素结构钢与碳素结构钢的主要区别在于优质碳素结构钢中含杂质元素较少，硫、磷含量都不大于 0.035%，并且严格限制其他缺陷，有较好的综合性能。根据《优质碳素结构钢》GB/T 699—2015 规定，优质碳素结构钢共有 31 种。其中 20 号、45 号是起重机械钢结构常用钢种。

2. 钢材的类型

型钢和钢板是制造钢结构的主要钢材。钢材有热轧成型和冷轧成型两类。热轧成型的钢材主要有型钢和钢板，冷轧成型的有薄壁型钢和钢管。

按照国家标准规定，型钢和钢板均具有相关的断面形状和尺寸。

（1）热轧钢板

厚钢板，厚度 4.5～60mm，宽度 600～3000mm，长 4～12m。

薄钢板，厚度 0.35～4.0mm，宽度 500～1500mm，长 1～6m。

扁钢，厚度 4.0～60mm，宽度 12～200mm，长 3～9m。

花纹钢板，厚度 2.5～8mm，宽度 600～1800mm，长 4～12m。

（2）角钢

角钢分等边角钢和不等边角钢两种，用符号 L 以及肢宽×肢宽×肢厚－长度表示。例如，长肢宽为 160mm、短肢宽为 100mm、肢厚为 12mm、长度为 4000mm 的不等边角钢，可表示为：L160×100×12-4000。

（3）槽钢

槽钢分普通槽钢和轻型槽钢两种，用号数表示。号数为其截面高度的厘米数，还附以字母 a、b、c 以区别腹板厚度，并冠以符号“[”。例如，[40b－12000 表示槽钢截面高度为 40cm，腹板为中等厚度，长度为 12m 的槽钢。在相同号码中，轻型槽钢要比普通槽钢的翼缘宽而薄，回转半径大，重量较轻。

（4）工字钢

工字钢分普通工字钢和轻型工字钢两种，用号数表示，号数为其截面高度的厘米数。20 号以上工字钢，同一号数有三种腹板厚度，分别为 a、b、c 三类。例如 I20a-5000，表示截面高度为 20cm、腹板为 a 类、长度为 5m 的工字钢。a 类腹板最薄、翼缘最窄，b 类较厚较宽，c 类最厚最宽。同样高度的轻型工字钢的翼缘要比普通工字钢的翼缘宽而薄，腹板亦薄，故回转半径略大，重量较轻。轻型工字钢可用汉语拼音符号“Q”表示，如 QI40，即表示截面高度为 40cm 的轻型工字钢。

（5）钢管

钢管分无缝钢管和焊接钢管两种，焊接钢管由钢板卷焊而成，又分为直缝焊钢管和螺旋焊钢管两类。钢管的规格以外径（mm）×壁厚（mm）来表示；如外径 60mm、壁厚 10mm、长度 10m 的无缝钢管，可表示为 $\Phi60\times10$。

（6）H 型钢

H 型钢分热轧和焊接两种。热轧 H 型钢分为宽翼缘 H 型钢（代号为 HW）、中翼缘 H 型钢（HM）、窄翼缘 H 型钢（HN）和 H 型钢柱（HP）等四类。H 型钢规格标记为高度（H）×宽度（B）×腹板厚度（t_1）×翼缘厚度（t_2），如 H340×250×9×14，表示高度为 340mm，宽度为 250mm，腹板厚度为 9mm，翼缘厚度为 14mm。它是中翼缘 H 型钢。

（7）冷弯薄壁型钢

冷弯薄壁型钢是用冷轧钢板、钢带或其他轻合金材料在常温下经模压或弯制冷加工而成的。用冷弯薄壁型钢制成的钢结构，质量轻，省材料，截面尺寸又可以自行设计。

3. 钢材的特性

（1）钢材的主要力学性能

1）钢材单向受力状态下的性能

如图 1-11 所示为钢材的一次拉伸应力—应变曲线。钢材具有明显的弹性阶段、弹塑性阶段、塑性阶段和应变硬化阶段。

在弹性阶段，钢材的应力与应变成正比，服从胡克定律，这时变形属弹性变形。当应力释放后，钢材能够恢复原状。弹性阶段是钢材工作的主要阶段。

在弹塑性阶段、塑性阶段，应力不再上升而变形发展很快。当应力释放之后，将遗留不能恢复的变形，这种变形属弹塑性、塑性变形。在应变硬化阶段，当继续加载时，钢材的强度又有显著提高，塑性变形也显著增大（应力与应变已不服从胡克定律），随后将会发生破坏，钢材真正破坏时的强度为抗拉强度 σ_b。

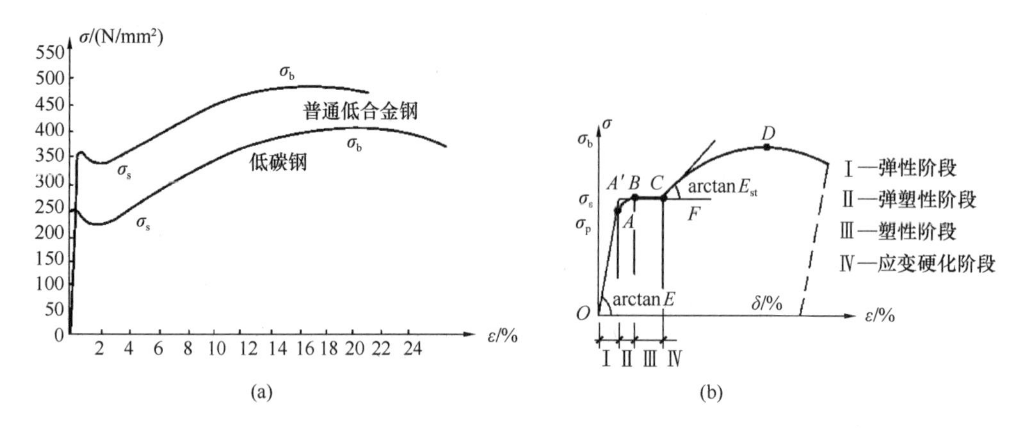

图 1-11　低碳钢的一次拉伸应力—应变曲线

（a）普通低合金钢和低碳钢的一次拉伸应力—应变曲线；

（b）低碳钢拉伸应力—应变曲线的四个阶段

由此可见，单向受力状态从屈服点到破坏，钢材仍有着较大的强度储备，从而增加了结构的可靠性。

2）钢材在复杂受力状态下的性能

在实际结构中，钢材常常受到二向或三向平面应力的作用，其强度、塑性和韧性也会产生变化。在同号平面应力作用状态下，钢材的弹性工作范围和抗拉强度均有提高，塑性变形降低；在异号平面应力作用状态下，情况则相反。钢材在受同号立体应力和异号立体应力作用下的情况与平面应力相类似。

（2）钢材的脆性破坏

钢材的破坏性质按照断裂前塑性变形的大小，分为塑性破坏和脆性破坏两类。在产生了很大塑性变形后材料才出现断裂称为塑性破坏；在材料几乎不出现显著的变形情况下就突然断裂称为脆性破坏。

脆性破坏往往是多种因素影响的结果。主要影响因素有：某些有害的化学成分、应力集中、加工硬化、低温和焊接等。

1）化学成分

钢的基本元素是铁（Fe），在普通碳素结构钢中纯铁的含量约占 99％，另外含有碳（C）、锰（Mn）、硅（Si）、硫（S）、磷（P）等元素和氧（O）、氮（N）等有害气体，仅占 1％左右。钢的化学成分对材料机械性能和可焊性影响很大。

碳是决定钢材性能的最主要元素，含碳量增加，钢材的屈服点和抗拉强度就会提高，硬度也上升，但伸长率、冲击韧性会减小。同时，钢材的疲劳强度、冷弯性能和抗腐蚀性能也将明显降低。因此，规范对各类钢材含碳量有限制，一般不超过 0.22％。

锰是有益元素，能显著地提高钢材强度，并保持一定的塑性和冲击韧性。但含量过多，也会降低钢的可焊性。一般在普通碳素钢中，锰含量为 0.25％～0.65％。

硅能提高钢的强度和硬度，但含硅量过多会降低钢材的塑性和冲击韧性以及可焊性，故对钢材中的含硅量控制在0.1%～0.3%。

硫是钢材中的有害元素。含硫量增大会降低钢材的塑性、冲击韧性、疲劳强度和抗腐蚀性。由于硫化物在高温时很脆，使钢材在热加工时易发生脆断（热脆），焊接时易开裂，故含硫量必须严格控制，一般不超过0.055%。

磷和硫一样，也是有害元素。随着含磷量的增加，钢材的塑性和冲击韧性降低，低温时尤为明显，使钢材发生脆断（冷脆）。因此，磷的含量也应严格限制，一般不超过0.045%。

氧和氮是钢中的有害气体。在金属熔化状态下，从空气中进入，都使钢变脆，造成材质不匀。因此在冶炼和焊接时，要避免钢材受大气作用，使氧和氮的含量尽量减少。

2）应力集中的影响

如钢材存在缺陷（气孔、裂纹、夹杂等），或者结构具有孔洞、开槽、凹角、厚度变化以及制造过程中带来的损伤，都会导致材料截面中的应力不再保持均匀分布，在这些缺陷、孔槽或损伤处，将产生局部的高峰应力，形成应力集中。

3）加工硬化（残余应力）的影响

钢材在常温下经过冲孔、剪切、冷拉、校直等冷加工后，会产生局部或整体硬化，使钢材的强度和硬度提高，塑性和韧性下降，这种现象称冷作硬化或加工硬化。经过硬化的钢材，在常温下，经过一段时间后，钢材的强度会进一步提高，塑性和韧性会进一步下降，称时效硬化。

热轧型钢在冷却过程中，在截面突变处如尖角、边缘及薄细部位，率先冷却，其他部位渐次冷却，先冷却部位约束阻止后冷却部位的自由收缩，产生复杂的热轧残余应力分布。不同形状和尺寸规格的型钢残余应力分布不同。

4）低温的影响

当温度到达某一低温后，钢材就处于脆性状态，冲击韧性很不稳定。钢种不同，冷脆温度也不同。

5）焊接的影响

钢结构的脆性破坏，在焊接结构中常常发生。焊接引起钢材变脆的原因是多方面的，其中主要是焊接温度影响。由于焊接时焊缝附近的温度很高，在热影响区域，经过高温和冷却的过程，使钢材的组织构造和机械性能起了变化，促使钢材脆化。钢材经过气割或焊接后，由于不均匀的加热和冷却，将引起残余应力。残余应力是自相平衡的应力，退火处理后可部分乃至全部消除。

（3）钢材在连续反复载荷作用下的性能——疲劳

钢材在连续反复载荷作用下，即使其最大应力低于抗拉强度，甚至低于屈服点，也可能发生脆性破坏，此现象称为疲劳。疲劳破坏一般发生在应力比较集中的区域，如截面突变处、焊缝连接处、钢材表面缺口处等。疲劳强度直接影响了结构的安全可靠性，是起重机械钢结构设计的主要指标之一。

影响钢材疲劳强度的因素较多，包括钢材种类、连接接头形式、结构特征、应力循环形式、应力变化幅度以及载荷重复次数等。

钢结构长期承受连续反复载荷作用，应特别注意疲劳现象。对于某些工作级别的起重机，就须验算疲劳强度。例如，起重机结构件的工作级别为 E4～E8 级的结构件，须验算疲劳强度。

1.2.3 钢结构的连接

钢结构是由若干钢材（钢板或型钢）通过焊缝、螺栓、销轴、铆钉等连接成基本构件，再通过焊缝、螺栓或铆钉等把基本构件相互连接成能承载的结构件。连接是起重机械钢结构的重要环节，且连接处的加固比构件的加固要困难，因此必须对连接设计予以足够的重视。

1. 焊接连接

焊接连接是目前起重机械钢结构最主要的连接方法，其优点是构造简单、省材料、易加工，并易采用自动化作业；焊接连接的缺点是质量检验费事，会引起结构的变形和产生残余应力。

（1）焊接接头的型式和焊缝种类

在起重机械钢结构中，焊接接头的型式主要有四种：平接、搭接、顶接和角接。

焊缝按构造分有对接缝、角焊缝、槽焊缝和电焊钉。在起重机械钢结构中，主要采用对接焊缝和角焊缝两种。

对接焊缝用于连接位于同一平面的构件［图 1-12(a)，图 1-12(d)］，其用料经济，

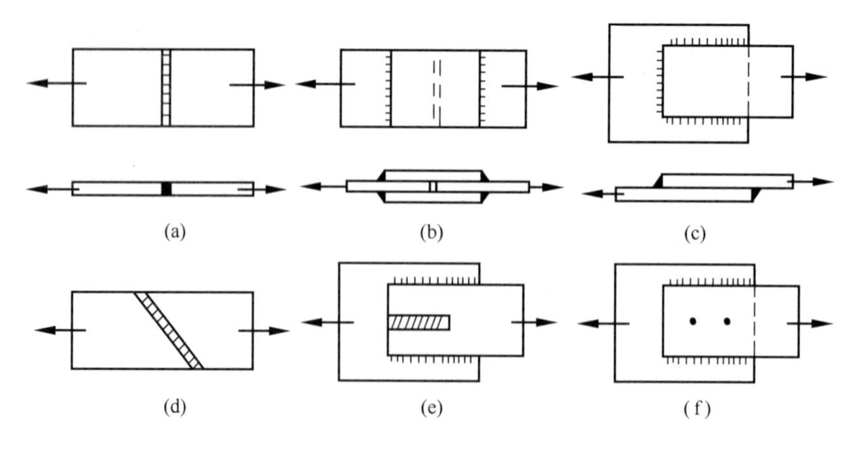

图 1-12　焊接接头和焊缝型式

传力均匀、平顺，没有显著的应力集中，适于承受动力载荷，但对施焊要求较高，被焊构件应保持一定的间隙。对较厚的钢板，板边还须加工成坡口，施工不便。

角焊缝用作平接连接时，须用连接板［图 1-12(b)］，其费料且截面有突变，易引起应力集中。用作搭接连接时［图 1-12(c)，图 1-12(e)，图 1-12(f)］，传力不均匀，费料，但施工简便，连接两板的间隙大小也无须严格控制。

采用槽缝［图 1-12(e)］或电焊钉［图 1-12(f)］，可以缩短钢材搭接的长度，并使连接紧凑、传力均匀，但增加制造工作量。

焊缝按长度的连贯性分有连续焊缝和断续焊缝两种（图 1-13）。连续焊缝用于主要构件的连接，能承受外力；断续焊缝用于受力较小或不受力的构造连接。

焊缝按施焊部位不同分有俯焊缝、横焊缝、竖焊缝和仰焊缝，分别如图 1-14 中 a～d所示。其中俯焊缝施焊最方便，比其他几类易保证质量。因此，应尽量采取俯焊缝，或在焊接时，将结构翻转以采取这种施焊方式。

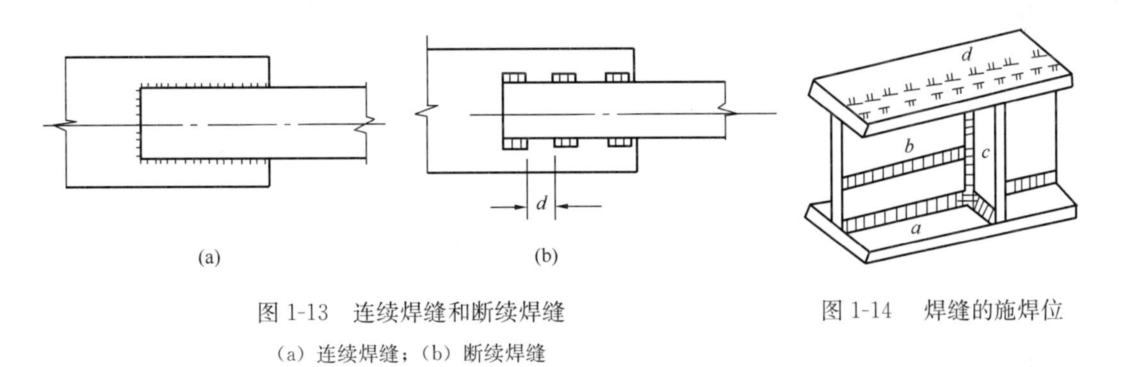

图 1-13　连续焊缝和断续焊缝

（a）连续焊缝；（b）断续焊缝

图 1-14　焊缝的施焊位

焊接连接广泛应用于结构件的组成，如塔式起重机的塔身、起重臂、回转平台等钢结构部件，施工升降机的吊笼、导轨架，高处作业吊篮的吊篮作业平台、悬挂机构，整体附着升降脚手架的竖向主框架、水平承力桁架等钢结构构件均采用焊缝连接成为一个整体性的部件。焊缝连接也用于长期或永久性的固结，如钢结构的建筑物；也可用于临时单件结构的定位。

（2）焊接方法、材料

起重机械钢结构的焊接连接有电弧焊、气焊、电阻焊、电渣焊等方法。在我国，手工电弧焊、CO_2 气体保护焊、埋弧焊是最常用的三种电弧焊方法。其焊接原理是以焊接电弧产生的热量使焊条和焊件熔化，从而凝固成牢固的接头。

焊接 Q235 等低碳钢时，手工焊的焊条应选用 E43 型系列焊条；焊接 Q345 等低合金钢时，应选用 E50 型系列焊条；焊接 Q235、Q345 时，CO_2 气体保护焊的焊丝都可选用 ER50-6 焊丝，它是目前 CO_2 焊中应用最广泛的一种焊丝。

（3）焊缝质量检查

焊缝外形尺寸如焊缝长度、高度等应满足设计要求，在重要焊接部位，可采用磁粉探伤或超声波探伤，甚至用X光射线探伤来判断焊缝质量。一般外观质量检查要求焊缝饱满、连续、平滑，无缩孔、杂质等缺陷。

2. 螺栓连接

螺栓连接也是一种较常用的连接方法，具有装配方便、迅速的优点，可用于结构安装连接或可拆卸式结构中。缺点是构件截面削弱，易松动。螺栓连接分为普通螺栓连接和高强度螺栓连接两种。由于高强度螺栓的接头承载能力比普通螺栓要高，还能减轻螺栓连接中孔对构件的削弱影响，因此，已越来越得到广泛的应用。

（1）普通螺栓连接

普通螺栓分为A、B、C三级。A、B级螺栓连接的抗剪性好，也不会出现滑移变形，但安装和制造费工，成本较高；常采用Q235或35号钢车制而成，表面光滑，尺寸准确；对螺孔制作要求很高，应采用Ⅰ类孔。Ⅰ类孔通常用钻模钻成，或在装配好的构件上钻成或扩钻成，直径一般比螺杆直径仅大0.2～0.3mm。C级螺栓常用Q235热压制成，表面粗糙，尺寸精度不高，可用Ⅱ类孔。Ⅱ类孔通常采用一次冲成或不用钻模钻成，直径一般比螺栓直径大1～2mm，便于安装。

普通螺栓的强度等级为3.6～6.8级，直径为3～64mm。

（2）高强度螺栓连接

高强螺栓连接具有受力性能好、施工简单、装配方便、耐疲劳以及在动载作用下不易松动等优点。高强螺栓连接的形式、尺寸和布置要求与普通拉力螺栓相同，孔径比螺栓杆直径大1～2mm。

1）高强度螺栓的分类和等级

高强度螺栓连接从力的传递方式来看可分为三种：摩擦连接（摩擦型），摩擦力、螺栓剪力和承压力三者共同作用的连接（承压型）以及螺栓轴向受拉的连接（承拉型）。

高强度螺栓按强度可分为8.8、9.8、10.9和12.9四个等级。

2）高强度螺栓的预紧力矩

高强度螺栓的预紧力矩是保证螺栓连接质量的重要指标，它综合体现了螺栓、螺母和垫圈组合的安装质量。在进行钢结构安装时必须按规定的预紧力矩数值拧紧。常用的高强度螺栓预紧力和预紧扭矩见表1-1。

3）高强度螺栓的使用

① 使用前，应对高强度螺栓进行全面检查，核对其规格、等级标志，检查螺栓、螺母及垫圈有无损坏，其连接表面应清除灰尘、油漆、油迹和锈蚀。

② 螺栓、螺母、垫圈配合使用时，高强度螺栓绝不允许采用弹簧垫圈，必须使用平垫圈，施工升降机导轨架连接用高强度螺栓必须采用双螺母防松。

③ 应使用力矩扳手或专用扳手，按使用说明书要求拧紧。

常用的高强度螺栓预紧力和预紧扭矩 **表 1-1**

螺栓性能等级			8.8			9.8			10.9		
螺栓材料屈服强度（N/mm²）			640			720			900		
螺纹规格	公称应力截面积 A_s	螺纹最小截面积 A_g	预紧力 F_{sp}	理论预紧扭矩 M_{sp}	实际使用预紧扭矩 $M=0.9M_{sp}$	预紧力 F_{sp}	理论预紧扭矩 M_{sp}	实际使用预紧扭矩 $M=0.9M_{sp}$	预紧力 F_{sp}	理论预紧扭矩 M_{sp}	实际使用预紧扭矩 $M=0.9M_{sp}$
mm	mm²		N	N・m		N	N・m		N	N・m	
18	192	175	88000	290	260	99000	325	292	124000	405	365
20	245	225	114000	410	370	128000	462	416	160000	580	520
22	303	282	141000	550	500	158000	620	558	199000	780	700
24	353	324	164000	710	640	184000	800	720	230000	1000	900
27	459	427	215000	1050	950	242000	1180	1060	302000	1500	1350
30	561	519	262000	1450	1300	294000	1620	1460	368000	2000	1800
33	694	647	326000	由实验决定		365000	由实验决定		458000	由实验决定	
36	817	759	382000			430000			538000		
39	976	913	460000			517000			646000		
42	1120	1045	526000			590000			739000		
45	1300	1224	614000			690000			863000		
48	1470	1377	692000			778000			973000		

④ 高强度螺栓安装穿插方向宜采用自下而上穿插，即螺母在上面。

⑤ 高强度螺栓、螺母使用后拆卸再次使用，一般不得超过两次。

⑥ 拆下将再次使用的高强度螺栓的螺杆、螺母必须无任何损伤、变形、滑牙、缺牙、锈蚀及螺栓粗糙度变化较大等现象，否则禁止用于受力构件的连接。

3. 销轴连接

销轴连接是一种用于要求精度高且经常拆卸的承受剪力的连接方式，销轴主要承受剪力、挤压、弯曲应力，连接耳板主要承受挤压、拉压及剪切应力，当销轴在工作中可能产生微动时，其承压能力会降低，《起重机设计规范》GB/T 3811—2008 规定：当销轴在工作中可能产生微动时，其承压许用应力宜适当降低。

4. 铆接连接

铆接连接是一种较古老的连接方法，由于它的塑性和韧性较好，便于质量检查，经常用于承受动载荷的结构中，但因制造费工费时、用料较多，现已很少采用，只有在钢材的焊接性能较差时，或在主要承受动力载荷的重型结构中（如桥梁、吊车梁等）才采用。施工升降机钢结构中一般不用铆接连接。

1.2.4 钢结构构件

钢结构作为主要承重结构，由许许多多构件连接而成，常见构件有轴心受力构件、受弯构件及偏心受压构件。

1. 轴心受力构件

轴心受力构件按其受力性质不同，可分为轴心受拉构件（或称拉杆）和轴心受压构件（或称压杆）；按其沿杆件的全长截面变化情况，可分为等截面构件和变截面构件；按截面组成是否连续情况，可分为实腹式受力构件和格构式受力构件。

轴心受力构件一般由轧制型钢制成，常采用角钢、工字钢、T字型钢、圆钢管、方形钢管等［图 1-15(a)］。对受力较大的轴心受压构件，可用轧制型钢或钢板焊接成工字型、圆管型、箱形等组合截面［图 1-15(b)］。

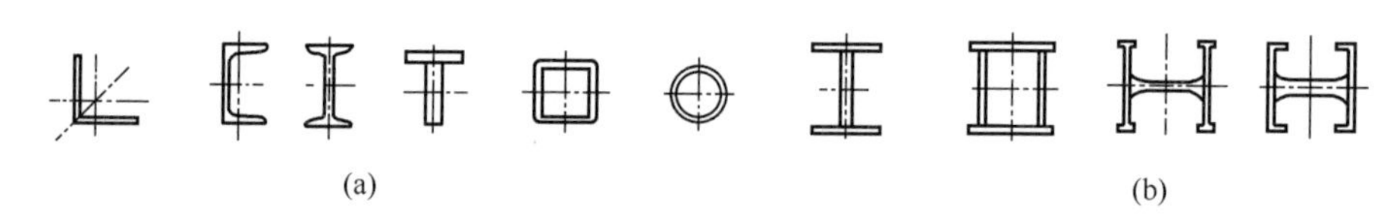

图 1-15 实腹式轴心受力构件的截面型式

(a) 型钢；(b) 焊接构件

钢结构中，存在压力不大，而长度较大的轴心受压构件，即构件所需要的截面积较小，长度较大。为使构件取得较大的稳定承载力，应尽可能使截面分开，采用格构式结构。格构式构件的截面组成部分是分离的，常以角钢、槽钢、工字型钢作为肢件，肢件间由缀材相连（图 1-16）。通常把穿过肢件腹板的截面主轴称为实轴，穿过缀材的截面主轴称为虚轴。根据肢件数目，又可分为双肢式［图 1-16(a)，图 1-16(b)］、四肢式［图 1-16(c)］和三肢式［图 1-16(d)］。

轴心受力构件，有时采用由垫板连接的双角钢或双槽钢组合截面型式（图 1-17）。

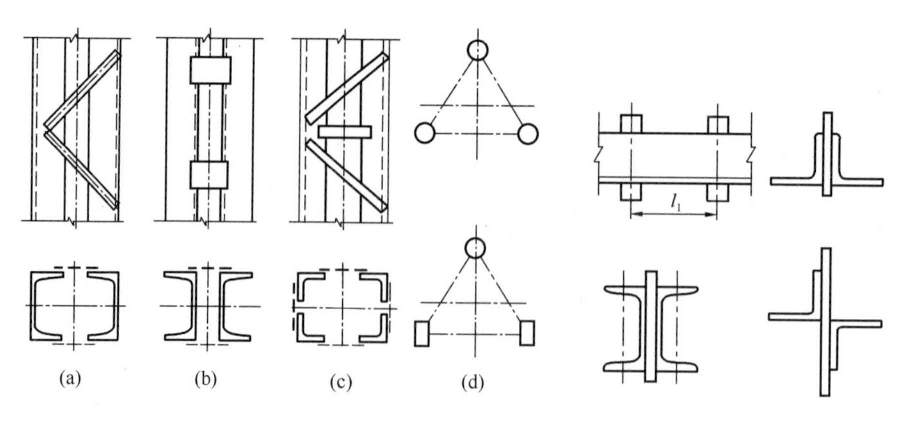

图 1-16 格构式轴心受力构件的截面型式

(a)(b) 双肢式；(c) 四肢式；(d) 三肢式

图 1-17 双角钢或双槽钢组合截面型式

2. 受弯构件

受弯构件按截面组成是否连续情况，可分为实腹式受力构件（简称梁）和桁架；按截面的对称性受弯构件可分为单轴对称截面梁和双轴对称截面梁；按构件长度方向截面的变化可分为等截面梁和变截面梁。

跨度及载荷较小的结构，通常采用型钢，简称型钢梁如图 1-18(a)。对于跨度较大的重载结构，通常采用钢板或型钢焊接而成的焊接组合梁图 1-18(b) 及用型钢焊接而成的型钢组合梁如图 1-18(c)，用板和型钢焊接而成的混合组合梁如图 1-18(d)。

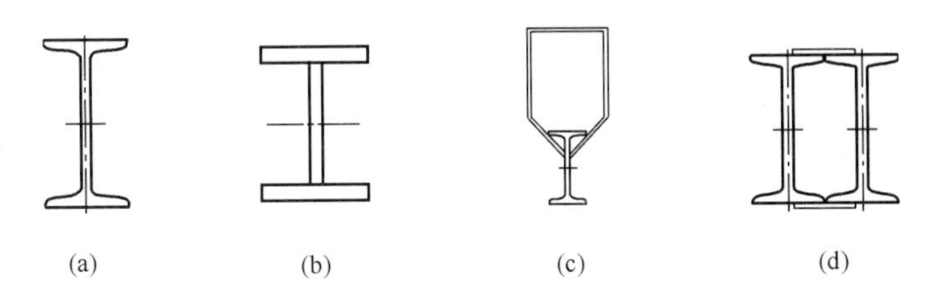

图 1-18 梁的截面形式

(a) 型钢梁；(b) 焊接组合梁；(c) 型钢组合梁；(d) 混合组合梁

桁架是钢结构中的一种主要结构型式，与梁相比，其优点是省材料，重量轻，可做成需要的高度，制造时容易控制变形。当跨度大、而起重量小时，采用桁架比较经济。其缺点是杆件较多，组装费时。

桁架是由杆件构成的能承受横向弯曲的格子形构件。桁架的杆件主要承受轴向力。通常桁架由三角形单元组合成整体结构，是几何不变系统［图 1-19(a)］。由矩形单元组合成的桁架，要保证桁架承载而几何不变，则须做成能承担弯矩的刚性节点，杆件较粗大，均受弯矩和轴向力作用，这种结构称为空腹桁架［图 1-19(b)］。

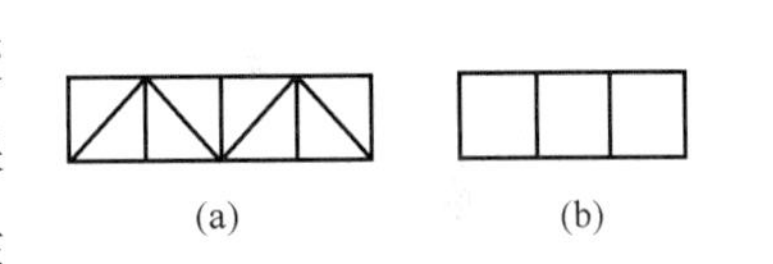

图 1-19 桁架型式

(a) 三角形桁架；(b) 空腹桁架

桁架的杆件分为弦杆和腹杆两类，杆件交汇的连接点叫节点，节点的区间叫节距离。通常把轻型桁架的节点视为铰接点，而把空腹桁架的节点视为刚接点。

3. 偏心受力构件

偏心受力构件按其受力方向不同分为偏心受拉构件和偏心受压构件（又称压弯构件）；按偏心的方向可分为单向偏心受力构件和双向偏心受力构件；按其沿杆件的全长截面变化情况，可分为等截面构件和变截面构件；按截面组成是否连续情况，可分为实腹式受力构件和格构式受力构件。

在实际结构中，轴心受力构件是不存在的，都属于小偏心受力构件，只是弯矩较小，为简化计算忽略弯矩。小偏心受压构件和轴心受压构件的截面型式相同，一般由轧制型钢制成，常采用角钢、工字钢、T 字型钢、圆钢管、方形钢管等［图 1-15(a)］。对受力较大的轴心受压构件，可用轧制型钢或钢板焊接成工字型、圆管型、箱形等组

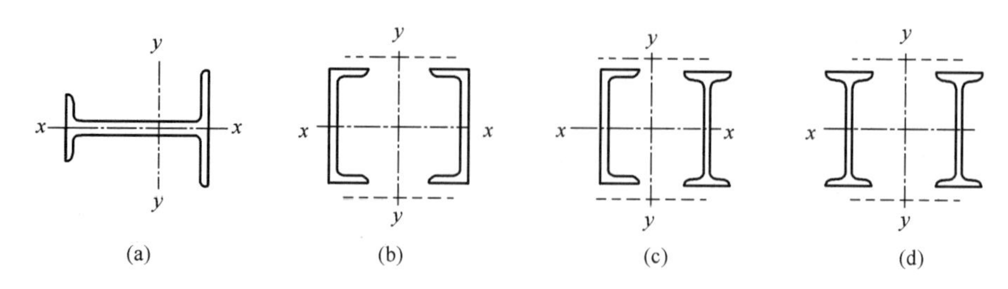

图 1-20　偏心压杆的截面型式

(a) 实腹式截面；(b) (c) (d) 格构式截面

合截面［图 1-15(b)］。

大偏心受力构件受弯较大，为获得较大的抗弯模量和整体稳定性，尽可能使截面分开，常采用单轴对称的实腹式截面［图 1-20(a)］和格构式截面［图 1-20(b)，图 1-20(c)，图 1-20(d)］型式。

1.2.5　钢结构的安全使用

钢结构构件承受拉力、压力、垂直力、弯矩和扭矩等载荷，会产生内应力和变形。超载构件可能出现超出正常使用极限状态的变形，如局部塑性变形、脆性断裂、局部失稳，单肢失稳、整体失稳及连接失效等。要确保钢结构的安全使用，应做好以下几点：

1. 基本构件应完好

组成钢结构的每件基本构件应完好，不允许出现塑性变形、断裂的现象，一旦有构件出现塑性变形、断裂的现象，将会导致钢结构超出变形和承载能力极限状态，造成整机的无法正常使用或倒塌等事故。

2. 连接应正确牢固

结构的连接应正确牢固，由于钢结构是由基本构件连接组成的，有一处连接失效可能会造成钢结构构件失去承载能力，造成倒塌事故。

2 起重吊装

起重吊装作业是设备、设施安装拆卸过程中一个重要的环节。对于不同的设备、设施，在运输和安装过程中，必须选用合适的起重吊装运输机具，采用相应的起重吊装运输方法。

起重吊装是把所要安装的设备、设施，用起重设备或人工方法将其吊运至预定安装位置上的过程。

2.1 吊点的选择

2.1.1 重心

重心是物体所受重力的合力的作用点，物体的重心位置由物体的几何形状和物体各部分的质量分布情况来决定。质量分布均匀、形状规则的物体的重心在其几何中点。物体的重心可能在物体的形体之内，也可能在物体的形体之外。

（1）物体的形状改变，其重心位置可能不变。如一个质量分布均匀的立方体，其重心位于几何中心，当该立方体变为一长方体后，其重心仍然在其几何中心，而一杯水倒入一个弯曲的玻璃管中，其重心就发生了变化。

（2）物体的重心相对于物体的位置是一定的，它不会随物体放置的位置改变而改变。

2.1.2 重心的确定

1. 材质均匀、形状规则的物体的重心位置容易确定，如均匀的直棒，它的重心在它的中心点上，均匀球体的重心就是它的球心，直圆柱的重心在它的圆柱轴线的中点上。

2. 对形状复杂的物体，可以用悬挂法求出重心，如图 2-1 所示。方法是在物体上任意找一点 A，用绳子把它悬挂起来，物体的重力和悬索的拉力必定在同一条直线上，也就是重心必定在通过 A 点所作的竖直线 AD 上；再取任一点 B，同样把物体悬挂起来，重心必定在通过 B 点的竖直线 BE 上。这两条直线的交点，就是该物体的重心。

2.1.3 吊点位置的选择

在起重作业中，应当根据被吊物体来选择吊点位置。若吊点位置选择不当，就会造成绳索受力不均，甚至发生被吊物体转动、倾翻的危险。

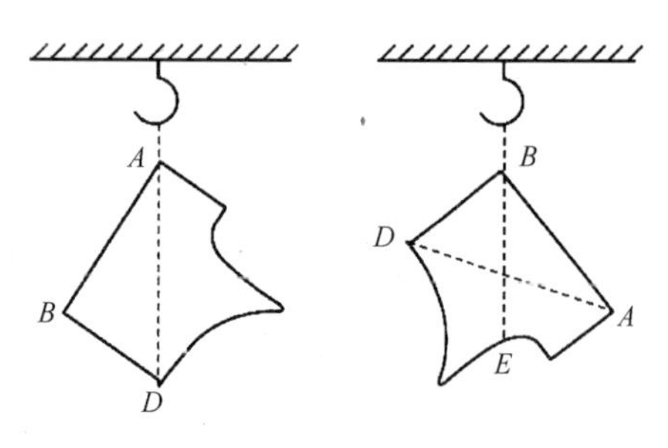

图 2-1 悬挂法求形状不规则物体的重心

1. 吊点选择的一般原则

（1）吊运各种设备、构件时要用原设计的吊耳或吊环。

（2）吊运各种设备、构件，如果没有吊耳或吊环，可在设备四个端点上捆绑吊索，然后根据设备具体情况选择吊点，使吊点与重心在同一条垂线上。但有些设备未设吊耳或吊环，如各种罐类以及重要设备，往往有吊点标记，应仔细检查。

（3）吊运方形物体时，四根绳应拴在物体的四边对称点上。

2. 细长物体吊点位置的确定方法

吊装细长物体时，如桩、钢筋、钢柱、钢梁杆件，应按计算确定的吊点位置绑扎绳索，吊点位置的确定有以下几种情况：

（1）一个吊点：起吊点位置应设在距起吊端 0.3L（L 为物体的长度）处。如钢管长度为 10m，则捆绑位置应设在钢管起吊端距端部 10×0.3=3m 处，如图 2-2(a) 所示。

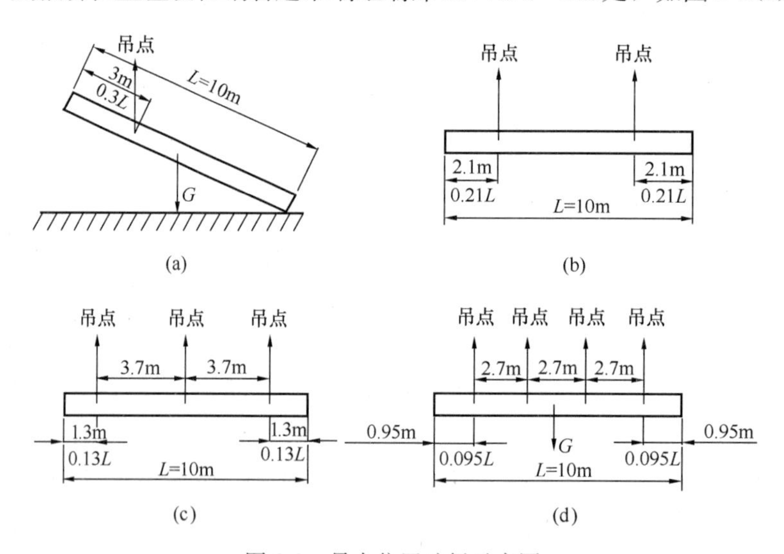

图 2-2 吊点位置选择示意图

（a）单个吊点；（b）两个吊点；（c）三个吊点；（d）四个吊点

（2）两个吊点：如起吊用两个吊点，则两个吊点应分别距物体两端 0.21L 处。如果物体长度为 10m，则吊点位置为 10×0.21=2.1m，如图 2-2(b) 所示。

（3）三个吊点：如物体较长，为减少起吊时物体所产生的应力，可采用三个吊点。三个吊点位置确定的方法是，首先用 0.13L 确定出两端的两个吊点位置，然后把两吊点间的距离等分，即得第三个吊点的位置，也就是中间吊点的位置。如杆件长 10m，则两端吊点位置为 10×0.13=1.3m，如图 2-2(c) 所示。

（4）四个吊点：选择四个吊点，首先用 0.095L 确定出两端的两个吊点位置，然后再把两吊点间的距离进行三等分，即得中间两吊点位置。如杆件长 10m，则两端吊点位置分别距两端 10×0.095=0.95m，中间两吊点位置分别距两端 10×0.095+10×(1−0.095×2)/3=3.65m，如图 2-2(d) 所示。

2.2 常用起重吊具索具

起重吊装作业中要使用许多辅助工具，如钢丝绳、吊索、吊钩和滑轮组等。

2.2.1 钢丝绳

钢丝绳是起重作业中必备的重要部件，通常由多根钢丝捻成绳股，再由多股绳股围绕绳芯捻制而成。钢丝绳具有强度高、自重轻、弹性大等特点，能承受震动荷载，能卷绕成盘，能在高速下平稳运动且噪声小，广泛用于捆绑物体以及起重机的起升、牵引和缆风等。

1. 钢丝绳的分类和标记

(1) 分类

钢丝绳的种类较多，施工现场起重作业一般使用圆股钢丝绳。

按《重要用途钢丝绳》GB 8918—2006 标准，钢丝绳分类如下：

1) 按绳和股的断面、股数和股外层钢丝绳的数目分类，见表 2-1。

钢丝绳分类 **表 2-1**

组别	类别		分类原则	典型结构		直径范围
				钢丝绳	股绳	mm
1	圆股钢丝绳	6×7	6个圆股，每股外层丝可到7根，中心丝（或无）外捻制1～2层钢丝，钢丝等捻距	6×7 6×9W	(1+6) (3+3/3)	8～36 14～36
2	圆股钢丝绳	6×19	6个圆股，每股外层丝8～12根，中心丝外捻制2～3层钢丝，钢丝等捻距	6×19S 6×19W 6×25Fi 6×26WS 6×31WS	(1+9+9) (1+6+6/6) (1+6+6F+12) (1+5+5/5+10) (1+6+6/6+12)	12～36 12～40 12～44 20～40 22～46
3	圆股钢丝绳	6×37	6个圆股，每股外层丝14～18根，中心丝外捻制3～4层钢丝，钢丝等捻距	6×29Fi 6×36WS 6×37S（点线接触） 6×41WS 6×49SWS 6×55SWS	(1+7+7F+14) (1+7+7/7+14) (1+6+15+15) (1+8+8/8+16) (1+8+8+8/8+16) (1+9+9+9/9+18)	14～44 18～60 20～60 32～56 36～60 36～64

续表

组别	类别		分类原则	典型结构		直径范围
				钢丝绳	股绳	mm
4	圆股钢丝绳	8×19	8个圆股，每股外层丝8～12根，中心丝外捻制2～3层钢丝，钢丝等捻距	8×19S 8×19W 8×25Fi 8×26WS 8×31WS	(1+9+9) (1+6+6/6) (1+6+6F+12) (1+5+5/5+10) (1+6+6/6+12)	20～44 18～48 16～52 24～48 26～56
5	圆股钢丝绳	8×37	8个圆股，每股外层丝14～18根，中心丝外捻制3～4层钢丝，钢丝等捻距	8×36WS 8×41WS 8×49SWS 8×55SWS	(1+7+7/7+14) (1+8+8/8+16) (1+8+8+8/8+16) (1+9+9+9/9+18)	22～60 40～56 44～64 44～64
6	圆股钢丝绳	18×7	钢丝绳中有17或18个圆股，每股外层丝4～7根，在纤维芯或钢芯外捻制2层股	17×7 18×7	(1+6) (1+6)	12～60 12～60
7	圆股钢丝绳	18×19	钢丝绳中有17或18个圆股，每股外层丝8～12根，钢丝等捻距，在纤维芯或钢芯外捻制2层股	18×19W 18×19S	(1+6+6/6) (1+9+9)	24～60 28～60
8	圆股钢丝绳	34×7	钢丝绳中有34～36个圆股，每股外层丝可到7根，在纤维芯或钢芯（钢丝）外捻制3层股	34×7 36×7	(1+6) (1+6)	16～60 20～60
9	圆股钢丝绳	35W×7	钢丝绳中有24～40个圆股，每股外层丝4～8根，在纤维芯或钢芯（钢丝）外捻制3层股	35W×7 24W×7	(1+6)	16～60
10	异形股钢丝绳	6V×7	6个三角形股，每股外层丝7～9根，三角形股芯外捻制1层钢丝	6V×18 6V×19	(/3×2+3/+9) (/1×7+3/+9)	20～36 20～36
11	异形股钢丝绳	6V×19	6个三角形股，每股外层丝10～14根，三角形股芯或纤维芯外捻制2层钢丝	6V×21 6V×24 6V×30 6V×34	(FC+9+12) (FC+12+12) (6+12+12) (/1×7+3/+12+12)	18～36 18～36 20～38 28～44
12	异形股钢丝绳	6V×37	6个三角形股，每股外层丝15～18根，三角形股芯外捻制2层钢丝	6V×37 6V×37S 6V×43	(/1×7+3/+12+15) (/1×7+3/+12+15) (/1×7+3/+15+18)	32～52 32～52 38～58

续表

<table>
<tr><th rowspan="2">组别</th><th colspan="2" rowspan="2">类别</th><th rowspan="2">分类原则</th><th colspan="2">典型结构</th><th>直径范围</th></tr>
<tr><th>钢丝绳</th><th>股绳</th><th>mm</th></tr>
<tr><td>13</td><td rowspan="2">异形股钢丝绳</td><td>4V×39</td><td>4 个扇形股，每股外层丝 15～18 根，纤维股芯外捻制 3 层钢丝</td><td>4V×39S
4V×48S</td><td>（FC+9+15+15）
（FC+12+18+18）</td><td>16～36
20～40</td></tr>
<tr><td>14</td><td>6Q×19+6V×21</td><td>钢丝绳中有 12～14 个股，在 6 个三角形股外，捻制 6～8 个椭圆股</td><td>6Q×19+
6V×21
6Q×33+
6V×21</td><td>外股（5+14）
内股（FC+9+12）
外股（5+13+15）
内股（FC+9+12）</td><td>40～52
40～60</td></tr>
</table>

注：1. 11 组中异形股钢丝绳中 6V×21、6V×24 结构仅为纤维绳芯，其余组别的钢丝绳，可由需方指定纤维芯或钢芯。

2. 三角形股芯的结构可以相互代替，或改用其他结构的三角形股芯，但应在订货合同中注明。

施工现场常见钢丝绳的断面如图 2-3、图 2-4 所示。

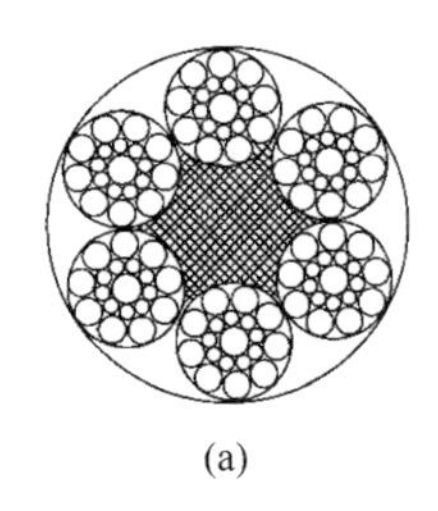
(a)
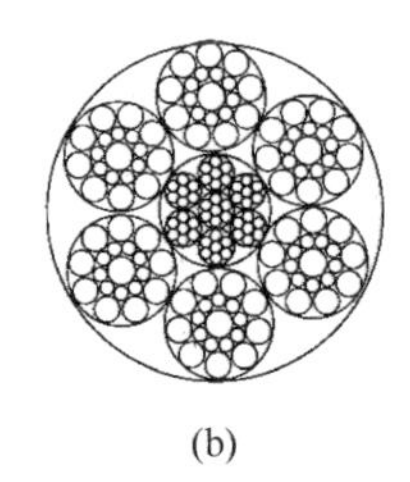
(b)
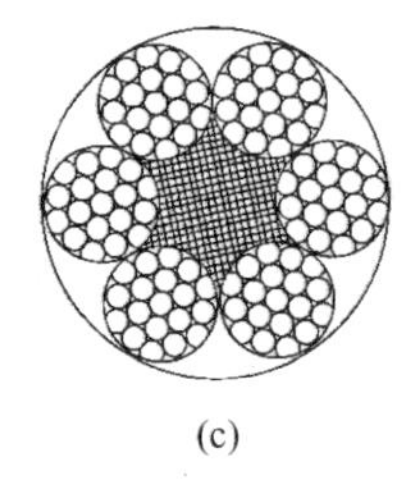
(c)
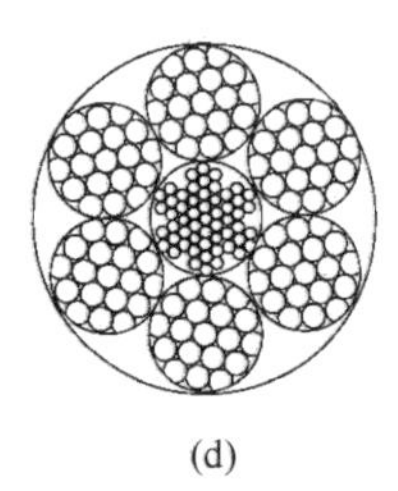
(d)

图 2-3 6×19 钢丝绳断面图

(a) 6×19S+FC；(b) 6×19S+IWR；(c) 6×19W+FC；(d) 6×19W+IWR

2）钢丝绳按捻分，分为右交互捻（ZS）、左交互捻（SZ）、右同向捻（ZZ）和左同向捻（SS）四种，如图 2-5 所示。

3）钢丝绳按绳芯不同，分为纤维芯和钢芯。纤维芯钢丝绳比较柔软，易弯曲，纤维芯可浸油作润滑、防锈，减少钢丝间的摩擦；金属芯的钢丝绳耐高温、耐重压，硬度大、不易弯曲。

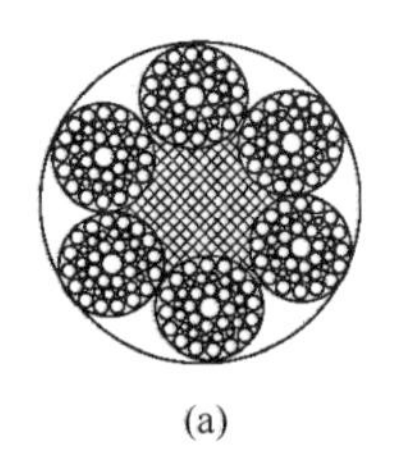
(a)
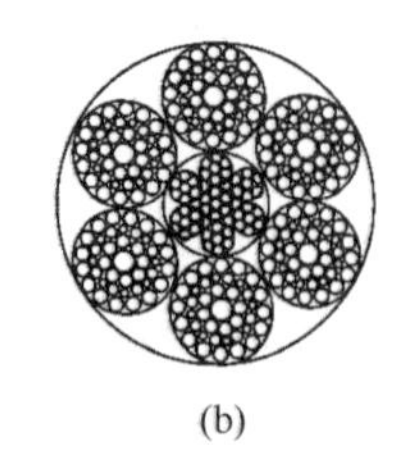
(b)

图 2-4 6×37S 钢丝绳断面图

(a) 6×37S+FC；(b) 6×37S+IWR

（2）标记

根据《钢丝绳 术语、标记和分类》GB/T 8706—2017 标准，钢丝绳的标记格式如图 2-6 所示。

2. 钢丝绳的选用和维护

（1）钢丝绳的选用

起重机上只应安装由起重机制造商指定的具有标准长度、直径、结构和破断拉力

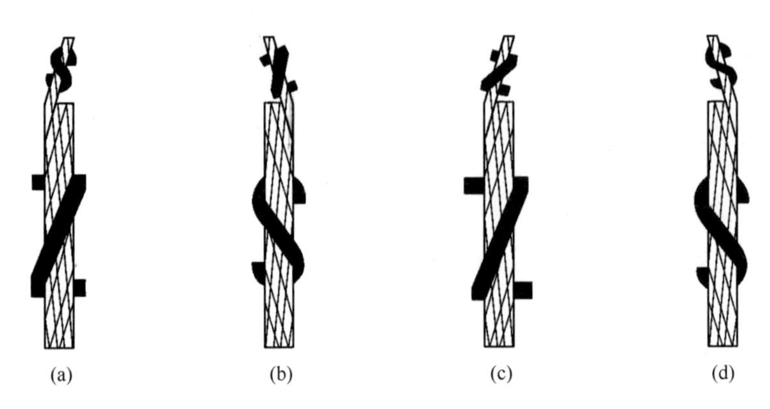

图 2-5　钢丝绳按捻法分类

（a）右交互捻；（b）左交互捻；（c）右同向捻；（d）左同向捻

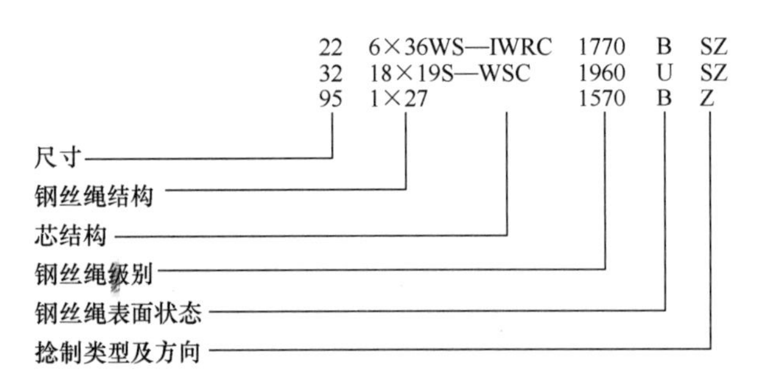

图 2-6　钢丝绳的标记示例

的钢丝绳，除非经起重机设计人员、钢丝绳制造商或有资格人员的准许，才能选择其他钢丝绳。选用其他钢丝绳时应遵循下列原则：

1）所用钢丝绳长度应满足起重机的使用要求，并且在卷筒上的终端位置应至少保留 3 圈钢丝绳。

2）应遵守起重机手册和由钢丝绳制造商给出的使用说明书中的规定，并必须有产品检验合格证。

3）能承受所要求的拉力，保证足够的安全系数。

4）能保证钢丝绳受力不发生扭转。

5）耐疲劳，能承受反复弯曲和振动作用。

6）有较好的耐磨性能。

7）与使用环境相适应：

① 高温或多层缠绕的场合宜选用金属芯。

② 高温、腐蚀严重的场合宜选用石棉芯。

③ 有机芯易燃，不能用于高温场合。

（2）安全系数

在钢丝绳受力计算和选择钢丝绳时，考虑到钢丝绳受力不均、负荷不准确、计算方法不精确和使用环境较复杂等一系列不利因素，应给予钢丝绳一个储备能力。因此确定钢丝绳的受力时必须考虑一个系数，作为储备能力，这个系数就是选择钢丝绳的安全系数。起重用钢丝绳必须预留足够的安全系数，是基于以下因素确定的：

1）钢丝绳的磨损、疲劳破坏、锈蚀、不恰当使用、尺寸误差、制造质量缺陷等不利因素带来的影响。

2）钢丝绳的固定强度达不到钢丝绳本身的强度。

3）由于惯性及加速作用（如启动、制动、振动等）而造成的附加载荷的作用。

4）钢丝绳通过滑轮槽时的摩擦阻力作用。

5）吊重时的超载影响。

6）吊索及吊具的超重影响。

7）钢丝绳在绳槽中反复弯曲而造成的危害的影响。

钢丝绳的安全系数是不可缺少的安全储备，绝不允许凭借这种安全储备而擅自提高钢丝绳的最大允许安全载荷，钢丝绳的安全系数见表 2-2。

钢丝绳的安全系数 **表 2-2**

用　途	安全系数	用　途	安全系数
作缆风	3.5	作吊索、无弯曲时	6～7
用于手动起重设备	4.5	作捆绑吊索	8～10
用于机动起重设备	5～6	用于载人的升降机	14

（3）钢丝绳的储存

1）装卸运输过程中，应谨慎小心，卷盘或绳卷不允许坠落，也不允许用金属吊钩或叉车的货叉插入钢丝绳。

2）钢丝绳应储存在凉爽、干燥的仓库里，且不应与地面接触。严禁存放在易受化学烟雾、蒸汽或其他腐蚀剂侵袭的场所。

3）储存的钢丝绳应定期检查，如有必要，应对钢丝绳进行包扎。

4）户外储存不可避免时，地面上应垫木方，并用防水毡布等进行覆盖，以免湿气侵袭导致锈蚀。

5）储存从起重机上卸下的待用的钢丝绳时，应进行彻底清洁，在储存之前对每一根钢丝绳进行包扎。

6）长度超过 30m 的钢丝绳应在卷盘上储存。

7）为搬运方便，内部绳端应首先被固定到邻近的外圈。

（4）钢丝绳的展开

1）当钢丝绳从卷盘或绳卷展开时，应采取各种措施避免绳的扭转或降低钢丝绳扭转的程度。当由钢丝绳卷直接往起升机构卷筒上缠绕时，应把整卷钢丝绳架在专用的支架上，采取保持张紧呈直线状态的措施，以免在绳内产生结环、扭结或弯曲的状况，如图 2-7 所示。

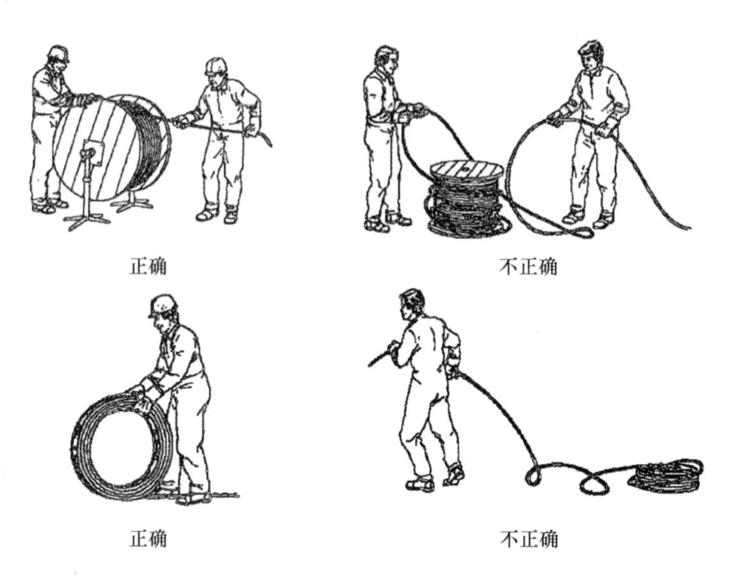

图 2-7　钢丝绳的展开

2）展开时的旋转方向应与起升机构卷筒上绕绳的方向一致；卷筒上绳槽的走向应同钢丝绳的捻向相适应。

3）在钢丝绳展开和重新缠绕过程中，应有效控制卷盘的旋转惯性，使钢丝绳按顺序缓慢地释放或收紧。应避免钢丝绳与污泥接触，尽可能保持清洁，以防止钢丝绳生锈。

4）切勿由平放在地面的绳卷或卷盘中释放钢丝绳，如图 2-7 所示。

5）钢丝绳严禁与电焊线碰触。

（5）钢丝绳的扎结与截断

在截断钢丝绳时，应按制造厂商的说明书进行。为确保阻旋转钢丝绳的安装无旋紧或旋松现象，应对其给予特别关注，且要求任何切断是安全可靠和防止松散的。截断钢丝绳时，要在截分处进行扎结，扎结绕向必须与钢丝绳股的绕向相反，扎结须紧固，以免钢丝绳在断头处松开，如图 2-8 所示。

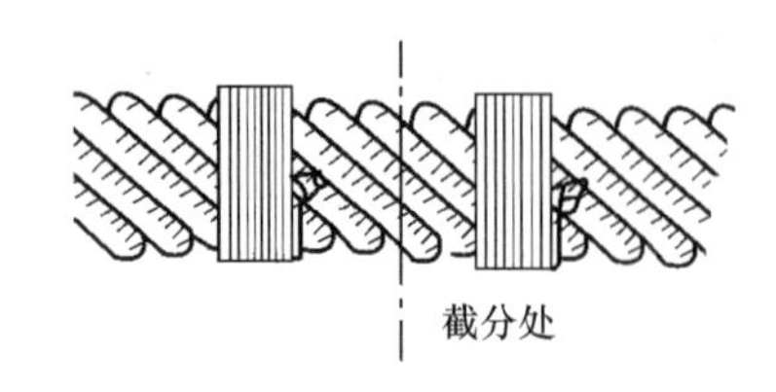

图 2-8　钢丝绳的扎结与截断

扎结宽度随钢丝绳直径大小而定：对于直径为 15～24mm 的钢丝绳，扎结宽度应不小于 25mm；对于直径为 25～30mm 的钢丝绳，扎结宽度应不小于 40mm；对于直径为 31～44mm 的钢丝绳，扎结宽度不得小于 50mm；对于直径为 45～51mm 的钢丝绳，扎结宽度不得小于 75mm。扎结处与截断口之间的距离应不小于 50mm。

（6）钢丝绳的安装

钢丝绳在安装时，不应随意乱放，亦即转动既不应使之绕进也不应使之绕出。钢丝绳应总是同向弯曲，亦即从卷盘顶端到卷筒顶端，或从卷盘底部到卷筒底部处释放均应同向。钢丝绳的使用寿命，在很大程度上取决于安装方式是否正确，因此，要由训练有素的技工细心地进行安装，并应在安装时将钢丝绳涂满润滑脂。

安装钢丝绳时，必须注意检查钢丝绳的捻向。如俯仰变幅动臂式塔机的臂架拉绳捻向必须与臂架变幅绳的捻向相同；而起升钢丝绳的捻向必须与起升卷筒上的钢丝绳绕向相反。

如果在安装期间起重机的任何部分对钢丝绳产生摩擦，则接触部位应采取有效的保护措施。

（7）钢丝绳的连接与固定

钢丝绳与卷筒、吊钩滑轮组或起重机结构的连接，应采用起重机制造商规定的钢丝绳端接装置，或经起重机设计人员、钢丝绳制造商或有资格人员准许的供选方案。

钢丝绳终端固定应确保安全可靠，并且应符合起重机手册的规定。常用的钢丝绳连接和固定方式有以下几种，如图 2-9 所示。

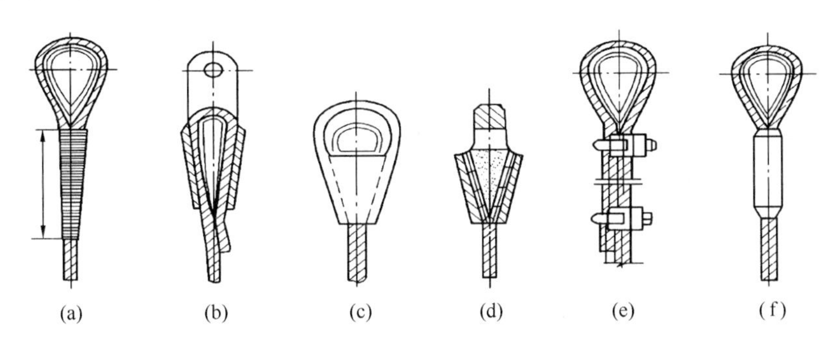

图 2-9 钢丝绳固接

（a）编结连接；（b）楔块、楔套连接；（c），（d）锥形套浇铸法；（e）绳夹连接；（f）铝合金套压缩法

1）编结连接。如图 2-9(a) 所示，编结长度不应小于钢丝绳直径的 15 倍，且不应小于 300mm；连接强度不小于钢丝绳破断拉力的 75%。

2）楔块、楔套连接。如图 2-9(b) 所示，钢丝绳一端绕过楔块，利用楔块在套筒内的锁紧作用使钢丝绳固定。固定处的强度约为钢丝绳自身强度的 75%～85%。楔套应用钢材制造，连接强度不小于钢丝绳破断拉力的 75%。

3）锥形套浇铸法。如图 2-9(c)、图 2-9(d) 所示，先将钢丝绳拆散，切去绳芯后插入锥套内，再将钢丝绳末端弯成钩状，然后灌入熔融的铅液，最后经过冷却即成。

4）绳夹连接。如图 2-9(e) 所示，绳夹连接简单、可靠，被广泛应用，详见“2.2.2 钢丝绳夹”相关内容。

5）铝合金套压缩法。如图 2-9(f) 所示，钢丝绳末端穿过锥形套筒后松散钢丝，将头部钢丝弯成小钩，浇入金属液凝固而成。其连接应满足相应的工艺要求，固定处的强度与钢丝绳自身的强度大致相同。

（8）钢丝绳使用前试运转

钢丝绳在起重机上投入使用之前，用户应确保与钢丝绳运行关联的所有装置运转正常。为使钢丝绳及其附件调整到适应实际使用状态，应对机构在低速和约 10%的额定工作载荷的状态下进行多次循环运转操作。

（9）钢丝绳的维护

1）对钢丝绳所进行的维护与起重机的使用环境和钢丝绳类型有关。除非起重机或钢丝绳制造商另有指示，否则钢丝绳在安装时应涂以润滑脂或润滑油，其后应在钢丝绳必要部位做清洗工作。而对在有规则时间间隔内重复使用的钢丝绳，特别是绕过滑轮长度范围内的钢丝绳在显示干燥或锈蚀迹象之前，均应使其保持良好的润滑状态。

钢丝绳的润滑油（脂）应与钢丝绳制造商使用的原始润滑油（脂）一致，且具有渗透力强的特性。如果钢丝绳润滑在起重机手册中不能确定，则用户应征询钢丝绳制造商的建议。

钢丝绳较短的使用寿命源于缺乏维护，尤其是起重机在有腐蚀性的环境中使用，以及与操作有关的各种原因，例如在禁止使用钢丝绳润滑剂的场合下使用。针对这种情况，钢丝绳的检验周期应相应缩短。

2）钢丝绳维护规程

① 钢丝绳在卷筒上应按顺序整齐排列。

② 载荷由多根钢丝绳支承时应设有各根钢丝绳受力的均衡装置。

③ 起升机构和变幅机构，不得使用编结接长的钢丝绳。使用其他方法接长钢丝绳时，必须保证接头连接强度不小于钢丝绳破断拉力的 90%。

④ 起升高度较大的起重机，宜采用不旋转、无松散倾向的钢丝绳。采用其他钢丝绳时，应有防止钢丝绳和吊具旋转的装置或措施。

⑤ 当吊钩处于工作位置最低点时，钢丝绳在卷筒上的缠绕，除固定绳尾的圈数外，一般不少于 3 圈。

⑥ 吊运熔化或炽热金属的钢丝绳，应采用石棉芯等耐高温的钢丝绳。

⑦ 对钢丝绳应防止损伤、腐蚀或其他物理、化学因素造成的性能降低。

⑧ 钢丝绳展开时，应防止打结或扭曲。

⑨ 钢丝绳切断时，应有防止绳股散开的措施。

⑩安装钢丝绳时，不应在不洁净的地方拖线，也不应缠绕在其他的物体上，应防止划、磨、碾、压和过度弯曲。

⑪ 钢丝绳应保持良好的润滑状态。所用润滑剂应符合该绳的要求，并且不影响外观检查。润滑时应特别注意不易看到和润滑剂不易渗透到的部位，如平衡滑轮处的钢丝绳。

⑫ 领取钢丝绳时，必须检查该钢丝绳的合格证，以保证机械性能、规格符合设计要求。

⑬ 对日常使用的钢丝绳每天都应进行检查，包括对端部的固定连接、平衡滑轮处的检查，并作出安全性的判断。

⑭ 钢丝绳的润滑：对钢丝绳定期进行系统润滑，可保证钢丝绳的性能，延长使用寿命。润滑之前，应将钢丝绳表面上积存的污垢和铁锈清除干净，最好是用镀锌钢丝刷将钢丝绳表面刷净。钢丝绳表面越干净，润滑油脂就越容易渗透到钢丝绳内部去，润滑效果就越好。钢丝绳润滑的方法有刷涂法和浸涂法。刷涂法就是人工使用专用的刷子，把加热的润滑脂涂刷在钢丝绳的表面上。浸涂法就是将润滑脂加热到60℃，然后使钢丝绳通过一组导辊装置被张紧，同时使之缓慢地在容器里的熔融润滑脂中通过。

3. 钢丝绳的检验检查

由于起重钢丝绳在使用过程中经常、反复受到拉伸、弯曲，当拉伸、弯曲的次数超过一定数值后，会使钢丝绳出现“金属疲劳”的现象，导致钢丝绳开始很容易损坏。同时当钢丝绳受力伸长时钢丝绳之间、绳与滑轮槽底之间、绳与起吊件之间产生摩擦，使钢丝绳使用一定时间后就会出现磨损、断丝现象。此外，由于使用、储存不当，也可能造成钢丝绳扭结、退火、变形、锈蚀、表面硬化、松捻等。钢丝绳在使用期间，一定要按规定进行定期检查，及早发现问题，及时保养或者更换报废，保证钢丝绳的安全使用。

（1） 检验周期

1）日常外观检验

每个工作日都应尽可能对任何钢丝绳所有可见部位进行观察，并应特别注意钢丝绳在起重机上的连接部位，对发现的损坏、变形等任何可疑变化情况都应报告，并由主管人员按照规范进行检查。

2）定期检验

定期检验应该按规范进行，为确定定期检验的周期，还应考虑如下几点：

① 国家对应用钢丝绳的法规要求。

② 起重机的类型及使用地的工作环境。

③ 起重机的工作级别。

④ 前期检验结果。

⑤ 钢丝绳已使用的时间。

流动式起重机和塔式起重机用钢丝绳至少应按主管人员的决定每月检查一次或更多次。根据钢丝绳的使用情况，主管人员有权决定缩短检查的时间间隔。

3）专项检验

① 专项检验应按规范进行。

② 在因钢丝绳和/或其固定端的损坏而引发事故的情况下，或钢丝绳经拆卸又重新安装投入使用前，均应对钢丝绳进行一次检查。

③ 如起重机停止工作达 3 个月以上，在重新使用之前应对钢丝绳预先进行检查。

④ 根据钢丝绳的使用情况，主管人员有权决定缩短检查的时间间隔。

4）在合成材料滑轮或带合成材料衬套的金属滑轮上使用的钢丝绳的检验

① 在纯合成材料或部分采用合成材料制成的或带有合成材料轮衬的金属滑轮上使用的钢丝绳，其外层发现有明显可见的断丝或磨损痕迹时，其内部可能早已产生了大量断丝。在这些情况下，应根据以往的钢丝绳使用记录制定钢丝绳专项检验进度表，其中既要考虑使用中的常规检查结果，又要考虑从使用中撤下的钢丝绳的详细检验记录。

② 应特别注意已出现干燥或润滑剂变质的局部区域。

③ 对专用起重设备用钢丝绳的报废标准，应以起重机制造商和钢丝绳制造商之间交换的资料为基础。

④ 根据钢丝绳的使用情况，主管人员有权决定缩短检查的时间间隔。

（2）检验部位

钢丝绳应作全长检查，还应特别注意下列各部位：

1）运动绳和固定绳两者的始末端。

2）通过滑轮组或绕过滑轮的绳段。

3）在起重机重复作业情况下，当起重机在受载状态时绕过滑轮组的钢丝绳的任何部位。

4）位于平衡滑轮的钢丝绳段。

5）由于外部因素可能引起磨损的钢丝绳任何部位。

6）产生锈蚀和疲劳的钢丝绳内部。

7）处于热环境的绳段。

8）索具除外的绳端部位。

（3）内部检查和外部检查

对钢丝绳不同部位的检查主要分外部检查和内部检查。

1）钢丝绳外部检查

① 直径检查：直径是钢丝绳极其重要的参数。通过对直径测量，可以反映该处直

径的变化速度、钢丝绳是否受到过较大的冲击载荷、捻制时股绳张力是否均匀一致、绳芯对股绳是否保持了足够的支撑能力。钢丝绳直径应用带有宽钳口的游标卡尺测量，其钳口的宽度要足以跨越两个相邻的股，如图 2-10 所示。

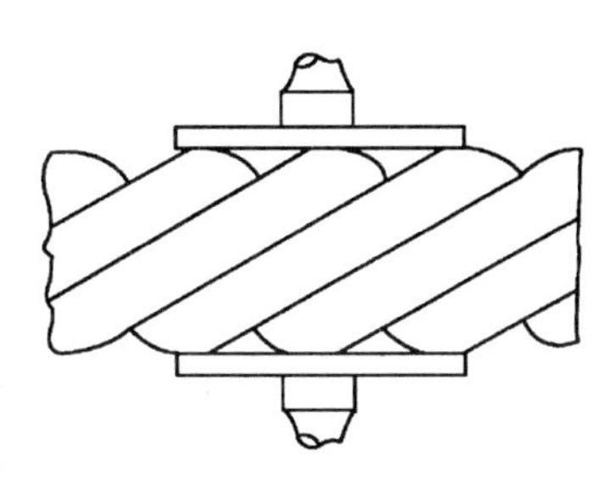

图 2-10 钢丝绳直径测量方法

② 磨损检查：钢丝绳在使用过程中产生磨损现象不可避免。通过对钢丝绳磨损检查，可以反映出钢丝绳与匹配轮槽的接触状况，在无法随时进行性能试验的情况下，根据钢丝绳磨损程度的大小推测钢丝绳实际承载能力。钢丝绳的磨损情况检查主要靠目测。

③ 断丝检查：钢丝绳在投入使用后，肯定会出现断丝现象，尤其是到了使用后期，断丝发展速度会迅速上升。由于钢丝绳在使用过程中不可能一旦出现断丝现象即停止继续运行，因此，通过断丝检查，尤其是对一个捻距内断丝情况检查，不仅可以推测钢丝绳继续承载的能力，而且根据出现断丝根数发展速度，可间接预测钢丝绳使用疲劳寿命。钢丝绳的断丝情况检查主要靠目测计数。

④ 润滑检查：通常情况下，新出厂钢丝绳大部分在生产时已经进行了润滑处理，但在使用过程中，润滑油脂会流失减少。鉴于润滑不仅能够对钢丝绳在运输和存储期间起到防腐保护作用，而且能够减少钢丝绳使用过程中钢丝之间、股绳之间和钢丝绳与匹配轮槽之间的摩擦，对延长钢丝绳使用寿命十分有益，因此，为把腐蚀、摩擦对钢丝绳的危害降低到最低程度，进行润滑检查十分必要。钢丝绳的润滑情况检查主要靠目测。

2）钢丝绳内部检查

对钢丝绳进行内部检查要比进行外部检查困难得多，但由于内部损坏（主要由锈蚀和疲劳引起的断丝）隐蔽性更大，因此，为保证钢丝绳安全使用，必须在适当的部位进行内部检查。

如图 2-11 所示，检查时将两个尺寸合适的夹钳相隔 100～200mm 夹在钢丝绳上反方向转动，股绳便会脱起。操作时，必须十分仔细，以避免股绳被过度移位造成永久变形（导致钢丝绳结构破坏）。如图 2-12 所示，小缝隙出现后，用螺钉旋具之类的探针

图 2-11 对一段连续钢丝绳作内部检验（张力为零）

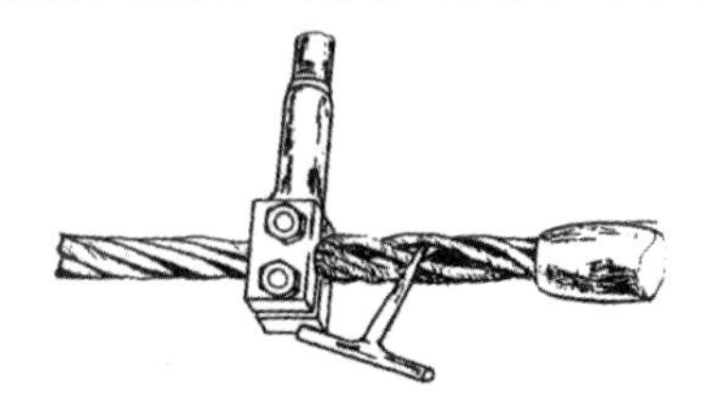

图 2-12 对靠近绳端装置的钢丝绳尾部作内部检验（张力为零）

拨动股绳并把妨碍视线的油脂或其他异物拨开，对内部润滑、钢丝锈蚀、钢丝及钢丝间相互运动产生的磨痕等情况进行仔细检查。检查断丝，一定要认真，因为钢丝断头一般不会翘起而不容易被发现。检查完毕后，稍用力转回夹钳，以使股绳完全恢复到原来位置。如果上述过程操作正确，钢丝绳不会变形。对靠近绳端的绳段特别是对固定钢丝绳应加以注意，诸如支持绳或悬挂绳等。

3）钢丝绳使用条件检查

前面叙述的检查仅是对钢丝绳本身而言，这只是保证钢丝绳安全使用要求的一个方面。除此之外，还必须对与钢丝绳使用的外围条件——匹配轮槽的表面磨损情况、轮槽几何尺寸及转动灵活性进行检查，以保证钢丝绳在运行过程中与其始终处于良好的接触状态，运行摩擦阻力最小。

（4）无损检测

借助电磁技术的无损检测可作为对外观检验的辅助检验，用于确定钢丝绳损坏的区域和程度。拟采用电磁方法以无损检测作为对外观检验的辅助检验时，应在钢丝绳安装之后尽快进行初始的电磁无损检测。

4. 钢丝绳的报废

钢丝绳经过一定时间的使用，其表面的钢丝发生磨损和弯曲疲劳，使钢丝绳表层的钢丝逐渐折断，折断的钢丝数量越多，其他未断的钢丝承担的拉力越大，疲劳与磨损越严重，促使断丝速度加快，这样便形成恶性循环。当断丝发展到一定程度，保证不了钢丝绳的安全性能，届时钢丝绳不能继续使用，则应予以报废。钢丝绳的报废还应考虑磨损、腐蚀、变形等情况。钢丝绳的报废应考虑以下项目：

（1）断丝的性质和数量。

（2）绳端断丝。

（3）断丝的局部聚集。

（4）断丝的增加率。

（5）绳股断裂。

（6）绳径减小，包括从绳芯损坏所致的情况。

（7）弹性降低。

（8）外部和内部磨损。

（9）外部和内部腐蚀。

（10）变形。

（11）由于受热或电弧引起的破坏。

（12）永久伸长率。

钢丝绳的损坏往往由多种因素综合累积造成，国家对钢丝绳的报废有明确的标准，具体标准见《起重机 钢丝绳保养、维护、检验和报废》GB/T 5972—2016 附录 F。

5. 钢丝绳计算

在施工现场起重作业中，通常会有两种情况，一是已知重物重量选用钢丝绳，二是利用现场钢丝绳起吊一定重量的重物。在允许的拉力范围内使用钢丝绳，是确保钢丝绳使用安全的重要原则。因此，根据现场情况计算钢丝绳的受力，对于选用合适的钢丝绳显得尤为重要。钢丝绳的允许拉力与其最小破断拉力、工作环境下的安全系数相关联。

（1）钢丝绳的最小破断拉力

钢丝绳的最小破断拉力与钢丝绳的直径、结构（几股几丝及芯材）及钢丝的强度有关，可以通过查询钢丝绳质量证明书或力学性能表，得到该钢丝绳的最小破断拉力。建筑施工现场常用的 6×19、6×37 两种钢丝绳的力学性能见表 2-3、表 2-4。

6×19 系列钢丝绳力学性能表 **表 2-3**

钢丝绳公称直径 D（mm）	钢丝绳近似重量（kg/100m）			钢丝绳公称抗拉强度（MPa）									
				1570		1670		1770		1870		1960	
				钢丝绳最小破断拉力（kN）									
	天然纤维芯钢丝绳	合成纤维芯钢丝绳	钢芯钢丝绳	纤维芯钢丝绳	钢芯钢丝绳	纤维芯钢丝绳	钢芯钢丝绳	纤维芯钢丝绳	钢芯钢丝绳	纤维芯钢丝绳	钢芯钢丝绳	纤维芯钢丝绳	钢芯钢丝绳
12	53.10	51.80	58.40	74.60	80.50	79.40	85.60	84.10	90.70	88.90	95.90	93.10	100.00
13	62.30	60.80	68.50	87.50	94.40	93.10	100.00	98.70	106.00	104.00	113.00	109.00	118.00
14	72.20	70.50	79.50	101.00	109.00	108.00	117.00	114.00	124.00	121.00	130.00	127.00	137.00
16	94.40	92.10	104.00	133.00	143.00	141.00	152.00	149.00	161.00	157.00	170.00	166.00	179.00
18	119.00	117.00	131.00	167.00	181.00	178.00	192.00	189.00	204.00	199.00	215.00	210.00	226.00
20	147.00	144.00	162.00	207.00	223.00	220.00	237.00	233.00	252.00	246.00	266.00	259.00	279.00
22	178.00	174.00	196.00	250.00	270.00	266.00	287.00	282.00	304.00	298.00	322.00	313.00	338.00
24	212.00	207.00	234.00	298.00	321.00	317.00	342.00	336.00	362.00	355.00	383.00	373.00	402.00
26	249.00	243.00	274.00	350.00	377.00	372.00	401.00	394.00	425.00	417.00	450.00	437.00	472.00
28	289.00	282.00	318.00	406.00	438.00	432.00	466.00	457.00	494.00	483.00	521.00	507.00	547.00
30	332.00	324.00	365.00	466.00	503.00	495.00	535.00	525.00	567.00	555.00	599.00	582.00	628.00
32	377.00	369.00	415.00	530.00	572.00	564.00	608.00	598.00	645.00	631.00	681.00	662.00	715.00
34	426.00	416.00	469.00	598.00	646.00	637.00	687.00	675.00	728.00	713.00	769.00	748.00	807.00
36	478.00	466.00	525.00	671.00	724.00	714.00	770.00	756.00	816.00	799.00	862.00	838.00	904.00
38	532.00	520.00	585.00	748.00	807.00	795.00	858.00	843.00	909.00	891.00	961.00	934.00	1010.00
40	590.00	576.00	649.00	828.00	894.00	881.00	951.00	934.00	1000.00	987.00	1060.00	1030.00	1120.00

注：钢丝绳公称直径（D）允许偏差 0～5%。

6×37 系列钢丝绳力学性能表 **表 2-4**

钢丝绳公称直径 *D*（mm）	钢丝绳近似重量（kg/100m）			钢丝绳公称抗拉强度（MPa）									
				1570		1670		1770		1870		1960	
				钢丝绳最小破断拉力（kN）									
	天然纤维芯钢丝绳	合成纤维芯钢丝绳	钢芯钢丝绳	纤维芯钢丝绳	钢芯钢丝绳	纤维芯钢丝绳	钢芯钢丝绳	纤维芯钢丝绳	钢芯钢丝绳	纤维芯钢丝绳	钢芯钢丝绳	纤维芯钢丝绳	钢芯钢丝绳
12	54.70	53.40	60.20	74.60	80.50	79.40	85.60	84.10	90.70	88.90	95.90	93.10	100.00
13	64.20	62.70	70.60	87.50	94.40	93.10	100.00	98.70	106.00	104.00	113.00	109.00	118.00
14	74.50	72.70	81.90	101.00	109.00	108.00	117.00	114.00	124.00	121.00	130.00	127.00	137.00
16	97.30	95.00	107.00	133.00	143.00	141.00	152.00	149.00	161.00	157.00	170.00	166.00	179.00
18	123.00	120.00	135.00	167.00	181.00	178.00	192.00	189.00	204.00	199.00	215.00	210.00	226.00
20	152.00	148.00	167.00	207.00	223.00	220.00	237.00	233.00	252.00	246.00	266.00	259.00	279.00
22	184.00	180.00	202.00	250.00	270.00	266.00	287.00	282.00	304.00	298.00	322.00	313.00	338.00
24	219.00	214.00	241.00	298.00	321.00	317.00	342.00	336.00	362.00	355.00	383.00	373.00	402.00
26	257.00	251.00	283.00	350.00	377.00	372.00	401.00	394.00	425.00	417.00	450.00	437.00	472.00
28	298.00	291.00	328.00	406.00	438.00	432.00	466.00	457.00	494.00	483.00	521.00	507.00	547.00
30	342.00	334.00	376.00	466.00	503.00	495.00	535.00	525.00	567.00	555.00	599.00	582.00	628.00
32	389.00	380.00	428.00	530.00	572.00	564.00	608.00	598.00	645.00	631.00	681.00	662.00	715.00
34	439.00	429.00	483.00	598.00	646.00	637.00	687.00	675.00	728.00	713.00	769.00	748.00	807.00
36	492.00	481.00	542.00	671.00	724.00	714.00	770.00	756.00	816.00	799.00	862.00	838.00	904.00
38	549.00	536.00	604.00	748.00	807.00	795.00	858.00	843.00	909.00	891.00	961.00	934.00	1010.00
40	608.00	594.00	669.00	828.00	894.00	881.00	951.00	934.00	1000.00	987.00	1060.00	1030.00	1120.00
42	670.00	654.00	737.00	913.00	985.00	972.00	1040.00	1030.00	1110.00	1080.00	1170.00	1140.00	1230.00
44	736.00	718.00	809.00	1000.00	080.00	1060.00	1150.00	1130.00	1210.00	1190.00	1280.00	1250.00	1350.00
46	804.00	785.00	884.00	1090.00	1180.00	1160.00	1250.00	1230.00	1330.00	1300.00	1400.00	1370.00	1480.00
48	876.00	855.00	963.00	1190.00	1280.00	1260.00	1360.00	1340.00	1450.00	1420.00	1530.00	1490.00	1610.00
50	950.00	928.00	1040.00	1290.00	1390.00	1370.00	1480.00	1460.00	1570.00	1540.00	1660.00	1620.00	1740.00
52	1030.00	1000.00	1130.00	1400.00	1510.00	1490.00	1600.00	1570.00	1700.00	1660.00	1800.00	1750.00	1890.00
54	1110.00	1080.00	1220.00	1510.00	1620.00	1600.00	1730.00	1700.00	1830.00	1790.00	1940.00	1890.00	2030.00
56	1190.00	1160.00	1310.00	1620.00	1750.00	1720.00	1860.00	1830.00	1970.00	1930.00	2080.00	2030.00	2190.00
58	1280.00	1250.00	1410.00	1740.00	1880.00	1850.00	1990.00	1960.00	2110.00	2070.00	2240.00	2180.00	2350.00
60	1370.00	1340.00	1500.00	1860.00	2010.00	1980.00	2140.00	2100.00	2260.00	2220.00	2400.00	2330.00	2510.00

注：钢丝绳公称直径（*D*）允许偏差 0～5%。

（2）钢丝绳的安全系数

钢丝绳的安全系数可按表 2-2 对照现场实际情况进行选择。

（3）钢丝绳的允许拉力

允许拉力是钢丝绳实际工作中所允许的实际载荷，其与钢丝绳的最小破断拉力和安全系数关系式为：

$$[F]=\frac{F_0}{K} \tag{2-1}$$

式中 $[F]$——钢丝绳允许拉力，kN；

F_0——钢丝绳最小破断拉力，kN；

K——钢丝绳的安全系数。

【例 2-1】一规格为 6×19S+FC、公称抗拉强度为 1570MPa、直径为 16mm 的钢丝绳，试确定使用单根钢丝绳所允许吊起的重物的最大重量。

【解】已知钢丝绳规格为 6×19S+FC，R_0=1570MPa，D=16mm。

查表 2-3 知，F_0=133kN。

根据题意，该钢丝绳用作捆绑吊索，查表 2-2 知，K=8，根据式（2-1）：

$$[F]=\frac{F_0}{K}=\frac{133}{8}=16.625(\text{kN})$$

即该钢丝绳作捆绑吊索所允许吊起的重物的最大重量为 16.625kN。

在起重作业中，钢丝绳所受的应力很复杂，虽然可用数学公式进行计算，但因实际使用场合下计算时间有限，且没有必要算得十分精确，因此人们常用估算法：

1）破断拉力

$$Q\approx 50D^2 \tag{2-2}$$

式中 Q——公称抗拉强度为 1570MPa 时的破断拉力，kg；

D——钢丝绳直径，mm。

2）使用拉力

$$P\approx\frac{50D^2}{K} \tag{2-3}$$

式中 P——钢丝绳近似使用拉力，kg；

D——钢丝绳直径，mm；

K——钢丝绳的安全系数。

【例 2-2】选用一根直径为 16mm 的钢丝绳，用于吊索，设定安全系数为 8，则它的破断力和使用拉力各为多少？

【解】已知 D=16mm，K=8。

$$Q\approx 50D^2=50\times 16^2=12800\ (\text{kg})$$

$$P\approx\frac{50D^2}{K}=\frac{50\times 16^2}{8}=1600\ (\text{kg})$$

即该钢丝绳的破断拉力为 12800kg，允许使用拉力为 1600kg。

6. 吊索拉力的计算

施工现场常用两根、三根、四根等多根吊索吊运同一物体，在吊索垂直受力情况下，其安全负荷量原则上是以单根的负荷量分别乘以 2、3 或 4。而实际吊装中，用两根以上吊索吊装，其吊绳间是有夹角的，吊同样重的物件，吊绳间夹角不同，单根吊索所受的拉力是不同的。

一般用若干根钢丝绳吊装某一物体，如图 2-13 所示。要计算钢丝绳的承受力，见式（2-4）：

$$P=\frac{Q}{n}\times\frac{1}{\cos\alpha} \tag{2-4}$$

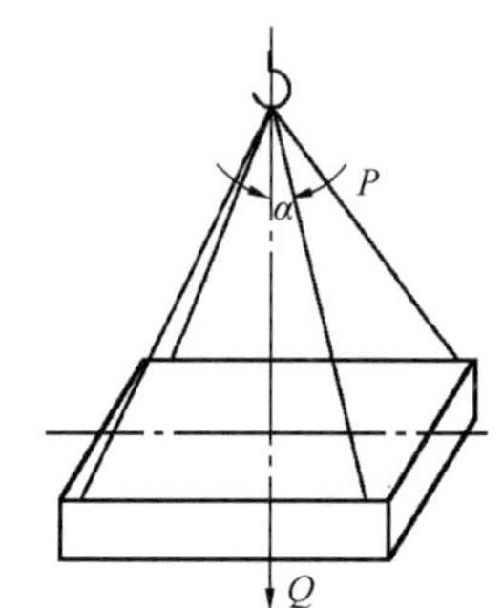

图 2-13　四绳吊装图示

式中　P——钢丝绳的承受力，kg；

Q——吊物重量，kg；

n——钢丝绳的根数；

α——钢丝绳与吊垂线夹角，°。

如果设 $K_1=\frac{1}{\cos\alpha}$，公式可以写成：

$$P=K_1\frac{Q}{n} \tag{2-5}$$

式中　P——钢丝绳的承受力，kg；

Q——吊物重量，kg；

n——钢丝绳的根数；

K_1——随钢丝绳与吊垂线夹角 α 变化的系数，见表 2-5。

随 α 角度变化的 K_1 值　　**表 2-5**

α	0°	15°	20°	25°	30°	35°	40°	45°	50°	55°	60°
K_1	1	1.035	1.06	1.10	1.15	1.22	1.31	1.41	1.56	1.75	2

由公式（2-4）和图 2-14 可知：若重物 Q 和钢丝绳数目 n 一定时，系数的 K_1 越大（α 角越大），钢丝绳承受力也越大。因此，在起重吊装作业中，捆绑钢丝绳时，必须掌握下面的专业知识：

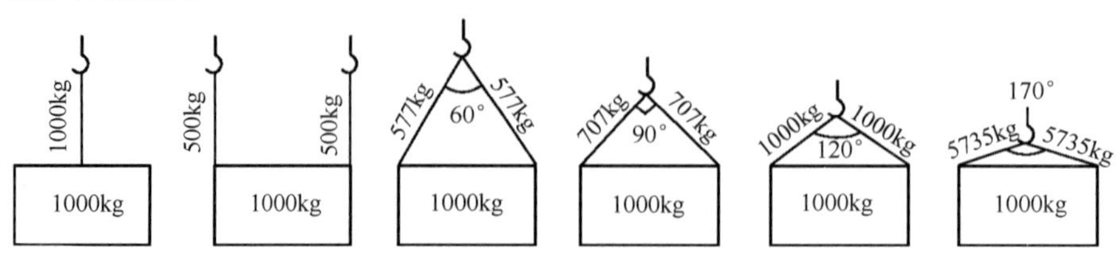

图 2-14　吊索分支拉力计算数据图示

（1）吊绳间的夹角越大，张力越大，单根吊绳的受力也越大；反之，吊绳间的夹角越小，吊绳的受力也越小。所以吊绳间夹角小于60°为最佳；夹角不允许超过120°。

（2）捆绑方形物体起吊时，吊绳间的夹角有可能达到170°左右，此时，钢丝绳受到的拉力会达到所吊物体重量的5～6倍，很容易拉断钢丝绳，因此危险性很高。120°可以看作是起重吊运中的极限角度。另外，夹角过大，容易造成脱钩。

（3）绑扎时吊索的捆绑方式也影响其安全起重量。因此在进行绑扎吊索的强度计算时，其安全系数应取大一些，在估算钢丝绳直径时，应按图2-15所示进行折算。如果吊绳间有夹角，在计算吊绳安全载荷的时候，应根据夹角的不同，分别再乘以折减系数。

（4）钢丝绳的起重能力不仅与起吊钢丝绳之间的夹角有关，而且与捆绑时钢丝绳曲率半径有关。一般钢丝绳的曲率半径大于绳径6倍以上，起重能力不受影响。当曲率半径为绳径的5倍时，起重能力降至原起重能力的85%；当曲率半径为绳径的4倍时，降至80%；3倍时降至75%；2倍时降至65%；1倍时降至50%，如图2-16所示。钢丝绳之间的连接应该使用卸扣，钢丝绳直径在13mm以下时，一般采用大于钢丝绳直径3～5mm的卸扣；钢丝绳直径在15～26mm时，采用大于钢丝绳直径5～6mm的卸扣；钢丝绳直径在26mm以上时，采用大于钢丝绳直径8～10mm的卸扣。

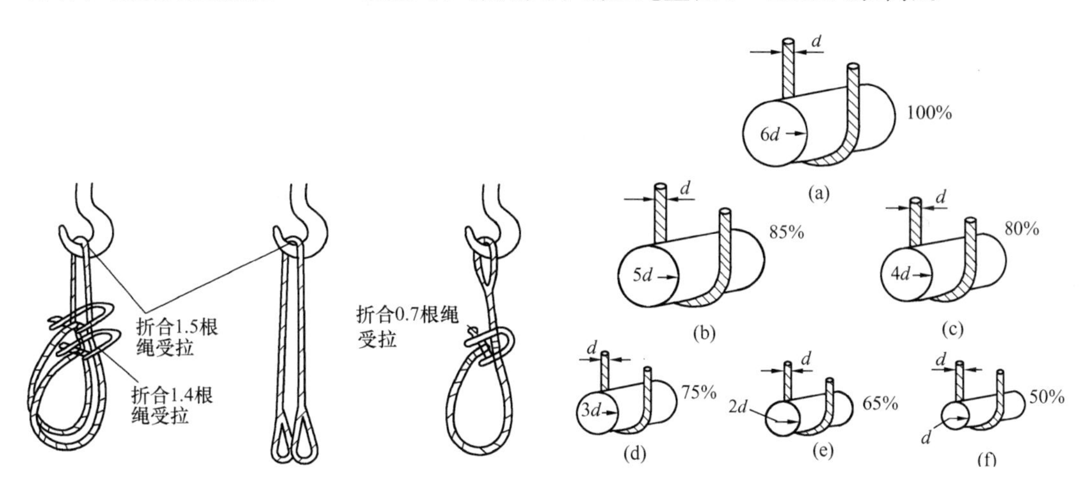

图2-15 捆绑绳的折算

图2-16 起吊钢丝绳曲率图

钢丝绳之间的连接也可以采用套环来衬垫，其目的都是为了保证钢丝绳的曲率半径不至于过小，曲率过小会降低钢丝绳的起重能力甚至产生剪切力。

2.2.2 钢丝绳夹

钢丝绳夹主要用于钢丝绳的连接和钢丝绳穿绕滑车组时绳端的固定，以及桅杆上缆风绳绳头的固定等，如图2-17所示。钢丝绳夹是起重吊装作业中使用较广的钢丝绳夹具。常用的绳夹为骑马式绳夹和U形绳夹。

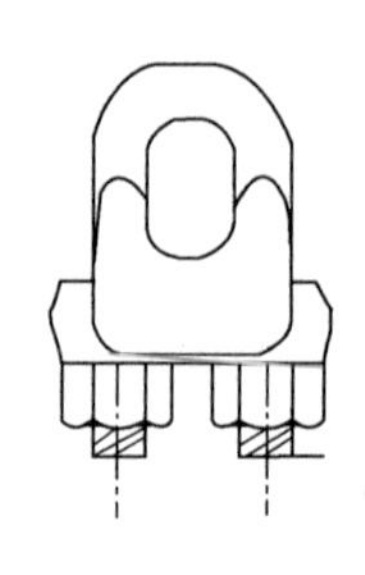
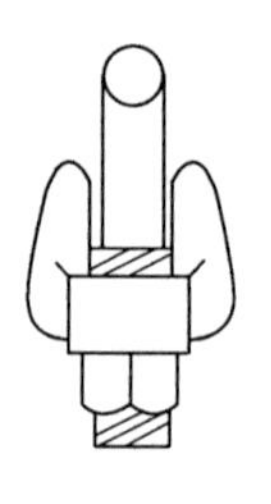

图 2-17　钢丝绳夹

1. 钢丝绳夹布置

钢丝绳夹布置，应把绳夹座扣在钢丝绳的工作段上，U 形螺栓扣在钢丝绳的尾段上，如图 2-18 所示。钢丝绳夹不得在钢丝绳上交替布置。

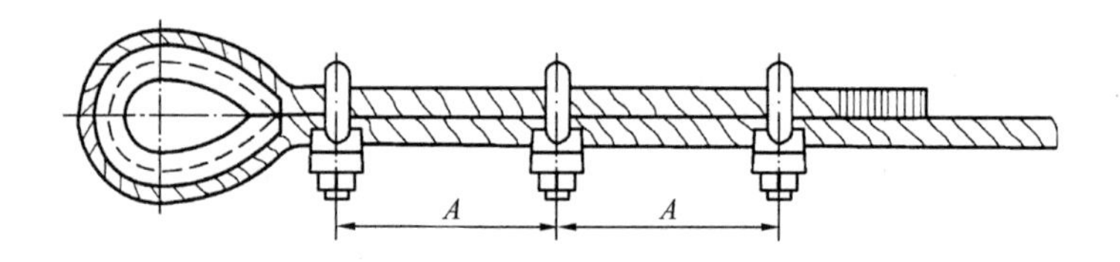

图 2-18　钢丝绳夹的布置

2. 钢丝绳夹数量

钢丝绳夹数量应符合表 2-6 的规定。

钢丝绳夹的数量　　**表 2-6**

绳夹规格（钢丝绳直径）(mm)	≤18	18～26	26～36	36～44	44～60
绳夹最少数量/组	3	4	5	6	7

3. 钢丝绳夹使用注意事项

(1) 钢丝绳夹间的距离 A（图 2-18）应等于钢丝绳直径的 6～7 倍。

(2) 钢丝绳夹固定处的强度取决于绳夹在钢丝绳上的正确布置以及绳夹固定和夹紧时的谨慎和熟练程度。不恰当的紧固螺母或钢丝绳夹数量不足，可能使绳端在承载时一开始就产生滑动。

(3) 在实际使用中，绳夹受载一两次以后应作检查，在多数情况下，螺母需要进一步拧紧。

(4) 钢丝绳夹紧固时必须考虑每个绳夹的合理受力，离套环最远处的绳夹不得首先单独紧固；离套环最近处的绳夹（第一个绳夹）应尽可能地紧靠套环，但仍必须保证绳夹的正确拧紧，不得损坏钢丝绳的强度。

(5) 绳夹在使用后要检查螺栓丝扣有否损坏，如暂不使用，要在丝扣部位涂上防锈油并存放在干燥的地方，以防生锈。

2.2.3 吊索

吊索，又称千斤索或千斤绳，常用于把设备等物体捆绑、连接在吊钩、吊环上或用来固定滑轮、卷扬机等吊装机具。一般用 6×61 和 6×37 钢丝绳制成。

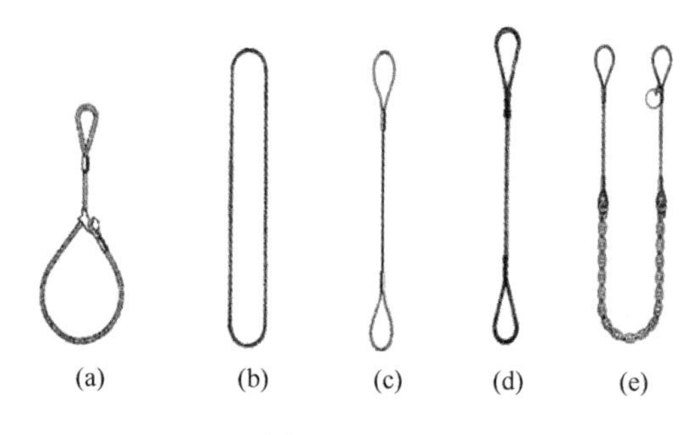

图 2-19 吊索

(a) 可调捆绑式吊索；(b) 无接头吊索；(c) 压制吊索；(d) 编制吊索；(e) 钢坯专用吊索

吊索的形式大致可分为可调捆绑式吊索、无接头吊索、压制吊索、编制吊索和钢坯专用吊索五种，如图 2-19 所示。还有一种是一、二、三、四腿钢丝绳钩成套吊索，如图 2-20 所示。

图 2-20 一、二、三、四腿钢丝绳钩成套吊索

编制吊索主要采用挤压插接法进行编结，此办法适用于普通捻六股钢丝绳吊索的制作。办法如下：端头解开长度约为 350mm。如图 2-21 所示，用锥子在甲绳的 1、6 股间穿过，在 3、4 股间穿出，把乙绳上面的第一股子绳插入、拔出，再将锥子从 2、3 股间插入，在 1、6 股间穿出，把乙绳上面的第三股子绳插入。这样，就形成了三股子绳插编在甲绳内，三股子绳在甲绳外。然后，将六股子绳一把抓牢，用锥子的另一头

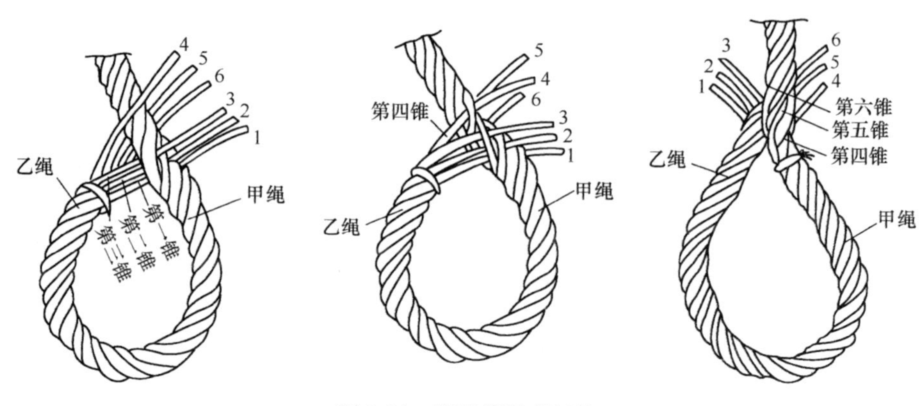

图 2-21 钢丝绳绳索插接

敲打甲绳，使甲绳和乙绳收紧，此时，开始编插。插编时，先将第六股子绳作为第一道编绕，一般为插编五花，当插编第一根子绳时，开头一花一定要收紧，以防止千斤头太松。紧接着按5、4、3、2、1顺序编结，当六股子绳插编完成，即形成钢丝绳千斤头，把多余的各股钢丝绳头割去，便告完成。

图2-22　吊索机械编结

目前插编钢丝绳索具也有采用专业钢丝绳索具深加工设备，根据钢丝绳的捻股、合绳工艺，单股多次插编而成，如图2-22所示。

2.2.4　吊钩

吊钩属起重机上重要取物装置之一。吊钩若使用不当，容易造成损坏和折断而发生重大事故，因此，必须加强对吊钩经常性的安全技术检验。

1. 吊钩的分类

吊钩按制造方法可分为锻造吊钩和片式吊钩。锻造吊钩又可分为单钩和双钩，如图2-23(a)、图2-23(b) 所示。单钩一般用于小起重量，双钩多用于较大的起重量。片式吊钩也有单钩和双钩之分，如图2-23(c)、图2-23(d) 所示。

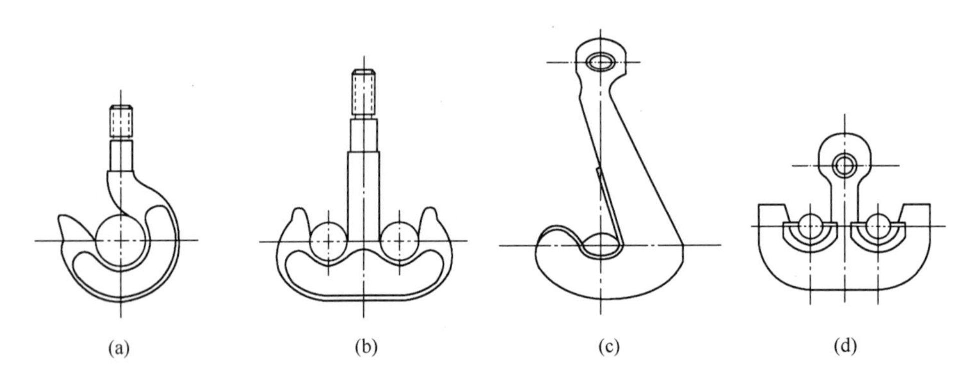

图2-23　吊钩的种类

(a) 锻造单钩；(b) 锻造双钩；(c) 片式单钩；(d) 片式双钩

片式吊钩比锻造吊钩安全，因为吊钩板片不可能同时断裂，个别板片损坏还可以更换。吊钩按钩身（弯曲部分）的断面形状可分为圆形、矩形、梯形和T字形断面吊钩。

2. 吊钩安全技术要求

吊钩应有出厂合格证明，在低应力区应有额定起重量标记。

(1) 吊钩的危险断面

对吊钩的检验，必须先了解吊钩的危险断面所在，通过对吊钩的受力分析，可以了解吊钩的危险断面有 3 个。

如图 2-24 所示，假定吊钩上吊挂重物的重量为 Q，由于重物重量通过钢丝绳作用在吊钩的Ⅰ—Ⅰ断面上，有把吊钩切断的趋势，该断面上受切应力；由于重量 Q 的作用，在Ⅲ—Ⅲ断面有把吊钩拉断的趋势，这个断面就是吊钩钩尾螺纹的退刀槽，这个部位受拉应力；由于 Q 力对吊钩产生拉、切力之后，还有把吊钩拉直的趋势，也就是对Ⅰ—Ⅰ断面以左的各断面除受拉力以外，还受到力矩的作用。因此，Ⅱ—Ⅱ断面受 Q 的拉力，使整个断面受切应力，同时受力矩的作用。另外，Ⅱ—Ⅱ断面的内侧受拉应力，外侧受压应力，根据计算，内侧拉应力比外侧压应力大一倍多。所以，吊钩做成内侧厚、外侧薄就是这个道理。

（2）吊钩的检验

吊钩的检验一般先用煤油洗净钩身，然后用 20 倍放大镜检查钩身是否有疲劳裂纹，特别对危险断面的检查要认真、仔细。钩柱螺纹部分的退刀槽是应力集中处，要注意检查有无裂缝。对板钩还应检查衬套、销子、小孔、耳环及其他紧固件是否有松动、磨损现象。对一些大型、重型起重机的吊钩还应采用无损探伤法检验其内部是否存在缺陷。

（3）吊钩的保险装置

吊钩必须装有可靠防脱棘爪（吊钩保险），防止工作时索具脱钩，如图 2-25 所示。

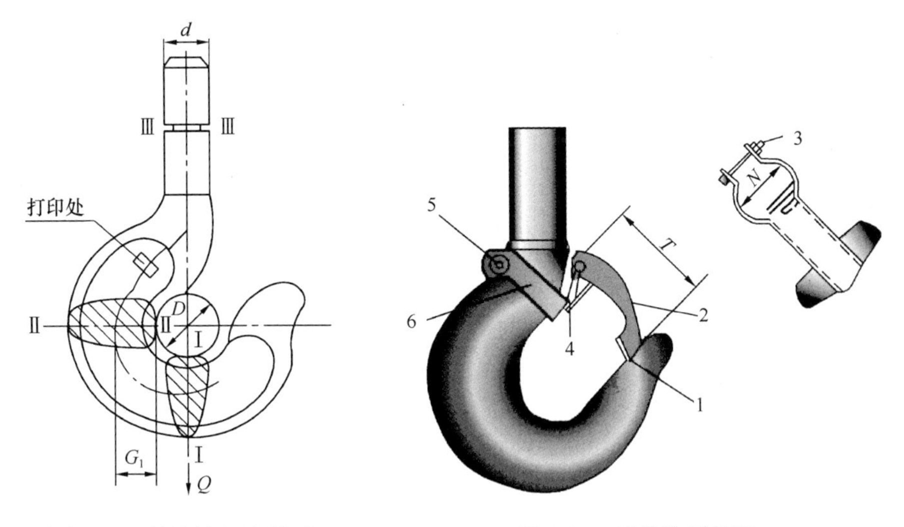

图 2-24 吊钩的危险断面

图 2-25 吊钩防脱棘爪

1—突缘；2—防脱棘爪；3—锁紧螺母；
4—弹簧；5—固定螺栓；6—夹子

3. 吊钩的报废

吊钩禁止补焊，有下列情况之一的，应予以报废：

（1）用 20 倍放大镜观察表面有裂纹。

（2）钩尾和螺纹部分等危险截面及钩筋有永久性变形。

（3）挂绳处截面磨损量超过原高度的 10%。

（4）心轴磨损量超过其直径的 5%。

（5）开口度比原尺寸增加 15%。

2.2.5 卸扣

卸扣又称卡环，是起重作业中广泛使用的连接工具，它与钢丝绳等索具配合使用，拆装颇为方便。

1. 卸扣的分类

（1）按其外形分为直形和椭圆形，如图 2-26 所示。

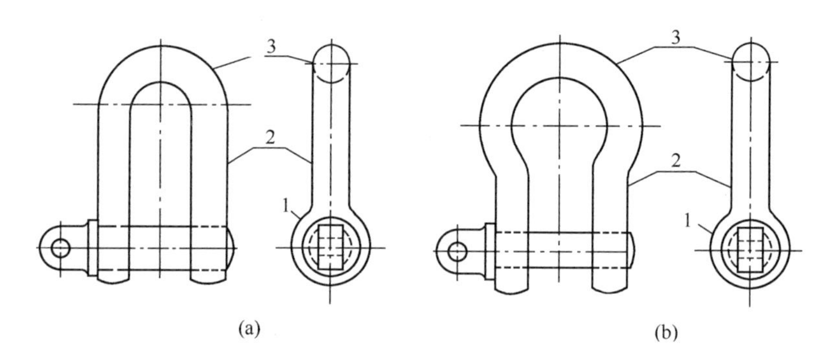

图 2-26 卸扣

（a）直形卸扣；（b）椭圆形卸扣

1—环眼；2—扣体；3—扣顶

（2）按活动销轴的形式可分为销子式和螺栓式，如图 2-27 所示。

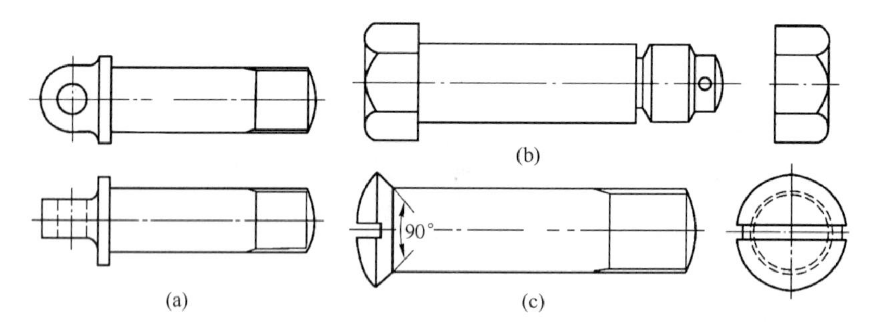

图 2-27 销轴的几种形式

（a）W 型—带有环眼和台肩的螺纹销轴；（b）X 型—六角头螺栓、六角螺母和开口销；

（c）Y 型—沉头螺钉

2. 卸扣使用注意事项

（1）卸扣必须是锻造的，一般是用 20 号钢锻造后经过热处理而制成的，以便消除残余应力和增加其韧性，不能使用铸造和补焊的卸扣。

（2）使用时不得受超过规定的荷载，应使销轴与扣顶受力，不能横向受力。横向使用会造成扣体变形。

（3）吊装时使用卸扣绑扎，在吊物起吊时应使扣顶在上销轴在下，如图 2-28 所示，使绳扣受力后压紧销轴，销轴因受力在销孔中产生摩擦力，使销轴不易脱出。

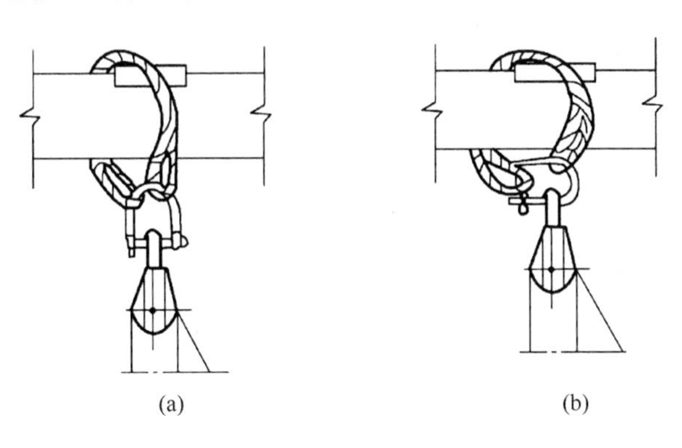

图 2-28 卸扣的使用示意图

（a）正确的使用方法；（b）错误的使用方法

（4）不得从高处往下抛掷卸扣，以防止卸扣落地碰撞而变形和内部产生损伤及裂纹。

3. 卸扣的报废

卸扣出现以下情况之一时，应予以报废：

（1）出现裂纹。

（2）磨损达原尺寸的 10%。

（3）本体变形达原尺寸的 10%。

（4）销轴变形达原尺寸的 5%。

（5）螺栓坏丝或滑丝。

（6）卸扣不能闭锁。

2.2.6 螺旋扣

螺旋扣又称“花兰螺丝”，如图 2-29 所示，主要用在张紧和松弛拉索、缆风绳等，故又被称为“伸缩节”。其形式有多种，尺寸大小则随负荷轻重而有所不同。其结构形式如图 2-30 所示。

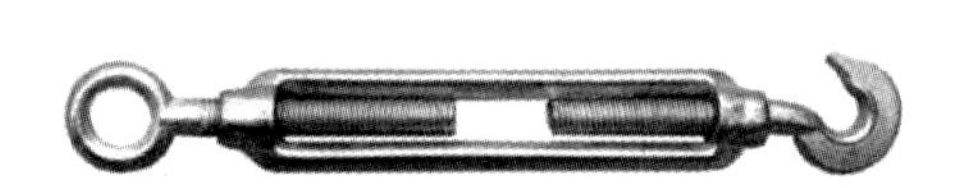

图 2-29 螺旋扣

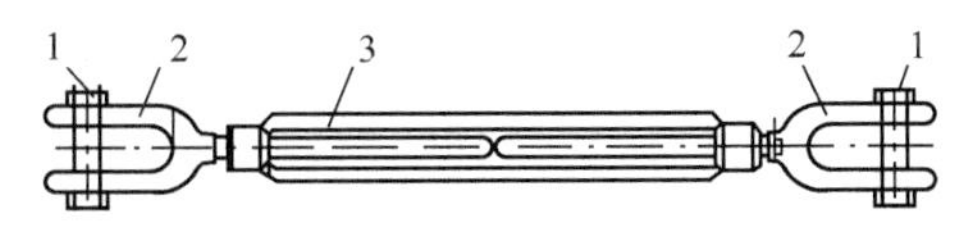

图 2-30 螺旋扣结构示意图

1—销轴；2—螺杆；3—螺旋套

螺旋扣使用时应注意以下事项：

（1）使用时应使钩口向下。

（2）防止螺纹轧坏。

（3）严禁超负荷使用。

（4）长期不用时，应在螺纹上涂好防锈油脂。

2.2.7 其他索具

在起重作业中，常使用绳索绑扎、搬运和提升重物，它与取物装置（如吊钩、吊环和卸扣等）组成各种吊具。

1. 白棕绳

（1）白棕绳的用途和特点

白棕绳是起重作业中常用的轻便绳索，具有质地柔软、携带方便和容易绑扎等优点，但其强度比较低。一般白棕绳的抗拉强度仅为同直径钢丝绳的10%左右，易磨损。因此，白棕绳主要用于绑扎及起吊较轻的物件和起重量比较小的扒杆缆风绳索。

白棕绳有涂油和不涂油之分。涂油的白棕绳抗潮湿防腐性能较好，其强度比不涂油一般要低10%～20%；不涂油的在干燥情况下，强度高、弹性好，但受潮后强度降低约50%。白棕绳有三股、四股和九股捻制的，特殊情况下有十二股捻制的。其中最常用的是三股捻制品。

（2）白棕绳的受力计算

为了保证起重作业的安全，白棕绳在使用中所受的极限工作载荷（最大工作拉力）应比白棕绳试验时的破断拉力小，白棕绳的承载力可采用近似法计算。白棕绳的安全系数见表2-7。

白棕绳的安全系数　　表2-7

使用情况	地面水平运输设备	高空系挂或吊装设备	用慢速机械操作，环境温度在40～50℃
安全系数 k	3	5	10

近似破断拉力

$$S_{破断}=50d^2 \tag{2-6}$$

式中　$S_{破断}$——近似破断拉力，N；

d——白棕绳直径，mm。

极限工作拉力

$$S_{极限}=\frac{S_{破断}}{k}=50\frac{d^2}{k} \tag{2-7}$$

式中　$S_{破断}$——近似破断拉力，N；

$S_{极限}$——极限工作拉力（最大工作拉力），N；

d——白棕绳直径，mm；

k——白棕绳安全系数。

【例 2-3】 设采用 ϕ16mm 白棕绳吊装设备，试用近似法计算其破断拉力和极限工作拉力。

【解】 已知 d＝16mm，查表 2-7，k＝5。

$$S_{破限} = 50d^2 = 50 \times 16^2 = 12800\ (N)$$

$$S_{极限} = 50\frac{d^2}{k} = 50 \times \frac{16^2}{5} = 12800\ (N)$$

即白棕绳的破断拉力和极限工作拉力分别为 12800N 和 2560N。

（3）白棕绳使用注意事项

1）白棕绳一般用于较轻物件的捆绑、滑车作业及扒杆用绳索等。起重机械或受力较大的作业不得使用白棕绳。

2）使用前，必须查明允许拉力，严禁超负荷使用。

3）用于滑车组的白棕绳，为了减少其所承受的附加弯曲力，滑轮的直径应比白棕绳直径大 10 倍以上。

4）使用中，如果发现白棕绳连续向一个方向扭转时，应抖直，有绳结的白棕绳不得穿过滑车。

5）在绑扎各类物件时，应避免白棕绳直接与物件的尖锐边缘接触，接触处应加麻袋、帆布或薄铁皮、木片等衬物。

6）不得在尖锐、粗糙的物件上或地上拖拉。

7）穿过滑轮时，不应脱离轮槽。

8）应储存在干燥和通风好的库房内，避免受潮或高温烘烤；不得将白棕绳与有腐蚀作用的化学物品（如碱、酸等）接触。

2. 尼龙绳和涤纶绳

（1）尼龙绳和涤纶绳的特点

尼龙绳和涤纶绳可用来捆绑、吊运表面粗糙、精度要求高的机械零部件及有色金属制品。

尼龙绳和涤纶绳具有质量轻、质地柔软、弹性好、强度高、耐腐蚀、耐油、不生蛀虫及霉菌、抗水性能好等优点。其缺点是不耐高温，使用中应避免高温及锐角损伤。

（2）尼龙绳、涤纶绳的受力计算

近似破断拉力：

$$S_{破断} = 110d^2 \tag{2-8}$$

式中 $S_{破断}$——近似破断拉力，N；

d——尼龙绳、涤纶绳直径，mm。

极限工作拉力：

$$S_{极限} = \frac{S_{破断}}{k} = 110\frac{d^2}{k} \tag{2-9}$$

式中 $S_{破断}$——近似破断拉力，N；

$S_{极限}$——极限工作拉力（最大工作拉力），N；

d——尼龙绳、涤纶绳直径，mm；

k——尼龙绳、涤纶绳安全系数。

尼龙绳、涤纶绳安全系数可根据工作使用状况和重要程度选取，但不得小于6。

3. 常用绳索打结方法

绳索在使用过程中打成各式各样的绳结，常用的打结方法参见表2-8。

钢丝绳及白棕绳的结绳法 **表2-8**

序号	结绳名称	简　图	用途及特点
1	直结（又称平结、交叉结、果子口）	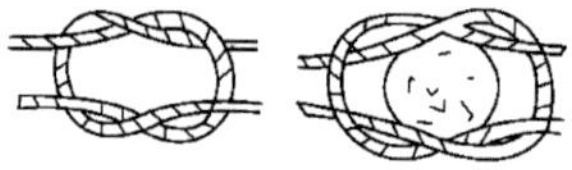	用于白棕绳两端的连接，连接牢固，中间放一段木棒易解
2	活结	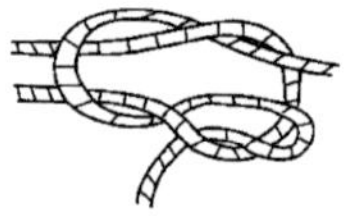	用于白棕绳迅速解开时
3	组合结（又称单帆索结、三角扣及单绕式双插法）	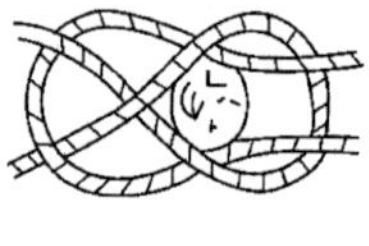	用于钢丝绳或白棕绳的连接。比较易结易解，也可用于不同粗细绳索两端的连接
4	双重组合结（又称双帆结、多绕式双插结）	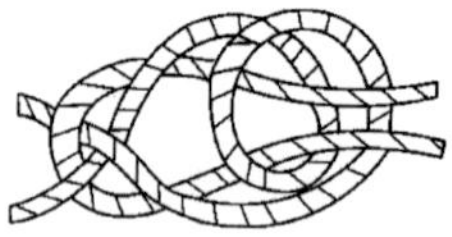	用于白棕绳或钢丝绳两端有拉力时的连接及钢丝绳端与套环相连接。绳结牢靠
5	套连环结	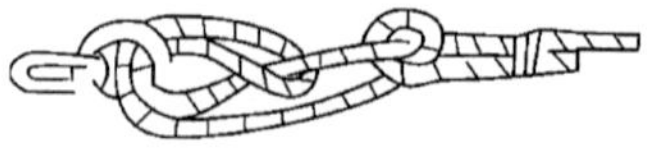	将钢丝绳或白棕绳与吊环连接在一起时用
6	海员结（又称琵琶结、航海结、滑子扣）	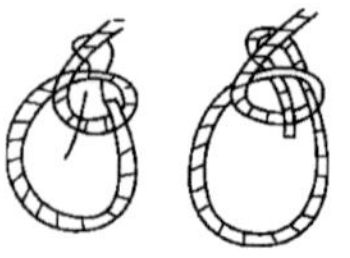	用于白棕绳绳头的固定，系结杆件或拖拉物件。绳结牢靠，易解，拉紧后不出死结

续表

序号	结绳名称	简　图	用途及特点
7	双套扣（又称锁圈结）		用途同上，也可做吊索用。结绳牢固可靠，接绳迅速，解开方便，可用于钢丝绳中段打结
8	梯形结（又称八字扣、猪蹄扣、环扣）	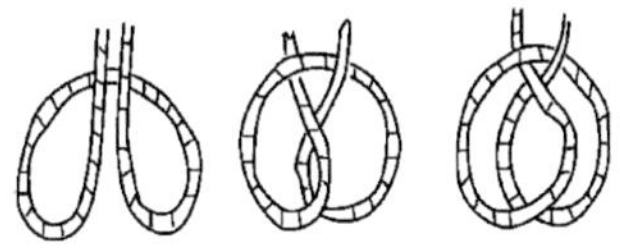	在人字及三角桅杆拴拖拉绳，可在绳中间打结，也可抬吊重物。绳圈易扩大或缩小。绳结牢靠又易解
9	拴柱结（又称锚固结）	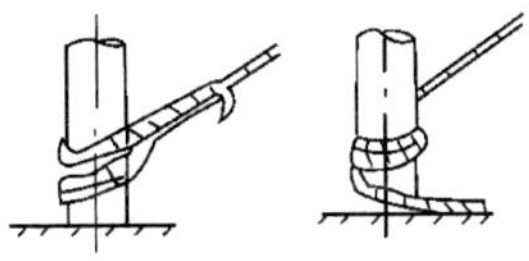	（1）用于缆风绳固定端绳结。 （2）用于松溜绳结，可以在受力后慢慢放松，活头应该在下面
10	双梯形结（又称鲁班结）	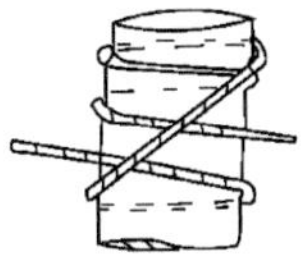	主要用于拔桩及桅杆绑扎缆风绳等。绳结紧不易松脱
11	单套结（又称十字结）	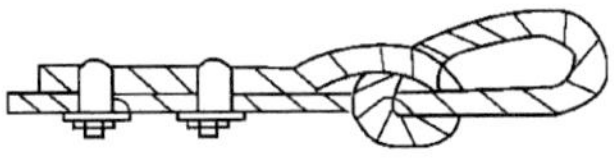	用于连接吊索或钢丝绳的两端或固定绳索用
12	双套结（又称双十字结、对结）	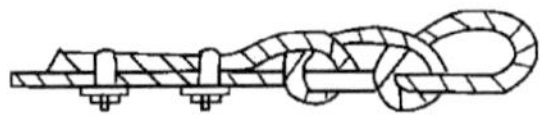	用于连接吊索或钢丝绳的两端，固定绳端
13	抬扣（又称杠棒扣）	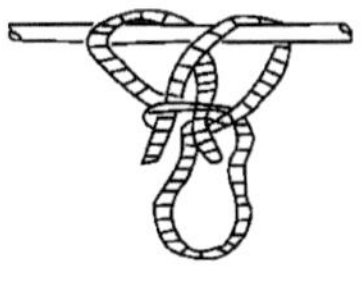	以白棕绳搬运轻量物体时用，抬起重物时自然收紧。结绳、解绳迅速

续表

序号	结绳名称	简　图	用途及特点
14	死结（又称死圈扣）		用于重物吊装捆绑，方便、牢固、可靠
15	水手结		用于吊索直接系结杆件起吊，可自动勒紧，容易解开绳索
16	瓶口结		用于拴绑起吊圆柱形杆件。特点是愈拉愈紧
17	桅杆结		用于树立桅杆，牢固、可靠
18	挂钩结		用于起重吊钩上。特点是结绳方便，不易脱钩
19	抬杠结		用于抬杠或吊运圆桶物体

2.2.8 滑车和滑车组

滑车和滑车组是起重吊装、搬运作业中较常用的起重工具。滑车一般由吊钩（链环）、滑轮、轴、轴套和夹板等组成。

1. 滑车

（1）滑车的种类

滑车按滑轮的多少，可分为单门（一个滑轮）、双门（两个滑轮）和多门等几种；按连接件的结构形式不同，可分为吊钩型、链环型、吊环型和吊梁型四种；按滑车的夹板形式分，有开口滑车和闭口滑车两种等，如图 2-31 所示。开口滑车的夹板可以打开，便于装入绳索，一般都是单门，常用在拔杆脚等处作导向用。滑车按使用方式不同，又可分为定滑车和动滑车两种。定滑车在使用中是固定的，可以改变用力的方向，但不能省力；动滑车在使用中是随着重物移动而移动的，它能省力，但不能改变力的方向。

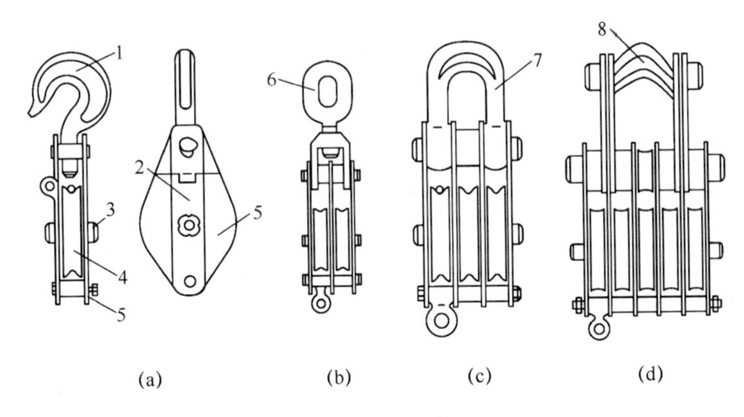

图 2-31 滑车

(a) 单门开口吊钩型；(b) 双门闭口链环型；(c) 三门闭口吊环型；(d) 三门吊梁型

1—吊钩；2—拉杆；3—轴；4—滑轮；5—夹板；6—链环；7—吊环；8—吊梁

(2) 滑车的允许荷载

滑车的允许荷载，可根据滑轮和轴的直径确定，一般滑车上都有标明，使用时应根据其标定的数值选用，同时滑轮直径还应与钢丝绳直径匹配。

双门滑车的允许荷载为同直径单门滑车允许荷载的两倍，三门滑车为单门滑车的三倍，以此类推。同样，多门滑车的允许荷载就是它的各滑轮允许荷载的总和。因此，如果知道某一个四门滑车的允许荷载为 20000kg，则其中一个滑轮的允许荷载为 5000kg。即对于这四门滑车，若工作中仅用一个滑轮，只能负担 5000kg；用两个，只能负担 10000kg；只有四个滑轮全用时才能负担 20000kg。

2. 滑车组

滑车组是由一定数量的定滑车和动滑车及绕过它们的绳索组成的简单起重工具。它能省力也能改变力的方向。

(1) 滑车组的种类

滑车组根据跑头引出的方向不同，可以分为跑头自动滑车绕出和跑头自定滑车绕出两种。如图 2-32(a) 所示，跑头自动滑车绕出，这时用力的方向与重物移动的方向一致；如图 2-32(b) 所示，跑头自定滑车绕出，这时用力的方向与重物移动的方向相反。在采用多门滑车进行吊装作业时常采用双联滑车组。如图 2-32(c) 所示，双联滑车组有两个跑头，可用两台卷扬机同时牵引，其速度快一倍，滑车组受力比较均衡，滑车不易倾斜。

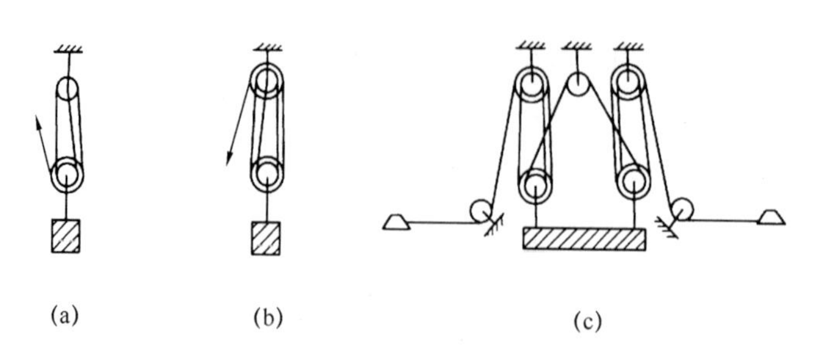

图 2-32　滑车组的种类

(a) 跑头自动滑车绕出；(b) 跑头自定滑车绕出；(c) 双联滑车组

(2) 滑车组绳索的穿法

滑车组中绳索有普通穿法和花穿法两种，如图 2-33 所示。普通穿法是将绳索自一侧滑轮开始，顺序地穿过中间的滑轮，最后从另一侧的滑轮引出，如图 2-33(a) 所示。滑车组在工作时，由于两侧钢丝绳的拉力相差较大，跑头 7 的拉力最大，第 6 根为次，顺次至固定头受力最小，所以滑车在工作中不平稳。如图 2-33(b) 所示，花穿法的跑头从中间滑轮引出，两侧钢丝绳的拉力相对较小，所以能克服普通穿法的缺点。在用"三三"以上的滑车组时，最好用花穿法。滑车组中动滑车上穿绕绳子的根数，习惯上叫"走几"，如动滑车上穿绕 3 根绳子，叫"走 3"，穿绕 4 根绳子叫"走 4"。

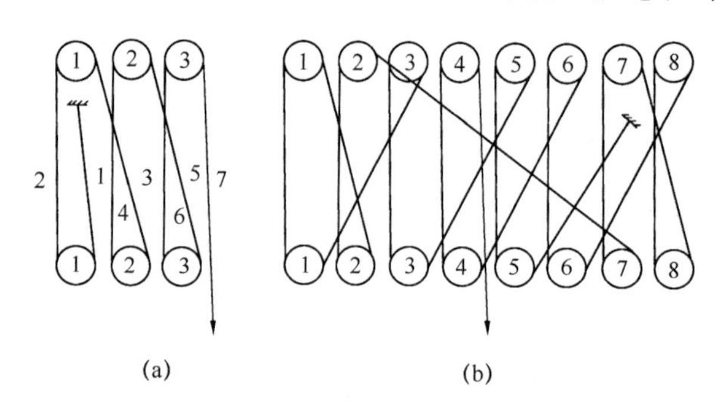

图 2-33　滑车组的穿法

(a) 普通穿法；(b) 花穿法

3. 滑车及滑车组使用注意事项

(1) 使用前应查明标识的允许荷载，检查滑车的轮槽、轮轴、夹板、吊钩（链环）等有无裂缝和损伤，滑轮转动是否灵活。

(2) 滑车组绳索穿好后，要慢慢地加力，绳索收紧后应检查各部分是否良好，有无卡绳现象。

(3) 滑车的吊钩（链环）中心，应与吊物的重心在一条垂线上，以免吊物起吊后不平稳。滑车组上下滑车之间的最小距离应根据具体情况而定，一般为 700～1200mm。

(4) 滑车在使用前、后都要刷洗干净，轮轴要加油润滑，防止磨损和锈蚀。

(5) 为了提高钢丝绳的使用寿命，滑轮直径不得小于钢丝绳直径的 16 倍。

4. 滑轮的报废

滑轮出现下列情况之一的，应予以报废：

（1）裂纹或轮缘破损。

（2）滑轮绳槽壁厚磨损量达原壁厚的20%。

（3）滑轮底槽的磨损量超过相应钢丝绳直径的25%。

2.3 常用起重工具

2.3.1 千斤顶

千斤顶是一种用较小的力将重物顶高、降低或移位的简单而方便的起重设备。千斤顶构造简单，使用轻便，便于携带，工作时无振动和冲击，能保证把重物准确地停在一定的高度上，升举重物时，不需要绳索、链条等，但行程短，加工精度要求较高。

1. 千斤顶的分类

千斤顶有齿条式、螺旋式和液压式三种基本类型。

（1）齿条式千斤顶

齿条式千斤顶又叫起道机，由金属外壳、装在壳内的齿条、齿轮和手柄等组成。在路基、路轨的铺设中常用到齿条式千斤顶，如图2-34所示。

（2）螺旋式千斤顶

螺旋式千斤顶常用的是LQ型，如图2-35所示，它由棘轮组、小锥齿轮、升降套筒、锯齿形螺杆、螺母、大锥齿轮、推力轴承、主架和底座等组成。

图2-34 齿条式千斤顶

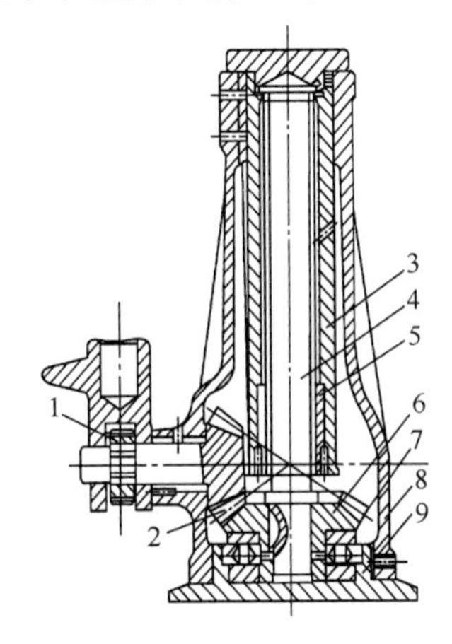

图2-35 螺旋式千斤顶

1—棘轮组；2—小锥齿轮；3—升降套筒；4—锯齿形螺杆；5—螺母；6—大锥齿轮；7—推力轴承；8—主架；9—底座

(3) 液压式千斤顶

常用的液压式千斤顶为YQ型，其构造如图2-36所示。

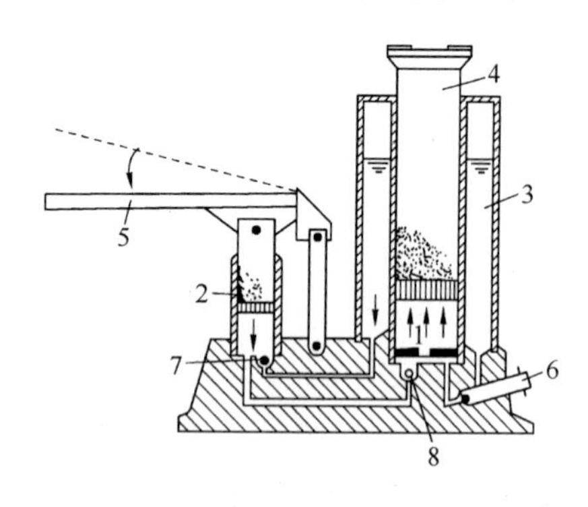

图2-36 液压千斤顶的构造

1—油室；2—油泵；3—储油腔；4—活塞；5—摇把；6—回油阀；7—油泵进油门；8—油室进油门

2. 千斤顶使用注意事项

(1) 千斤顶使用前应拆洗干净，并检查各部件是否灵活、有无损伤，液压千斤顶的阀门、活塞、皮碗是否良好，油液是否干净。

(2) 使用时，应放在平整坚实的地面上，如地面松软，应铺设方木以扩大承压面积。设备或物件的被顶点应选择坚实的平面部位并应清洁至无油污，以防打滑，还须加垫木板以免顶坏设备或物件。

(3) 严格按照千斤顶的额定起重量使用千斤顶，每次顶升高度不得超过活塞上的标志。

(4) 在顶升过程中要随时注意千斤顶的平整直立，不得歪斜，严防倾倒，不得任意加长手柄或操作过猛。

(5) 操作时，先将物件顶起一点后暂停，检查千斤顶、枕木垛、地面和物件等情况是否良好，如发现千斤顶和枕木垛不稳等情况，必须处理后才能继续工作。顶升过程中，应设保险垫，并要随顶随垫，其脱空距离应保持在50mm以内，以防千斤顶倾倒或突然回油而造成事故。

(6) 用两台或两台以上千斤顶同时顶升一个物件时，要有统一指挥、动作一致、升降同步，保证物件平稳。

(7) 千斤顶应存放在干燥、无尘土的地方，避免日晒雨淋。

2.3.2 链式滑车

1. 链式滑车类型和用途

链式滑车又称“倒链”“手拉葫芦”，它适用于小型设备和物体的短距离吊装，可用来拉紧缆风绳，以及用在构件或设备运输时拉紧捆绑的绳索，如图2-37所示。链式滑车具有结构紧凑、手拉力小、携带方便、操作简单等优点，它不仅是起重常用的工具，也常用做机械设备的检修拆装工具。

链式滑车可分为环链蜗杆滑车、片状链式蜗杆滑车和片状链式齿轮滑车等。

图2-37 链式滑车

2. 链式滑车的使用

链式滑车在使用时应注意以下几点：

（1）使用前须检查传动部分是否灵活，链子和吊钩及轮轴是否有裂纹损伤，手拉链是否有跑链或掉链等现象。

（2）挂上重物后，要慢慢拉动链条，当起重链条受力后再检查各部分有无变化，自锁装置是否起作用，经检查确认各部分情况良好后，方可继续工作。

（3）在任何方向使用时，拉链方向应与链轮方向相同，防止手拉链脱槽，拉链时力量要均匀，不能过快过猛。

（4）当手拉链拉不动时，应查明原因，不能增加人数猛拉，以免发生事故。

（5）起吊重物中途停止的时间较长时，要将手拉链拴在起重链上，以防时间过长而自锁失灵。

（6）转动部分要经常上油，保证润滑，减少磨损，但切勿将润滑油渗进摩擦片内，以防自锁失灵。

2.3.3　卷扬机

卷扬机在建筑施工中使用广泛，它可以单独使用，也可以作为其他起重机械的卷扬机构。

1. 卷扬机构造和分类

卷扬机由电动机、齿轮减速机、卷筒和制动器等构成。载荷的提升和下降均为一种速度，由电机的正反转控制。

卷扬机按卷筒数分，有单筒、双筒、多筒卷扬机；按速度分，有快速、慢速卷扬机。常用的有单筒电动卷扬机和双筒电动卷扬机。如图2-38所示为一种单筒电动卷扬机的结构示意图。

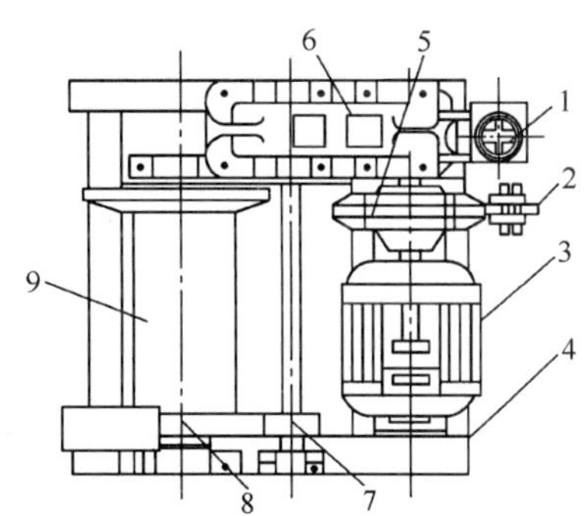

图2-38　单筒电动卷扬机结构示意图

1—可逆控制器；2—制动器；3—电动机；4—底盘；5—联轴器；6—减速器；7—小齿轮；8—大齿轮；9—卷筒

2. 卷扬机基本参数

卷扬机的基本参数包括钢丝绳额定拉力、卷筒容绳量、钢丝绳平均速度、钢丝绳直径和卷筒直径等。

（1）慢速卷扬机的基本参数见表2-9。

慢速卷扬机基本参数　　**表2-9**

形式 基本参数	单筒卷扬机						
钢丝绳额定拉力（t）	3	5	8	12	20	32	50
卷筒容绳量（m）	150	150	400	600	700	800	800
钢丝绳平均速度（m/min）	9～12			8～11		7～10	
钢丝绳直径不小于（mm）	15	20	26	31	40	52	65
卷筒直径 D	$D\geqslant 18d$（d为钢丝绳直径）						

（2）快速卷扬机的基本参数见表 2-10。

快速卷扬机基本参数　　表 2-10

基本参数＼形式	单筒						双筒			
钢丝绳额定拉力（t）	0.5	1	2	3	5	8	2	3	5	8
卷筒容绳量（m）	100	120	150	200	350	500	150	200	350	500
钢丝绳平均速度（m/min）	30～40		30～35		28～32		30～35		28～32	
钢丝绳直径不小于（mm）	7.7	9.3	13	15	20	26	13	15	20	26
卷筒直径 D	$D \geqslant 18d$（d 为钢丝绳直径）									

3. 卷筒

卷筒是卷扬机的重要部件，由筒体、连接盘、轴以及轴承支架等构成。

（1）钢丝绳在卷筒上的固定

钢丝绳在卷筒上的固定通常使用压板螺钉或楔块。固定的方法一般有楔块固定法、长板条固定法和压板固定法，如图 2-39 所示。

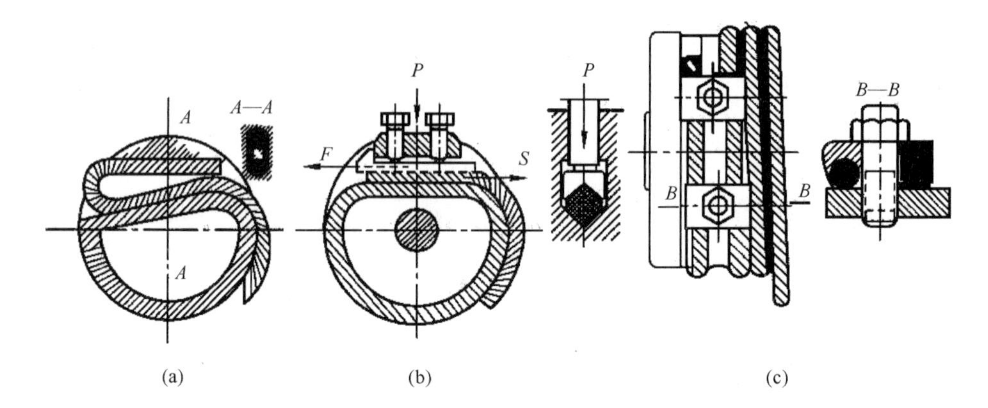

图 2-39　钢丝绳在卷筒上的固定

（a）楔块固定；（b）长板条固定；（c）压板固定

1）楔块固定法，如图 2-39(a) 所示。此法常用于直径较小的钢丝绳，不需要用螺栓，适于多层缠绕卷筒。

2）长板条固定法，如图 2-39(b) 所示。通过螺钉的压紧力，将带槽的长板条沿钢丝绳的轴向将绳端固定在卷筒上。

3）压板固定法，如图 2-39(c) 所示。利用压板和螺钉固定钢丝绳，压板数至少为 2 个。此固定方法简单，安全可靠，便于观察和检查，是最常见的固定形式。其缺点是所占空间较大，不宜用于多层卷绕。

（2）卷筒的报废

卷筒出现下述情况之一的，应予以报废：

1）裂纹或凸缘破损。

2）卷筒壁磨损量达原壁厚的 10%。

4. 卷扬机的布置与固定

（1）卷扬机的布置

卷扬机的布置应注意下列几点：

1）卷扬机安装位置周围必须排水畅通并应搭设工作棚。

2）卷扬机的安装位置应能使操作人员看清指挥人员和起吊或拖动的物件，操作者视线仰角应小于 45°。

3）在卷扬机正前方应设置导向滑车，如图 2-40 所示，导向滑车至卷筒轴线的距离，对于带槽卷筒应不小于卷筒宽度的 15 倍，即倾斜角 α 不大于 2°，对于无槽卷筒应大于卷筒宽度的 20 倍，以免钢丝绳与导向滑车槽缘产生过度的磨损。

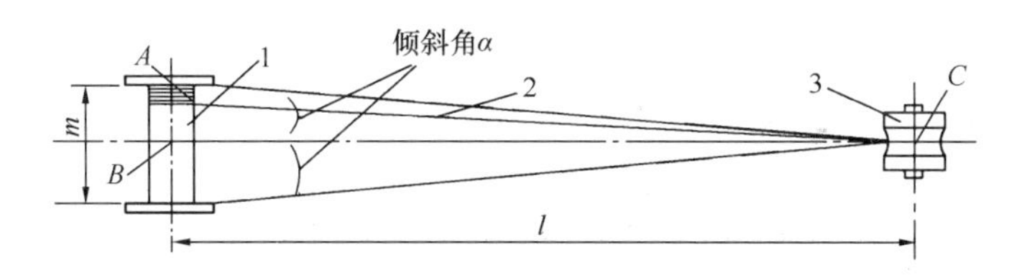

图 2-40　卷扬机的布置

1—卷筒；2—钢丝绳；3—导向滑车

4）钢丝绳绕入卷筒的方向应与卷筒轴线垂直，其垂直度允许偏差为 6°，这样能使钢丝绳圈排列整齐，不致斜绕和互相错叠挤压。

（2）卷扬机的固定

卷扬机必须用地锚予以固定，以防工作时产生滑动或倾覆。根据受力大小，固定卷扬机的方法大致有螺栓锚固法、水平锚固法、立桩锚固法和压重锚固法四种，如图 2-41 所示。

5. 卷扬机使用注意事项

（1）使用前，应检查卷扬机与地面的固定、安全装置、防护设施、电气线路、接零或接地线、制动装置和钢丝绳等，全部合格后方可使用。

（2）使用皮带或开式齿轮的部分，均应设防护罩，导向滑轮不得用开口拉板式滑轮。

（3）正反转卷扬机卷筒旋转方向应在操纵开关上有明确标识。

（4）卷扬机必须有良好的接地或接零装置，接地电阻不得大于 10Ω；在一个供电网路上，接地或接零不得混用。

（5）卷扬机使用前要先做空载正、反转试验，检查运转是否平稳，有无不正常响

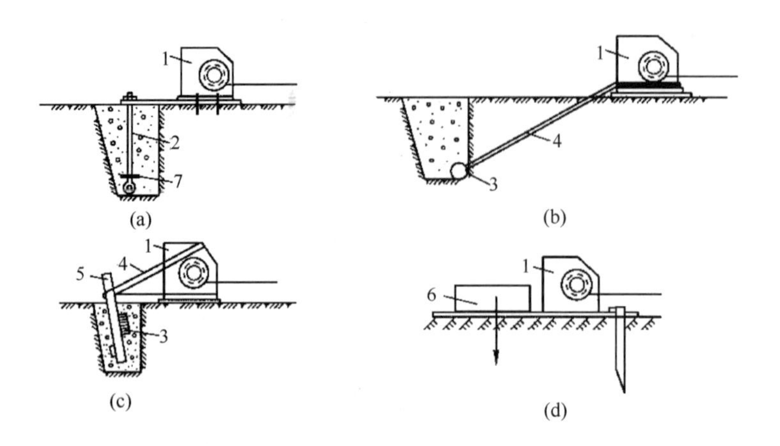

图 2-41　卷扬机的锚固方法

（a）螺栓锚固法；（b）水平锚固法；（c）立桩锚固法；（d）压重锚固法

1—卷扬机；2—地脚螺栓；3—横木；4—拉索；5—木桩；6—压重；7—压板

声；传动、制动机构是否灵敏可靠；各紧固件及连接部位有无松动现象；润滑是否良好，有无漏油现象。

（6）钢丝绳的选用应符合原厂说明书规定。卷筒上的钢丝绳全部放出时应留有不少于 3 圈；钢丝绳的末端应固定牢靠；卷筒边缘外周至最外层钢丝绳的距离应不小于钢丝绳直径的 1.5 倍。

（7）钢丝绳应与卷筒及吊笼连接牢固，不得与机架或地面摩擦；通过道路时，应设过路保护装置。

（8）卷筒上的钢丝绳应排列整齐；当重叠或斜绕时，应停机重新排列，严禁在转动中手拉脚踩钢丝绳。

（9）作业中，任何人不得跨越正在作业的卷扬钢丝绳。物件提升后，操作人员不得离开卷扬机，物件或吊笼下面严禁人员停留或通过。休息时应将物件或吊笼降至地面。

（10）作业中如发现异响、制动不灵、制动装置或轴承温度剧烈上升等异常情况时，应立即停机检查，排除故障后方可使用。

（11）作业中停电或休息时，应切断电源，将提升物件或吊笼降至地面，操作人员离开现场应锁好开关箱。

2.4　常用起重机

2.4.1　起重机类型

起重吊装使用的起重机类型主要为塔式和流动式两种。其中，塔式起重机主要有固定式和轨道行走式；流动式起重机主要有汽车式、轮胎式和履带式。如图 2-42 所示为起重吊装常用的固定塔式起重机、汽车起重机、履带起重机。

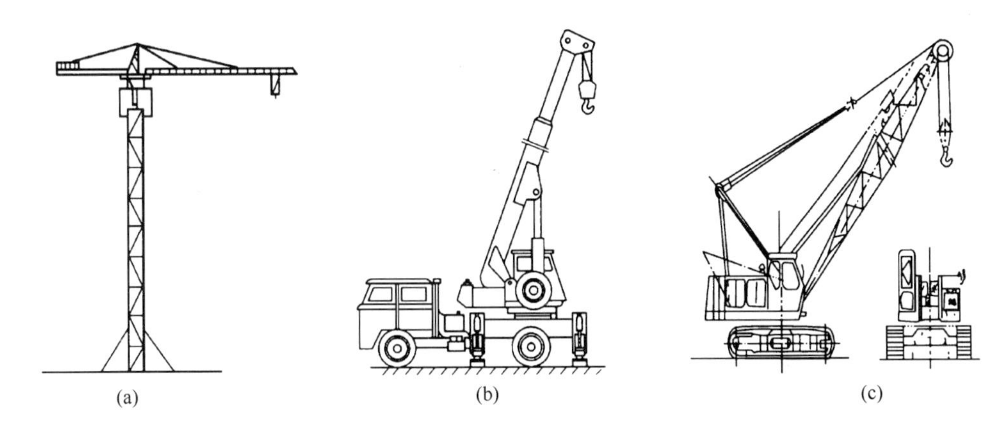

图 2-42 施工现场常用的起重机

（a）固定塔式起重机；（b）汽车起重机；（c）履带起重机

1. 塔式起重机

塔式起重机简称塔机，亦称塔吊。塔机主要用于房屋建筑施工中物料的垂直和水平输送及建筑构件的安装，在高层建筑施工中是不可缺少的施工机械。施工升降机的安装可使用塔机作为辅助起重设备。

（1）塔式起重机的性能参数

塔式起重机的分类方式有多种，从其主体结构和外形特征考虑，基本上可按架设形式、变幅形式、旋转部位和行走方式区分。施工现场常用的为自升小车变幅式塔式起重机，其主要技术性能参数包括起重力矩、起重量、幅度、自由高度（独立高度）和最大高度等，其他参数包括工作速度、结构重量、外形尺寸和尾部（平衡臂）尺寸等。

（2）塔式起重机结构组成

塔式起重机由金属结构、工作机构、电气系统和安全装置等组成。如图 2-43 所示为小车变幅式塔式起重机结构示意图。

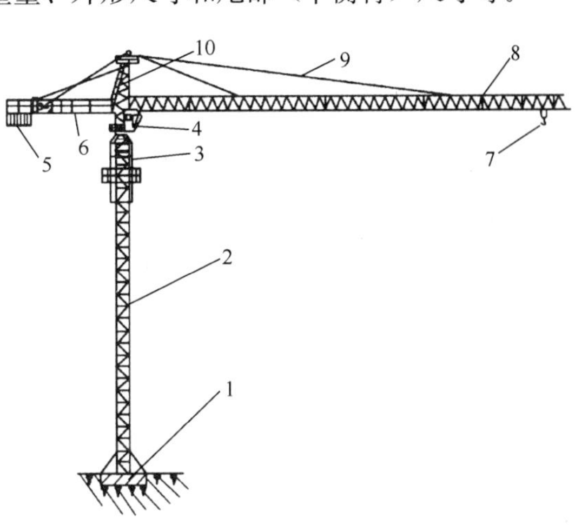

图 2-43 小车变幅式塔式起重机结构示意图

1—基础；2—塔身；3—顶升套架；4—驾驶室；5—平衡重；6—平衡臂；7—吊钩；8—起重臂；9—拉杆；10—塔帽

1）金属结构，由起重臂、平衡臂、塔帽、回转总成、顶升套架、塔身、底架（行走式）和附着装置等组成。

2）工作机构，包括起升机构、行走机构、变幅机构、回转机构和液压顶升机构等。

3）电气系统，由电源、电气设备、导线和低压电器组成。

4）塔式起重机的安全装置，包括起升高度限位器、幅度限位器、回转限位器、运行（行走）限位器、起重力矩限制器、起重量限制器和小车断绳保护装置等，用来保证塔机的安全使用。

（3）塔式起重机安全使用

1）司机必须熟悉所操作的塔机的性能，并应严格按说明书的规定作业。

2）司机必须熟练掌握标准规定的通用手势信号和有关的各种指挥信号，必须服从指挥人员的指挥，并与指挥人员密切配合。

3）塔机不得超载作业，严禁用吊钩直接吊挂重物，吊钩必须用吊具、索具吊挂重物，重物的吊挂必须牢靠。

4）吊运重物时，不得猛起猛落，以防吊运过程中发生散落、松绑、偏斜等情况；起吊时必须先将重物吊离地面 0.5m 左右停住，确定制动、物料捆扎、吊点和吊具无问题后，方可按照指挥信号操作。

5）作业中平移起吊重物时，重物高出其所跨越障碍物的高度不得小于 1m。

6）不得起吊带人的重物，禁止用塔机吊运人员。

7）起升或下降重物时，重物下方禁止有人通行或停留。

2. 汽车起重机

汽车起重机是装在普通汽车底盘或特制汽车底盘上的一种起重机，如图 2-44 所示，其行驶驾驶室与起重操纵室分开设置。这种起重机的优点是机动性好，转移迅速。缺点是工作时需支腿，不能负荷行驶，也不适合在松软或泥泞的场地上工作。

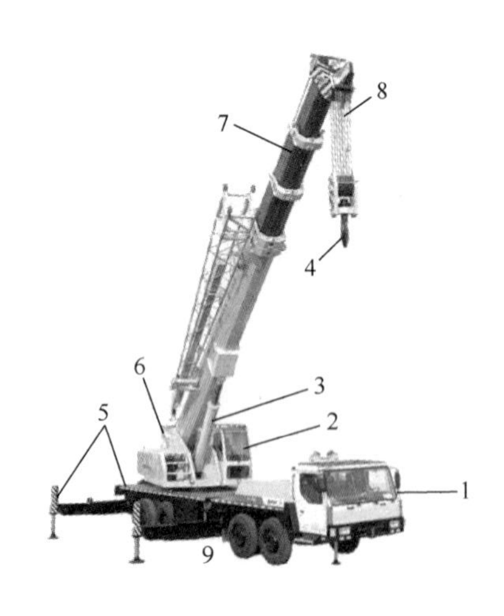

图 2-44　汽车起重机结构图

1—行驶驾驶室；2—起重操作驾驶室；3—顶臂油缸；4—吊钩；5—支腿；6—回转卷扬机构；7—起重臂；8—钢丝绳；9—汽车底盘

（1）汽车起重机分类

1）按额定起重量分，一般额定起重量 15t 以下的为小吨位汽车起重机，额定起重量 16～25t 的为中吨位汽车起重机，额定起重量 26t 以上的为大吨位汽车起重机。

2）按吊臂结构分为定长臂汽车起重机、接长臂汽车起重机和伸缩臂汽车起重机三种。

定长臂汽车起重机多为小型机械传动起重机，采用汽车通用底盘，全部动力由汽车发动机供给。

接长臂汽车起重机的吊臂由若干节臂组成，分基本臂、顶臂和插入臂，可以根据需要，在停机时改变吊臂长度。由于桁架臂受力好，迎风面积小，自重轻，是大吨位汽车起重机的主要结构形式。

伸缩臂液压汽车起重机，其结构特点是吊臂由多节箱形断面的臂互相套叠而成，利用装在臂内的液压缸可以同时或逐节伸出或缩回。全部缩回时，可以有最大起重量；全部伸出时，可以有最大起升高度或工作半径。

3）按动力传动分为机械传动、液压传动和电力传动三种。施工现场常用的是液压传动汽车起重机。

（2）汽车起重机基本参数

汽车起重机的基本参数包括尺寸参数、质量参数、动力参数、行驶参数、主要性能参数及工作速度参数等。

1）尺寸参数：整机长、宽、高，第一、二轴距，第三、四轴距，一轴轮距，二、三轴轮距。

2）质量参数：行驶状态整机质量，一轴负荷，二、三轴负荷。

3）动力参数：发动机型号，发动机额定功率，发动机额定扭矩，发动机额定转速，最高行驶速度。

4）行驶参数：最小转弯半径，接近角，离去角，制动距离，最大爬坡能力。

5）主要性能参数：最大额定起重量，最大额定起重力矩，最大起重力矩，基本臂长，最长主臂长度，副臂长度，支腿跨距，基本臂最大起升高度，基本臂全伸最大起升高度，（主臂＋副臂）最大起升高度。

6）工作速度参数：起重臂变幅时间（起、落），起重臂伸缩时间，支腿伸缩时间，主起升速度，副起升速度，回转速度。

（3）汽车起重机安全使用

汽车起重机作业应注意以下事项：

1）启动前，检查各安全保护装置和指示仪表是否齐全、有效，燃油、润滑油、液压油及冷却水是否添加充足，钢丝绳及连接部位是否符合规定，液压、轮胎气压是否正常，各连接件有无松动。

2）起重作业前，检查工作地点的地面条件。地面必须具备能将起重机呈水平状态，并能充分承受作用于支腿的压力条件；注意地基是否松软，如较松软，必须给支腿垫好能承载的枕木或钢板；支腿必须全伸，并将起重机调整成水平状态；当需最长臂工作时，风力不得大于5级；起重机吊钩重心在起重作业时不得超过回转中心与前支腿（左右）接地中心线的连线；在起重量指示装置有故障时，应按起重性能表确定起重量，吊具重量应计入总起重量。

3）吊重作业时，起重臂下严禁站人，禁止吊起埋在地下的重物或斜拉重物以免承受侧载；禁止使用不合格的钢丝绳和起重链；根据起重作业曲线，确定工作半径和额定起重量，调整臂杆长度和角度；起吊重物中不准落臂，必须落臂时应先将重物放至地面，小油门落臂、大油门抬臂后，重新起吊；回转动作要平稳，不准突然停转，当吊重接近额定起重量时不得在吊物离地面0.5m以上的空中回转；在起吊重载时应尽量避免吊重变幅，起重臂仰角很大时不准将吊物骤然放下，以防后倾。

4）不准吊重行驶。

3. 履带起重机

履带起重机操纵灵活，本身能回转 360°，在平坦坚实的地面上能负荷行驶。由于履带的作用，接触地面面积大，通过性好，可在松软、泥泞的场地作业，可进行挖土、夯土、打桩等多种作业，适用于建筑工地的吊装作业。但履带起重机稳定性较差，行驶速度慢且履带易损坏路面，转移时多用平板拖车装运。

（1）履带起重机结构组成

履带起重机由动力装置、工作机构以及动臂、转台、底盘等组成，如图 2-45 所示。

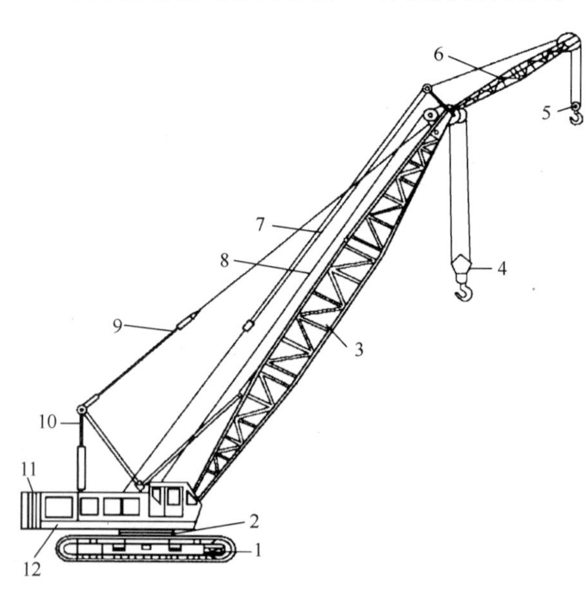

图 2-45　履带起重机结构图

1—履带底盘；2—回转支承；3—动臂；4—主吊钩；5—副吊钩；6—副臂；7—副臂固定索；8—起升钢丝绳；9—动臂变幅滑轮组；10—门架；11—平衡重；12—转台

1）动臂

动臂为多节组装桁架结构，调整节数后可改变长度，其下端铰装于转台前部，顶端用变幅钢丝绳滑轮组悬挂支承，可改变其倾角。也有在动臂顶端加装副臂的，副臂与动臂成一定夹角。起升机构有主、副两套卷扬系统，主卷扬系统用于动臂吊重，副卷扬系统用于副臂吊重。

2）转台

转台通过回转支承装在底盘上，可将转台上的全部重量传递给底盘，其上部装有动力装置、传动系统、卷扬机、操纵机构、平衡重和操作室等。动力装置通过回转机构可使转台作 360°回转。回转支承由上、下滚盘和其间的滚动件（滚球、滚柱）组成，可将转台上的全部重量传递给底盘，并保证转台的自由转动。

3）底盘

底盘包括行走机构和动力装置。行走机构由履带架、驱动轮、导向轮、支重轮、托链轮和履带轮等组成。动力装置通过垂直轴、水平轴和链条传动使驱动轮旋转，从而带动导向轮和支重轮，实现整机沿履带行走。

（2）履带起重机基本参数

履带起重机的主要技术参数包括主臂工况、副臂工况、工作速度数据、发动机参数、结构重量等，见表 2-11。

履带起重机性能参数 **表 2-11**

项目	性能指标	单位
主臂工况	额定起重量	t
	最大起重力矩	t·m
	主臂长度	m
	主臂变幅角	°
主臂带超起工况	额定起重量	t
	最大起重力矩	t·m
	主臂长度	m
	超起桅杆长度	m
	主臂变幅角	°
变幅副臂工况	额定起重量	t
	主臂长度	m
	副臂长度	m
	最长主臂＋最长变幅副臂	m
	主臂变幅角	°
	副臂变幅角	°
变幅副臂带超起工况	额定起重量	t
	主臂长度	m
	副臂长度	m
	最长主臂＋最长变幅副臂	m
	超起桅杆长度	m
	主臂变幅角	°
	副臂变幅角	°
速度数据	主（副）卷扬绳速	m/min
	主变幅绳速	m/min
	副变幅绳速	m/min
	超起变幅绳速	m/min
	回转速度	m/min
	行走速度	km/h
发动机	输出功率	kW
	额定转速	r/min
重量	整机重量（基本臂）	t
	后配重＋中央配重＋超起配重	t
	最大单件运输重量	t
	运输尺寸（长×宽×高）	mm
接地比压		MPa

(3) 履带起重机安全使用

履带起重机应在平坦坚实的地面上作业、行走和停放。正常作业时，坡度不得大于3°，并应与沟渠、基坑保持安全距离。

1) 作业时，起重臂的最大仰角不得超过出厂规定。当无资料可查时，不得超过78°；变幅应缓慢平稳，严禁在起重臂未停稳前变换挡位；起重机载荷达到额定起重量的90%及以上时，严禁下降起重臂；在起吊载荷达到额定起重量的90%及以上时，升降动作应慢速进行，并严禁同时进行两种以上动作。

2) 起吊重物时应先稍离地面试吊，当确认重物已挂牢，起重机的稳定性和制动器的可靠性均良好时，再继续起吊。在重物起升过程中，操作人员应把脚放在制动踏板上，密切注意起升重物，防止吊钩冒顶。当起重机停止运转而重物仍悬在空中时，即使制动踏板被固定，仍应脚踩在制动踏板上。

3) 采用双机抬吊作业时，应选用起重性能相似的起重机进行。抬吊时应统一指挥，动作应配合协调；载荷应分配合理，起吊重量不得超过两台起重机在该工况下允许起重量总和的75%，单机载荷不得超过允许起重量的80%；在吊装过程中，起重机的吊钩滑轮组应保持垂直状态。

4) 多机抬吊（多于3台）时，应采用平衡轮、平衡梁等调节措施来调整各起重机的受力分配，单机的起吊载荷不得超过允许载荷的75%。多台起重机共同作业时，应统一指挥，动作应配合协调。

5) 起重机如需带载行走时，载荷不得超过允许起重量的70%，行走道路应坚实平整，重物应在起重机正前方向，重物离地面不得大于500mm，并应拴好拉绳，缓慢行驶。严禁长距离带载行驶。

6) 起重机行走时，转弯不应过急；当转弯半径过小时，应分次转弯；当路面凹凸不平时，不得转弯。

7) 起重机上下坡道时应无载行走，上坡时应将起重臂仰角适当放小，下坡时应将起重臂仰角适当放大。严禁下坡空挡滑行。

8) 作业后，起重臂应转至顺风方向并降至40°～60°之间，吊钩应提升到接近顶端的位置，关停内燃机，将各操纵杆放在空挡位置，各制动器加保险固定，操纵室应关门加锁。

2.4.2 起重机的基本参数

起重机的基本参数是表征起重机工作性能的指标，也是选用起重机械的主要技术依据，它包括起重量、起重力矩、起升高度、幅度、工作速度、结构重量和结构尺寸等。

1. 起重量

起重量是吊钩能吊起的重量，其中包括吊索、吊具及容器的重量。起重机允许起升物料的最大起重量称为额定起重量。通常情况下所讲的起重量，都是指额定起重量。

对于幅度可变的起重机，如塔式起重机、汽车起重机、履带起重机、门座起重机等臂架型起重机，起重量因幅度的改变而改变，因此每台起重机都有自己本身的起重量与起重幅度的对应表，称起重特性表。

在起重作业中，了解起重设备在不同幅度处的额定起重量非常重要，在已知所吊物体重量的情况下，根据特性表和曲线就可以得到起重的安全作业距离（幅度）。

2. 起重力矩

起重量与相应幅度的乘积称为起重力矩，惯用计量单位为 t·m，标准计量单位为 kN·m。换算关系：1t·m=10kN·m。额定起重力矩是起重机工作能力的重要参数，它是起重机工作时保持其稳定性的控制值。起重机的起重量随着幅度的增加而相应递减。

3. 起升高度

起重机吊具最高和最低工作位置之间的垂直距离称为起升范围。起重吊具的最高工作位置与起重机的水准地平面之间的垂直距离称为起升高度，也称吊钩有效高度。塔机起升高度为混凝土基础表面（或行走轨道顶面）到吊钩的垂直距离。

4. 幅度

起重机置于水平场地时，空载吊具垂直中心线至回转中心线之间的水平距离称为幅度。当臂架倾角最小或小车离起重机回转中心距离最大时，起重机幅度为最大幅度；反之为最小幅度。

5. 工作速度

工作速度，按起重机工作机构的不同主要包括起升（下降）速度、起重机（大车）运行速度、变幅速度和回转速度等。

（1）起升(下降)速度，是指稳定运动状态下，额定载荷的垂直位移速度(m/min)。

（2）起重机（大车）运行速度，是指稳定运行状态下，起重机在水平路面或轨道上带额定载荷的运行速度（m/min）。

（3）变幅速度，是指稳定运动状态下，吊臂挂最小额定载荷，在变幅平面内从最大幅度至最小幅度的水平位移平均速度（m/min）。

（4）回转速度，是指稳定运动状态下，起重机转动部分的回转速度（r/min）。

6. 结构尺寸

起重机的结构尺寸可分为行驶尺寸、运输尺寸和工作尺寸，可保证起重机械的顺利转场和工作时的环境适应。

2.4.3 起重机的选择

1. 起重机的稳定性

起重机的稳定性在很大程度上和起重量与回转半径之间的变化有关。当起重臂杆长度不变时，回转半径的长短决定了起重机起重量的大小。回转半径增加则起重量相应减小；回转半径减少则起重量相应增大。对于动臂式起重机，起重臂杆的仰角变小，即回转半径增加，则起重量相应减小；起重臂杆的仰角变大，即回转半径减少，则起重量相应增大。

2. 起重机的起升高度

建筑物的高度以及构件吊装高度决定着起重机的起升高度。因此制定吊装方案选择起重机时，在决定起重机的最高有效施工起升高度情况下，还要将起重机的起重量、回转半径作综合的考虑，不片面强调某一因素，必须根据施工现场的地形条件和结构情况、构件安装高度和位置，以及构件的长度、绑扎点等，核算出起重机所需的回转半径和起重臂杆长度，再根据需要的回转半径和起重臂杆长度来选择适当的起重机。

2.5 起重作业的基本操作

2.5.1 起重作业人工基本操作

1. 撬

在吊装作业中，为了把物体抬高或降低，常采用撬的方法。撬就是用撬杠把物体撬起，如图 2-46 所示。这种方法一般用于抬高或降低较轻物体（约 200～500kg）的操作中。如工地上堆放空心板和拼装钢屋架或钢筋混凝土天窗架时，为了调整构件某一部分的高低，可用这种方法。

撬属于杠杆的第一类型（支点在中间）。撬杠下边的垫点就是支点。在操作过程中，为了达到省力的目的，垫点应尽量靠近物体，以减小（短）重臂，增大（长）力臂。作支点用的垫物要坚硬，底面积宜大而宽，顶面要窄。

图 2-46 撬

2. 磨

磨是用撬杠使物体转动的一种操作，也属于杠杆的第一类型。磨的时候，先要把物体撬起同时推动撬杠的尾部使物体转动（要想使重物向右转动，应向左推动撬杠的尾部）。当撬杠磨到一定角度不能再磨时，可将重物放下，再转回撬杠磨第二次、第三次，如此反复。

在吊装工作中，对重量较轻、体积较小的构件，如拼装钢筋混凝土天窗架需要移位时，可一人一头地磨，如移动大型屋面板时也可以一个人磨，如图 2-47 所示，也可以几个人对称地站在构件的两端同时磨。

3. 拨

拨是把物体向前移动的一种方法，它属于第二类杠杆，重心在中间，支点在物体的底下，如图 2-48 所示。将撬杠斜插在物体底下，然后用力向上抬，物体就向前移动。

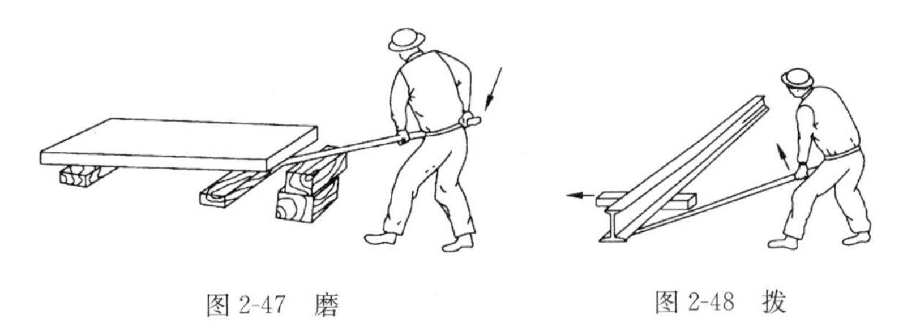

图 2-47 磨　　图 2-48 拨

4. 顶和落

顶是指用千斤顶把重物顶起来的操作，落是指用千斤顶把重物从较高的位置落到较低位置的操作。

第一步，将千斤顶安放在重物下面的适当位置，如图 2-49(a)所示。第二步，操作千斤顶，将重物顶起，如图 2-49(b)所示。第三步，在重物下垫进枕木并落下千斤顶，如图 2-49(c)所示。第四步，垫高千斤顶，准备再顶升，如图 2-49(d)所示。如此循环往复，即可将重物一步一步地升高至需要的位置。落的操作步骤与顶的操作步骤相反。在使用油压千斤顶落下重物时，为防止下落速度过快发生危险，要在拆去枕木后，及时放入不同厚度的木板，使重物离木板的距离保持在 5cm 以内，一面落下重物，一面拆去和更换木板。木板拆完后，将重物放在枕木上，然后取出千斤顶，拆去千斤顶下的部分垫木，再把千斤顶放回。重复以上操作，一直到将重物落至要求的高度。

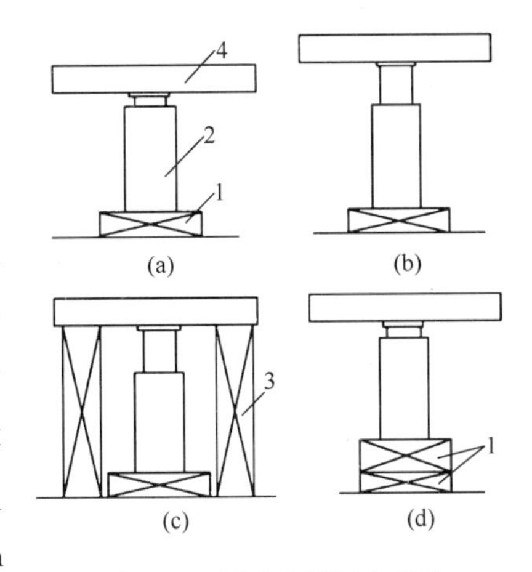

图 2-49 用千斤顶逐步顶升重物程序图

(a) 最初位置；(b) 顶升重物；(c) 在重物下垫进枕木；(d) 将千斤顶垫高准备再次提升

1—垫木；2—千斤顶；3—枕木；4—重物

5. 滑

滑就是把重物放在滑道上，用人力或卷扬机牵引，使重物向前滑移的操作。滑道通常用钢轨或型钢做成，当重物下表面为木材或其他粗糙材料时，可在重物下设置用钢材和木材制成的滑橇，通过滑橇来降低滑移中的摩阻力。如图 2-50 所示为一种用槽钢和木材制成的滑橇示意图。滑橇下部为由两层槽钢背靠背焊接而成，上部为两层方木用道钉钉成一体。滑移时所需的牵引力必须大于物体与滑道或滑橇与滑道之间的摩阻力。

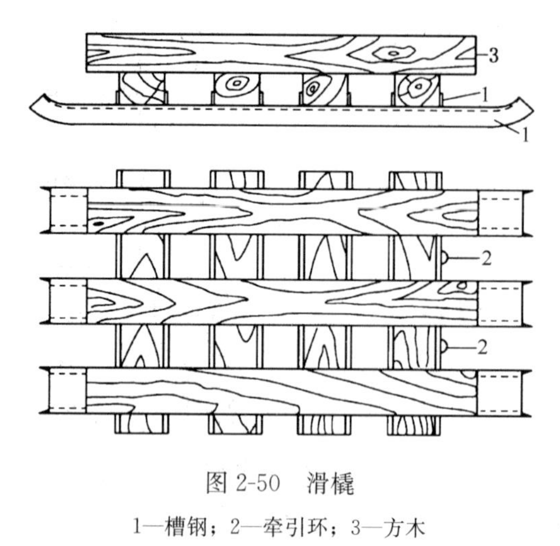

图 2-50　滑橇

1—槽钢；2—牵引环；3—方木

6. 滚

滚就是在重物下设置上、下滚道和滚杠，使物体随着上、下滚道间滚杠的滚动而向前移动的操作。

滚道又称走板。根据物体的形状和滚道布置的情况，滚道可分为两种类型：一种是用短的上滚道和通长的下滚道，如图 2-51（a）所示；另一种是用通长的上滚道和短的下滚道，如图 2-51（b）所示。前者用以滚移一般物体，工作时在物体前进方向的前方填入滚杠；后者用以滚移长大物体，工作时在物体前进方向的后方填入滚杠。

上滚道的宽度一般均略小于物体宽，下滚道则比上滚道稍宽。滚移重量不很大的物体时，上、下滚道可用方木做成，滚杠可用硬杂木或钢管。滚移重量很大的物体时，上、下滚道可采用钢轨制成，滚杠用无缝钢管或圆钢。为提高钢管的承载力，可在管内灌混凝土。滚杠的长度应比下滚道宽度长 20～40cm。滚杠的直径，根据荷载不同，一般为 5～10cm。

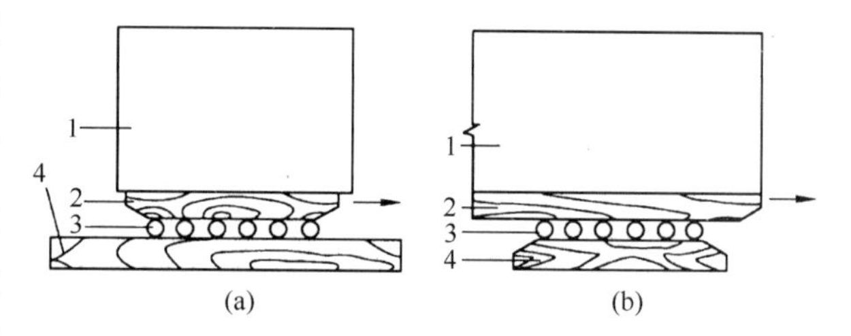

图 2-51　滚道

（a）短的上滚道和通长的下滚道；（b）通长的上滚道和短的下滚道

1—物件；2—上滚道；3—滚杠；4—下滚道

滚运重物时，重物的前进方向用滚杠在滚道上的排放方向控制。要使重物直线前进，必须使滚杠与滚道垂直；要使重物拐弯，则使滚杠向需拐弯的方向偏转。纠正滚杠的方向，可用大锤敲击。放滚杠时，必须将头放整齐。

2.5.2　物体的绑扎

1. 平行吊装绑扎法

平行吊装绑扎法一般有两种。一种是用一个吊点，适用于吊装短小、质量轻的物体。在绑扎前应找准物体的重心，使被吊装的物体处于水平状态，这种方法简便实用，常采用单支吊索穿套结索法吊装作业。根据所吊物体的整体和松散性，选用单圈或双圈穿套结索法，如图 2-52 所示。

另一种是用两个吊点，这种吊装方法是绑扎在物体的两端，常采用双支单双圈穿套结索法和吊篮式结索法，如图 2-53 所示，吊索之间夹角不得大于 120°。

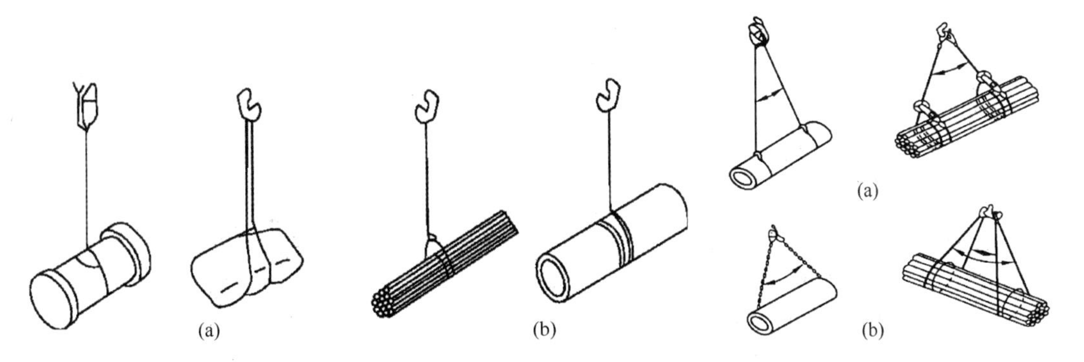

图 2-52 单双圈穿套结索法

（a）单圈；（b）双圈

图 2-53 单双圈穿套及吊篮结索法

（a）双支单双圈穿套结索法；

（b）吊篮式结索法

2. 垂直斜形吊装绑扎法

垂直斜形吊装绑扎法多用于物体外形尺寸较长、对物体安装有特殊要求的场合。其绑扎点多为一点绑法（也可两点绑扎）。绑扎位置在物体端部，绑扎时应根据物体质量选择吊索和卸扣，并采用双圈或双圈以上穿套结索法，防止物体吊起后发生滑脱，如图 2-54 所示。

3. 兜挂法

如果物体重心居中可不用绑扎，采用兜挂法直接吊装，如图 2-55 所示。

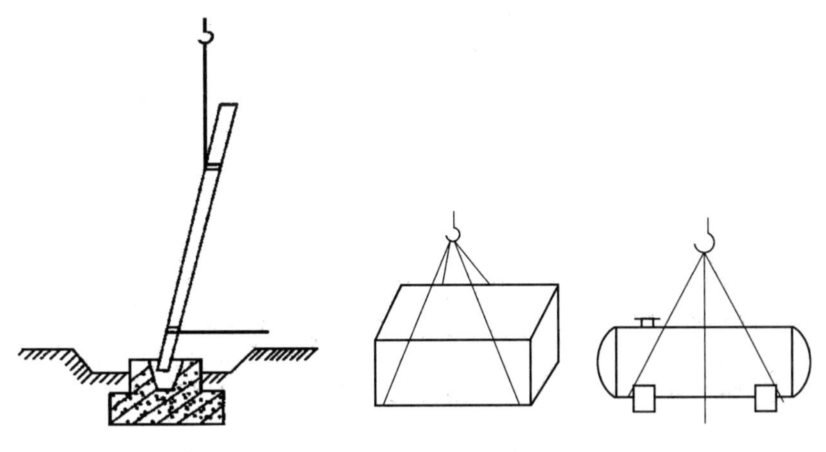

图 2-54 垂直斜形吊装绑扎

图 2-55 兜挂法

3 施工升降机概述

3.1 施工升降机在建筑施工中的应用与发展

施工升降机是用吊笼载人、载物沿导轨做上下运输的施工机械，一般由金属结构、传动机构、电气系统和安全装置等四部分组成。它主要应用于高层和超高层建筑施工，也用于仓库、码头、高塔等固定设施的垂直运输，如图 3-1 所示。

(a)

(b)

(c)

图 3-1 施工升降机的应用

(a) 应用于超高设施施工；(b) 应用于铁塔施工；(c) 应用于桥梁施工

在我国，施工升降机是在 20 世纪 70 年代开始应用于建筑施工中的。在 20 世纪 70 年代中期，我国施工升降机研究人员研制出了 76 型施工升降机，该机采用单驱动机构、五挡涡流调速、圆柱蜗轮减速器、柱销式联轴器和楔块捕捉式限速器，额定提升速度为 36.4m/min，最大额定载荷为 1000kg，最大提升高度为 100m，基本上满足了当时高层建筑施工的需要。20 世纪 80 年代，随着我国建筑业的迅速发展，高层建筑的不断增加，对施工升降机提出了更高的要求，我国施工升降机研究人员在引进消化进口施工升降机的基础上，研制出了 SCD200/200 型施工升降机，该机采用专用电机双驱动形式、平面二次包络蜗轮减速器和锥形摩擦式双向限速器，最大额定载荷为 2000kg，最大提升高度为 150m；该机具有较高的传动效率和先进的防坠安全器，同时也增大了额定载荷和提升高度，达到了国外同类产品的技术性能，基本满足了施工需要，已逐步成为国内使用最多的施工升降机基本机型。进入 20 世纪 90 年代，由于超高层建筑的不断出现，普通施工升降机的运行速度已满足不了施工要求，需要更高速度的施工升降机，于是液压施工升降机和变频调速施工升降机先后诞生，其最大提升速度达到90m/min以上、最大提升高度均达到450m。但液压施工升降机综合性能低于变频调速施工升降机，所以应用甚少。同期，为了适应特殊建筑物的施工要求，还出现了倾斜式和曲线式施工升降机。

近年来，随着大数据、自控技术的发展及人们安全意识的提高，自动平层技术、楼层呼叫技术及视频自动监控技术广泛地应用于施工升降机。

施工现场常用的物料提升机也是施工升降机的一种，即货用施工升降机。20世纪90年代初，建设部颁布了第一部物料提升机的行业标准——《龙门架及井架物料提升机安全技术规范》JGJ 88—92，从设计制造、安装检验到使用管理，尤其是安全装置方面做出了较全面的规定，2010年住房和城乡建设部对该标准又进行了修订。本书中施工升降机是指人货两用的施工升降机。

3.2 施工升降机的型号和分类

3.2.1 施工升降机型号

施工升降机型号由组、型、特性、主参数和变型更新等代号组成。型号编制方法如下：

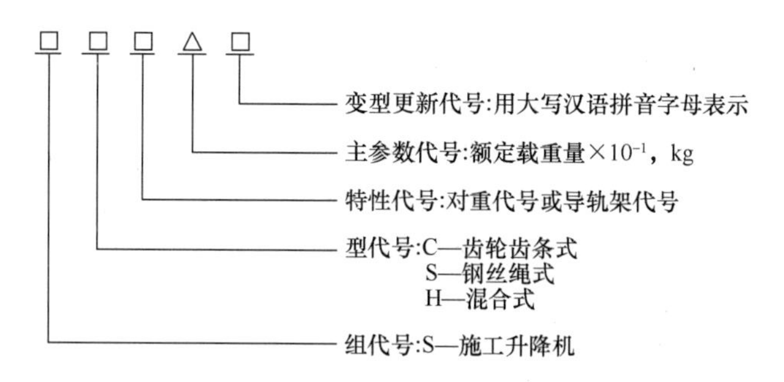

1. 主参数代号

单吊笼施工升降机标注一个数值。双吊笼施工升降机标注两个数值，用符号“/”分开，每个数值均为一个吊笼的额定载重量代号。对于SH型施工升降机，前者为齿轮齿条传动吊笼的额定载重量代号，后者为钢丝绳提升吊笼的额定载重量代号。

2. 特性代号

特性代号是表示施工升降机两个主要特性的符号。

（1）对重代号：有对重时标注D，无对重时省略。

（2）导轨架代号：

对于SC型施工升降机，三角形截面标注T；矩形或片式截面省略；倾斜式或曲线式导轨架则不论何种截面均标注Q。

对于SS型施工升降机，导轨架为两柱时标注E；单柱导轨架内包容时标注B，不包容时省略。

3. 标记示例

齿轮齿条式施工升降机，双吊笼有对重，一个吊笼的额定载重量为2000kg，另一个吊笼的额定载重量为2500kg，导轨架横截面为矩形，表示为：施工升降机SCD200/250。

3.2.2 施工升降机的分类

施工升降机的分类方法很多，常见的分类方法有：

1. 按传动形式分

根据《施工升降机》GB/T 10054—2005，施工升降机按其传动形式可分为齿轮齿条式、钢丝绳式和混合式三种。

2. 按用途分

施工升降机按用途可分为货用和人货两用两种。货用和人货两用施工升降机的安全等级要求不同，设计、制造、检验，使用、管理的要求不同，差别很大，在1992年颁布了《龙门架及井架物料提升机安全技术规范》JGJ 88—92行业标准，2005年颁布《施工升降机》GB/T 10054—2005国家标准及2011年又颁布了《吊笼有垂直导向的人货两用施工升降机》GB 26557—2011国家标准后，各地也相继颁布了货用施工升降机地方标准，如2013年山东省颁布了《简易升降机》DB/T 37—2013标准。为施工升降机的设计、制造、检验提供了依据。

3. 按驱动装置的种类分

施工升降机按驱动装置的种类可分为普通施工升降机、液压施工升降机和变频调速施工升降机。

4. 按导轨架形态分

施工升降机按导轨形态可分为普通式、倾斜式和曲线式三种。

5. 按架体的结构形式分

施工升降机按架体的结构形式可分为单柱式和龙门（两柱或三柱）式两种。

6. 按吊笼数量分

施工升降机按吊笼数量可分为单笼和双笼两种。

7. 按对是否有对重分

施工升降机按是否有对重可分为有对重和无对重两种。

8. 按驱动装置的数量分

施工升降机按驱动装置的数量可分为单驱动、双驱动和三驱动三种。

3.3 施工升降机的基本技术参数

3.3.1 施工升降机的基本技术参数

（1）额定载重量：工作工况下吊笼允许的最大载荷。

（2）额定提升速度：吊笼装载额定载重量，在额定功率下稳定上升的设计速度。

（3）吊笼净空尺寸：吊笼内空间大小（长×宽×高）。

（4）最大提升高度：吊笼运行至最高上限位位置时，吊笼底板与基础底架平面间的垂直距离。

（5）额定安装载重量：安装工况下吊笼允许的最大载荷。

（6）标准节尺寸：组成导轨架的可以互换的构件的尺寸大小（长×宽×高）。

（7）对重重量：有对重的施工升降机的对重重量。

3.3.2 施工升降机主要技术参数示例

SCD200/200 施工升降机的主要技术参数见表 3-1。

SCD200/200 人货两用施工升降机主要技术参数　　表 3-1

项目	单位	技术参数
额定载重量	kg	2×2000
额定提升速度	m/min	38
最大提升高度	m	150
吊笼净空尺寸（长×宽×高）	m	3.0×1.3×2.7
电机功率	kW	11
电机数量	台	2×2
标准节高度	mm	1508
安装吊杆起重量	kg	≤200
对重重量	kg	2×1260
最大自由端高度	m	9

4 金属结构及基础

4.1 金属结构

施工升降机的金属结构主要有导轨架、附墙架、吊笼、吊杆、防护围栏、层门和底架等，如图 4-1 所示。

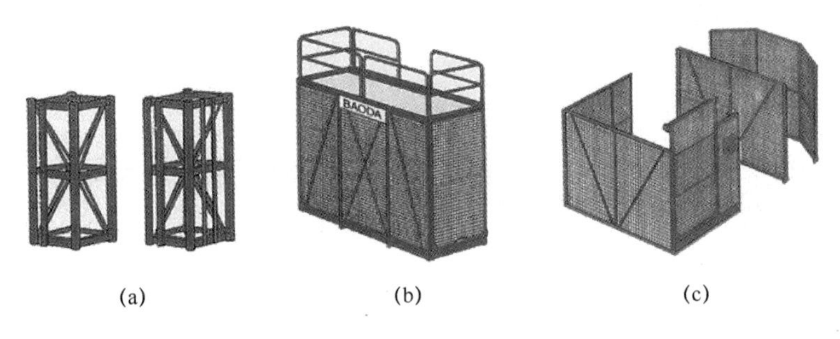

(a)　　(b)　　(c)

图 4-1　施工升降机金属结构

(a) 导轨标准节；(b) 吊笼；(c) 防护围栏

4.1.1 导轨和导轨架

1. 导轨

导轨是为吊笼上下运行提供导向的部件，可采用槽钢、角钢或钢管。标准节连接式的架体，其架体的垂直主弦杆常兼作导轨。

2. 导轨架

施工升降机的导轨架是用以支撑和引导吊笼、对重等装置运行的金属结构。它是施工升降机的主体结构之一，主要作用是支撑吊笼、荷载以及对重，并对吊笼运行进行垂直导向，属于偏心受压构件，必须有足够的强度、刚度及稳定性。

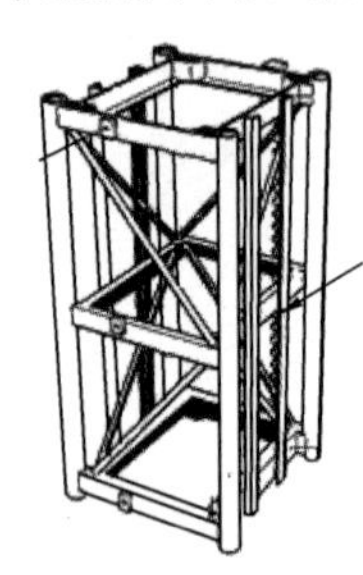

图 4-2　标准节

施工升降机的导轨架是由标准导轨节通过高强度螺栓连接组装而成的。导轨标准节（简称标准节）可以互换，导轨标准节的连接必须可靠。

3. 标准节的结构和种类

标准节的截面一般有方形、三角形等，常用的是方形，如图 4-2 所示。标准节由四根竖向布置在四角的钢管作为主肢、水平布置的角钢作为水平杆腹杆、倾斜布置的圆钢作斜腹杆焊接而成。

（1）齿轮齿条式施工升降机标准节

齿轮齿条式施工升降机标准节一般为方形格构柱架，长度为1508mm，并用内六角螺栓把两根齿条安装在立柱的左右两侧。有对重的施工升降机在立柱前后焊接或组装有对重的导轨，每节标准节上下两端四角立管内侧配有4个孔，用来连接上下两节标准节或顶部天轮架。

吊笼是通过齿轮齿条啮合传递力矩实现上下运行的。齿轮齿条的啮合精度直接影响到吊笼运行的平稳性和可靠性。为了确保其安装精度，齿条的安装除用高强度螺栓固定，还在齿条两端配有定位销孔，标准节立管的两端设有定位孔，以确保导轨的平直度。

（2）钢丝绳式标准节

钢丝绳式标准节与齿轮齿条式标准节基本相同，只是局部不同。钢丝绳式标准节有两种形式，一种是标准节上比齿轮齿条式标准节少传递力矩用的齿条，带有对重导轨，如SSD型施工升降机的标准节；另一种是既没有传递力矩用的齿条，也没有对重导轨，如SS型施工升降机的标准节。

4. 导轨架和标准节的安全技术要求

（1）当立管壁厚减少量为出厂厚度的25％时，标准节应予报废或按立管壁厚规格降级使用。

（2）标准节应保证互换性

SC系列升降机标准节拼接时，相邻标准节的立柱结合面对接应平直，相互错位形成的阶差应限制在：

吊笼导轨不大于0.8mm。

对重导轨不大于0.5mm。

标准节上的齿条联接应牢固，相邻两齿条的对接处，沿齿高方向的阶差不应大于0.3mm，沿长度方向的齿距偏差不应大于0.6mm。

SS系列升降机标准节拼接时，导轨接点截面相互错位形成的阶差不大于1.5mm。

标准节截面内，两对角线长度的偏差不应大于最大边长的3‰。

（3）当一台施工升降机的标准节有不同的立管壁厚时，标准节应有标识，以防标准节安装不正确。

（4）导轨架和标准节及其附件应保持完整、完好。

4.1.2 附墙架

附墙架应能保证几何结构的稳定性，其连接建筑物或其他固定结构的杆件不得少于3根，形成稳定的几何不变体系，且与建筑物连接面处须有适当的分开距离，使之受力良好。

1. 附墙架的作用

附墙架按一定间距要求将导轨架与建筑物或其他固定结构连接成一体，减小风载荷引起导轨架的弯矩和水平变形，减少导轨架的计算长度和二次弯矩，保证导轨架结构整体稳定性。因此，当导轨架高度超过最大独立高度时，施工升降机应架设附着装置。

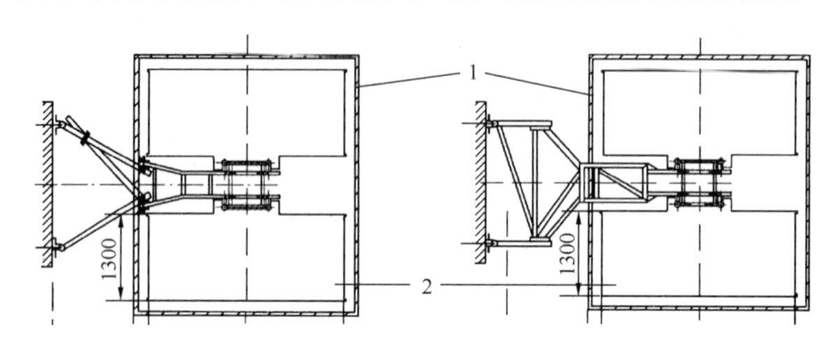

图 4-3　直接附墙架示意图

1—围栏；2—吊笼

2. 附墙架的种类

附墙架一般可分为直接附墙架和间接附墙架。直接附墙时，附墙架的一端用 U 形螺栓和标准节的框架联接，另一端和建筑物连接以保持其稳定性，如图 4-3 所示。间接附墙时，附墙架的一端用 U 形螺栓和标准节的框架联接，另一端两个扣环扣在两根导柱管上，同时用过桥联杆把 4 根过道竖杆（立管）连接起来，在过桥联杆和建筑物之间用斜支撑等连接成一体，通过调节附墙架可以调整导轨架的垂直度，如图 4-4 所示。

3. 附墙架与建筑物的连接方法

附墙架与建筑物常见的连接方法、连接件与墙的连接方式，如图 4-5 所示。施工现场工程师应根据建筑物条件、相对位置决定附墙架与建筑物的连接方法。附墙架与建筑物常见的连接不得使用膨胀螺栓；采用紧固件的，应保证有足够的连接强度；不得采用铁丝、铜线绑扎等非刚性连接方式；严禁与建筑脚手架相牵连。

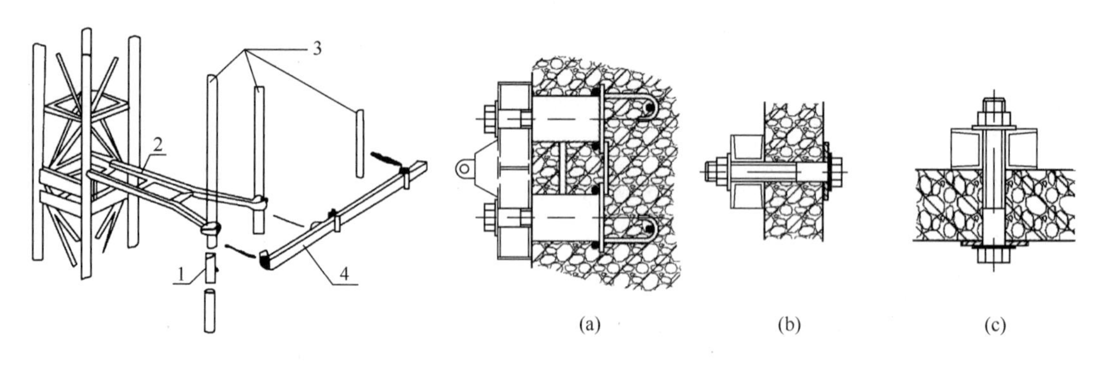

图 4-4　间接附墙架示意图

1—立杆接头；2—短前支撑；3—过道竖杆（立管）；4—过桥联杆

图 4-5　附墙架与建筑物的连接方式

(a) 预埋式；(b) 穿墙式；(c) 穿楼板式

4. 附墙架的安全技术要求

(1) 附墙架的结构与零部件应完整和完好。

(2) 连接螺栓为不低于8.8级的高强度螺栓，其紧固件的表面不得有锈斑、碰撞凹坑和裂纹等缺陷。

4.1.3 吊笼和吊杆

1. 吊笼

吊笼是有底板、围壁、门和顶的运载装置。

(1) 吊笼的构造

吊笼一般由型钢、异型钢、钢板和钢板网等焊接而成，长3m，宽1.3m（或1.5m)，高2.6m；前后有进出口和门，一端是一扇配有平衡重块的单行门，并能自平衡定位，而另一端是一扇卸料用的双行门；一侧装有驾驶室，主要操作开关均设置在驾驶室内，如图4-6所示。

为保证吊笼在导轨架上顺畅地上下运行，吊笼上装有两组滚轮装置，并通过滚轮装置套合在导轨架上，如图4-7所示。在吊笼的两根主立柱上还安装了两对防止吊笼倾翻的安全钩。

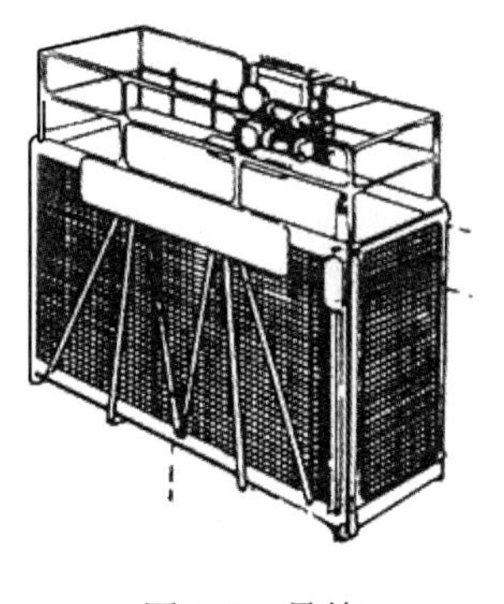

图4-6 吊笼

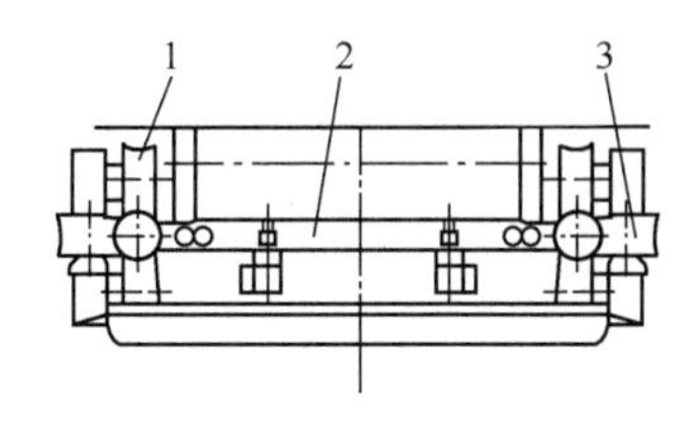

图4-7 滚轮装置

1—正压轮；2—导轨架；3—侧滚轮

(2) 吊笼的安全技术要求

吊笼应完全封围。吊笼应配有足够刚性的导向装置以防止脱落和卡住。吊笼应有有效的装置使吊笼在导靴或滚轮失效时应能保持在导轨上；吊笼应有防止吊笼驶出轨道的机械措施，这些措施在正常作业、安装、拆卸或检查时，均应起作用；吊笼应有有效措施，可以检测到不稳固的导轨架，且能防止吊笼进入该导轨节或者；能保证不离开稳固的导轨架。

1) 吊笼地板

吊笼地板应能防滑（如采用花纹钢板）和自排水，在0.1m×0.1m区域内能承受静载1.5kN或25%额定载重量（两者取较大者，但不超过3kN）而无永久变形。

2）吊笼围壁

吊笼地板和吊笼顶之间应有全高围壁。壁上开口应符合《机械安全防止上下肢触及危险区的安全距离》GB 23821—2009的规定，且不能穿过直径25mm的球体。任何危险的突出物，均应按《安全标志及其使用导则》GB 2894—2008进行标志。

3）吊笼顶

① 吊笼应封顶。

② 吊笼内的净高度至少为2.0m。

③ 运送较长材料时，如果需保证材料不伸到升降通道外，吊笼的顶部可开最大面积为0.15m^{2}的开口，开口应设有盖门。

④ 如果吊笼顶用于升降机自身安装、拆卸和维护/检查或紧急出口，则顶板应设防滑措施且周围应设围栏。

护栏应由上部栏杆、半高的中间横杆和护脚板组成；上部栏杆至少高出笼顶1.1m，护脚板高度不小于150mm。吊笼护栏封围的区域内，应可安全地进行安装、拆卸和维护/检查作业。吊笼顶板边缘与护栏的水平距离不大于200mm。

⑤ 如果另一吊笼或对重的运动件与护栏内边缘的距离在0.3m以内，则应对该运动件设置高度不少于2.0m的附加护栏，且其每侧应比运动件宽出0.1m。

若笼顶有通孔，则应不能穿过直径25mm的球体。

4）吊笼门

① 吊笼门开口的净高度应不小于2.0m，净宽度应不小于0.6m。门应能完全遮蔽开口。门关闭时，除门下部间隙应不大于35mm外，门上的通孔及门周围的间隙或零件间的间隙，应符合《机械安全防止上下肢触及危险区的安全距离》GB 23821—2009表4的要求，且不能穿过直径为25mm的球体。

② 实板门应有视窗，视窗面积应不小于25000mm^2，其尺寸和位置应可看见层站边缘。

③ 水平和垂直滑动门应有导向装置，其运动应通过机械式限位装置限位。

④ 垂直滑动的门应至少有两个独立的悬挂装置。柔性悬挂装置相应于其最小破断强度的安全系数应不小于6，且有将其保持在滑轮或链轮中的措施。用于垂直滑动门的滑轮直径应不小于钢丝绳直径的15倍。门的平衡重应有导向装置，即使在其悬挂失效的情况下也应能防止其滑出导轨。

门与平衡重的质量差应不大于5kg。

应有保护手指不被门压伤的措施。

⑤ 门打开或关闭的操控不应利用由吊笼运动所操控的机械性装置来实现。

⑥ 所有吊笼门都关闭时，吊笼才可以启动或保持运行状态。

⑦ 门锁装置应满足《吊笼有垂直导向的人货两用施工升降机》GB 26557—2011 中 5.5.5 条款规定。

⑧ 吊笼门锁装置及其相关的制动装置和电气接触器，其安装位置或防护，应能使在所有的吊笼门关闭后，吊笼内未经授权的人员难以接触到。

5）紧急出口

① 对吊笼内乘员的救助总是使其能从吊笼内出来。

② 吊笼上应至少有一扇门或活板门用做紧急出口。这些门应可在吊笼外不借助钥匙打开，或在吊笼内用特定的钥匙打开。紧急出口可以是吊笼门、吊笼顶活板门或其他紧急逃离门。

③ 紧急出口门的锁应有电气安全装置。当门未锁紧时，电气安全装置应使升降机停止运行；只有在重新锁上后，方可恢复升降机的正常工作。

④ 吊笼顶活板门应有电气安全装置。当活板门未关闭时，电气安全装置应使升降机停止运行。

⑤ 若在吊笼围壁上设有紧急出口门，其尺寸应至少为 0.4m×1.4m，且应向吊笼内打开或是滑动式的，或提供其他通往导轨架或建筑结构物的安全通道。

⑥ 吊笼顶活板门尺寸应至少为 0.4m×0.6m，且不应向笼内打开。抵达活板门的梯子应始终置于吊笼内。

2. 吊杆

吊杆是实现升降机自助接高和自助拆卸的起重安装设备，当升降机的基础部分安装就位后，就可以用吊杆将标准节吊到已安装好的导轨架顶部进行接高作业和提升附着装置等零部件，反之，当进行拆卸作业时，吊杆可以将导轨架标准节由上至下顺序拆下。图 4-8 为手摇吊杆。吊杆提升钢丝绳的安全系数不应小于 8，直径不应小于 5mm。

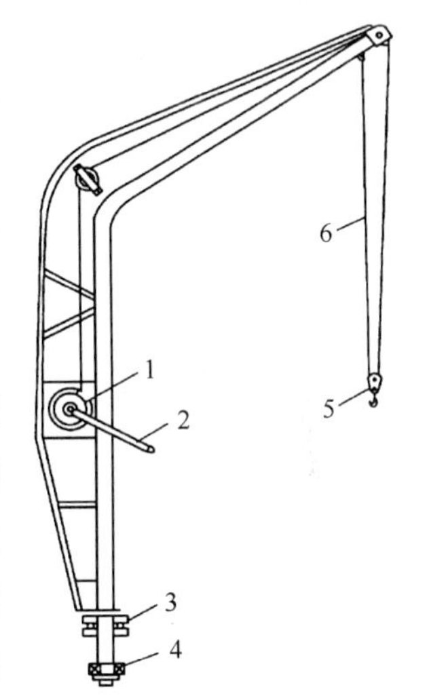

图 4-8 手摇吊杆

1—手摇卷扬机；2—摇把；3—推力球轴承；4—单列向心球轴承；5—吊钩；6—钢丝绳

4.1.4 对重系统

1. 天轮架

带对重的施工升降机因连接吊笼和对重的钢丝绳需要经过一个定滑轮而工作，故需要设置天轮架。天轮架一般有固定式和开启式两种。如图 4-9 所示为 SC 型施工升降机天轮架。

（1）固定式天轮架

固定式天轮架是用型钢加工的滑轮架，两个滑轮固定在滑轮架上部，滑轮上有防脱绳装置。使用时架设在导轨架的顶部，施工升降机在安装或升节时要整体吊装或取

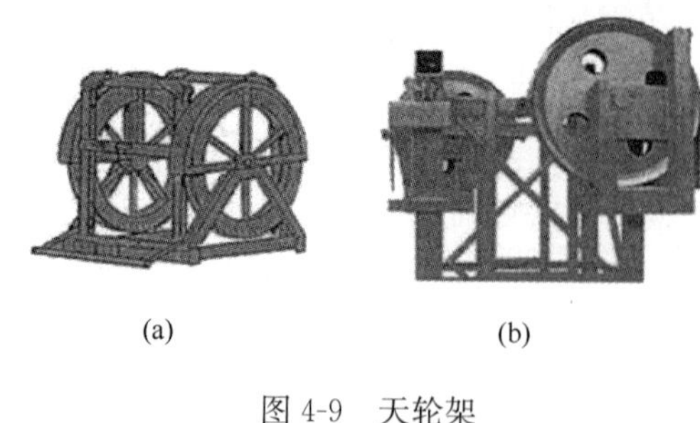
(a) (b)

图 4-9 天轮架
(a) 固定式；(b) 开启式

下。其优点是套架结构加工简单，缺点是操作复杂。

(2) 开启式天轮架

开启式天轮架是把滑轮架的一端铰接在导轨架顶部的联系梁上，另一端为可开启的形式。当导轨架需要升降节时，天轮架在两个吊笼的支撑下打开联系梁，把标准节直接吊入天轮架内或吊下来，不需要把天轮架取下。其缺点是套架结构加工比较复杂，但优点是操作方便。

2. 对重

对重是对吊笼起平衡作用的重物。施工升降机的对重一般为长方形铸件或钢材制作成箱形结构，在两端安装有导向滚轮和防脱轨装置，上端有绳耳与钢丝绳连接，通过钢丝绳的牵引，在导轨架的对重导轨内上下运行。

3. 对重钢丝绳

人货两用施工升降机悬挂对重的钢丝绳不得少于 2 根，且相互独立。

4. 对重系统安全技术要求

(1) 吊笼不应用作另一吊笼的对重。

(2) 对重的上下两端应设有合适的滑靴或滚轮导向。

(3) 若对重使用填充物，应采取措施防止其窜动。

应标明所需对重的总质量，每个单独填充物上应标明其自重。

(4) 对重应按《安全色》GB 2893—2008 的规定涂成警告色。

(5) 如果制造商允许升降机对重的下方有人可到达的空间，则对重应配备超速安全装置。

(6) 悬挂用钢丝绳应不少于 2 根，且相互独立。若采用复绕法，应考虑钢丝绳的根数而不是其下垂的根数。应设置自动平衡悬挂钢丝绳张力的装置。任何弹簧都应在压缩的状态下工作。当单根钢丝绳过分拉长或破坏时，电气安全装置应停止升降机的运行。

(7) 钢丝绳的特性应至少符合《钢丝绳通用技术条件》GB/T 20118—2017 的要求。直径应不小于 8mm。悬挂钢丝绳的安全系数应：

1) 卷筒驱动的，≥12。

2) 间接液压驱动的，>12。

3) 悬挂对重的，>6。

钢丝绳的安全系数是其最小破断载荷与最大静力之比。

(8) 钢丝绳末端连接（固定）的强度应不小于钢丝绳最小破断载荷的 80%。如果钢丝绳的末端固定在升降机的驱动卷筒上，则卷筒上应至少保留 3 圈钢丝绳。

(9) 为防止钢丝绳被腐蚀应电镀或涂抹适当的保护化合物。

(10) 滑轮节圆直径与钢丝绳直径之比应不小于 30。

(11) 滑轮应满足下列要求：

1) 绳槽应为弧形，槽底半径 R 应满足：$1.05r<R<1.075r$，其中 r 为钢丝绳半径；深度不少于 1.5 倍钢丝绳直径。

2) 引导钢丝绳上行的滑轮应防止异物进入。

3) 应采取有效措施防止钢丝绳脱槽。

4) 钢丝绳与滑轮轴平面法线的夹角（钢丝绳偏角）不超过 2.5°。

(12) 钢丝绳的储存应满足以下要求：

1) 在张紧力下储存升降机接高备用钢丝绳时，应卷绕在带有螺旋绳槽的卷筒上。卷筒节圆直径与钢丝绳直径之比应不小于 15。

2) 如在无张紧力下储存钢丝绳，则可用无绳槽卷筒多层卷绕。释放钢丝绳张紧力的装置，应使被储存的钢丝绳的弯曲直径不小于钢丝绳直径的 15 倍。当钢丝绳绳夹压紧点之前的钢丝绳的张紧力，是在节圆直径大于钢丝绳直径 15 倍且至少绕了 3 圈钢丝绳的非转动卷筒上来释放时，钢丝绳夹则不会对钢丝绳造成损害，从而可用无绳槽卷筒多层卷绕。

3) 卷筒两端应有挡板，挡板边缘超出最外层钢丝绳的距离应大于钢丝绳直径的 2 倍。

5. 电缆防护装置

施工升降机电力输送方式有滑触线和电缆两种。前电缆输送方式较为普遍，下面只介绍电缆输送方式的电缆防护装置。

(1) 电缆防护装置的组成和作用

电缆防护装置一般由电缆进线架、电缆导向架和电缆储筒（图 4-10）组成。当施工升降机架设超过一定高度时应使用电缆滑车，如图 4-11 所示。

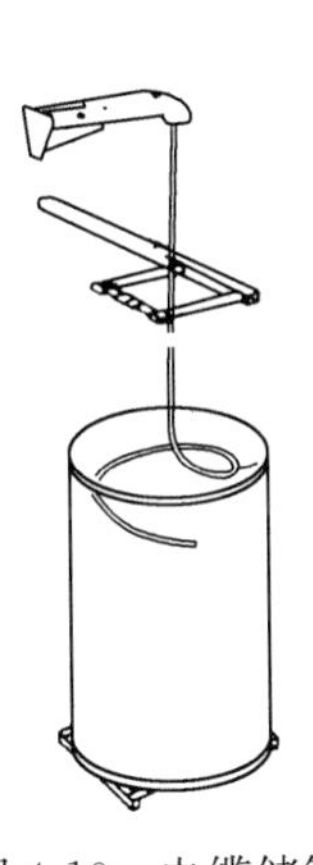

图 4-10　电缆储筒

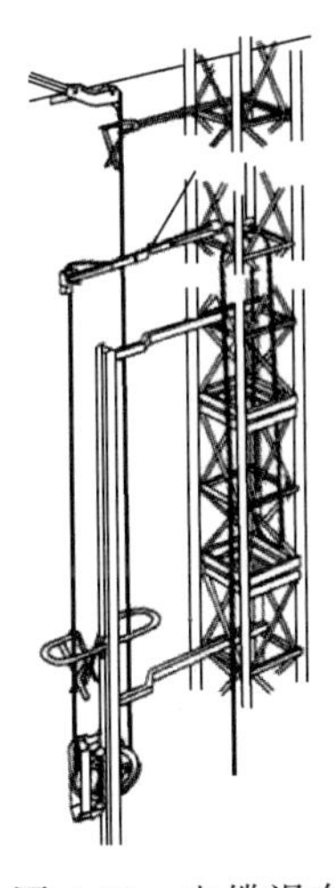

图 4-11　电缆滑车

1）电缆导向架是用以防止随行电缆缠挂并引导其准确进入电缆储筒的装置，是为了保护电缆而设置的。当施工升降机运行时，使电缆始终置于电缆导向架的护圈之中，防止电缆与附近的设施或设备缠绕而发生危险。电缆导向架设置的一般原则为：在电缆储筒口上方 1.5m 处安装第一道导向架，第二道导向架安装在第一道上方 3m 处，第三道导向架安装在第二道上方 4.5m 处，第四道导向架安装在第三道上方 6m 处，以后每道安装间隔 6m。

2）电缆储筒是用来储放电缆的部件。当施工升降机向上运行时，吊笼带动电缆从电缆储筒内释放出来；当施工升降机向下运行时，电缆缓缓盘入电缆储筒内，防止电缆散乱在地上造成危险。

3）电缆进线架是引导电缆进入吊笼的装置，同时也是拖动电缆在上下运行时安全地通过电缆护圈的臂架。另外，电缆进线架还能将电缆对准电缆储筒，使电缆安全地收放。

4）当施工升降机架设超过一定高度（一般 100～150m）时，受电缆的机械强度限制，应采用电缆滑车系统来收放随行电缆。

（2）电缆防护装置的安全技术要求

1）防止电缆防护装置与吊笼、对重碰擦。

2）应按规定安装电缆导向架，不准增大靠近电缆储筒口的安装距离，或减少甚至取消电缆导向架。

3）及时更换绝缘层老化、腐朽或破损的电缆。

4.1.5 底架、缓冲与地面防护围栏器

1. 底架与缓冲器

底架是安装施工升降机导轨架、地面防护围栏缓冲器等构件的机架。底架应能承受施工升降机作用在其上的所有载荷，并能有效地将载荷传递到其支承件基础表面。在吊笼和对重运行通道的底部安装有缓冲器。

底架与缓冲器安全技术要求：

（1）底架应能承受升降机作用在其上的所有载荷，并能有效地将载荷传递到其支承面上。向支承面传递载荷时，不应通过任何弹性支承或充气轮胎。使用可调节的方式将力传递到地面时，支脚应能在与水平面夹角至少为 15°的任何平面自由转动，以防止结构中产生弯曲应力。如果支脚不能转动，应考虑最不利弯曲应力。

（2）应在吊笼和对重运行通道的最下方安装缓冲器。装有额定载重量的吊笼以大于额定速度 0.2m/s 的速度作用在缓冲器上时，吊笼的平均减速度应不大于 1g，减速度峰值大于 2.5g 的时间应不大于 0.04s。

使用液压缓冲器时，应提供检查油位的方法。应由电气安全开关监控液压缓冲器

的动作，当液压缓冲器被压缩时，吊笼不能通过正常操作启动。

2. 地面防护围栏

(1) 地面防护围栏的作用

施工升降机的地面防护围栏是地面上包围吊笼的防护围栏，其主要作用是防止吊笼离开基础平台后人或物进入基础平台。

(2) 地面防护围栏构造

防护围栏主要由围栏门框、接长墙板、侧墙板、后墙板和围栏门等组成，墙板的底部固定在基础埋件或连接在基础底架上，前后墙板由可调螺杆与导轨架连接，可调整门框和墙板垂直度。围栏门框上还装有围栏门的对重和对重装置，以及围栏门的机电联锁装置。

(3) 地面防护围栏的安全技术要求

1) 升降机地面防护围栏应围成一周，高度应不小于 2.0m。

2) 地面防护围栏应设有围栏门。围栏门视为层门。

地面防护围栏及其关闭的门，其间隙、通孔和开口尺寸符合层门关闭时的要求，但其与正常作业时的升降机运动件的距离不小于 0.85m（额定速度大于 0.7m/s 时）或 0.5m（额定速度不大于 0.7m/s 时）时除外。

3) 所有吊笼和运动的对重都应在地面防护围栏的包围内。

4) 维护时，为能从地面防护围栏门出入，围栏门应能从里面打开。

4.1.6 层门

1. 层门的作用与种类

在楼层的卸料平台上应设置层门，如图 4-12 所示。层门对卸料通道起安全保护作用。层门常用型钢做框架，封上钢丝网，设有与吊笼门锁及传动系统连锁的门锁装置，有全高层门和底高度层门两种。

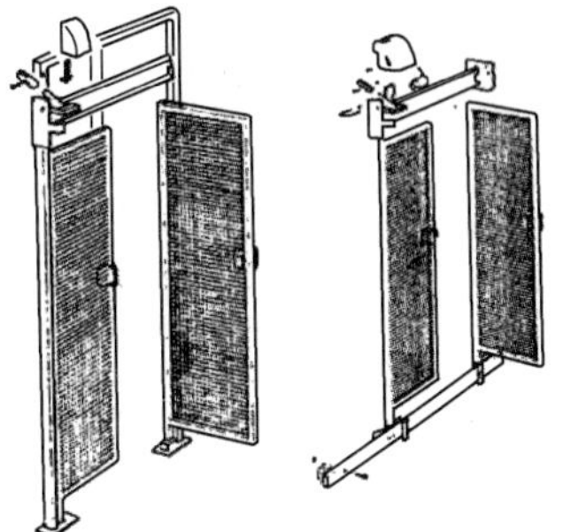

图 4-12 层门

2. 层门的安全技术要求

(1) 施工升降机安装时，应在每一个层站入口处，包括地面防护围栏上，安装层门。

(2) 层门不应朝升降通道打开。

(3) 当层门由实板材料制成时，应能让使用者知道吊笼是否到达层站。

(4) 水平和垂直滑动门应有导向装置，其运动应通过机械式限位装置限位。

(5) 垂直滑动的门应至少有两个独立的悬挂装置。柔性悬挂装置相应于其最小破断强度的安全系数应不小于 6，且有将其保持在滑轮或链轮中的措施。用于垂直滑动门的滑轮直径应不小于钢丝绳直径的15倍。门的平衡重应有导向装置，即使在其悬挂失效的情况下，应能防止其滑出导轨。

门与平衡重的质量差应不大于5kg。应有保护手指不被门压伤的措施。

（6）门打开或关闭的操控不应利用由吊笼运动所操控的机械性装置来打开或关闭层门。

（7）全高层门开口的净高度应不小于2.0m. 在特殊情况下，当建筑物入口的净高度小于2.0m时，则允许降低层门开口的高度，但任何情况下层门开口的净高度均应不小于1.8m。层门关闭时应全宽度遮住升降通道开口。门关闭时，除门下部间隙应不大于35mm外，任一门与相邻运动件的间距有关的任何通孔和开口的尺寸及门周围的间隙或零件间的间隙，应符合相关规范的规定。

（8）底高度层门层门高度在1.1～1.2m之间。层门应全宽度遮住开口，并应至少有防护栏杆、半高的中部横杆和至少高于地面150mm的护脚板，护脚板与地面的间隙应不大于35mm。如果在上部防护栏杆以下1.1～1.2m之间，层门内边缘的任一部分与升降机运动部件的距离小于0.5m时，层门上的任一开口均应不能穿过直径为50mm的球体。

4.2 施工升降机的基础

施工升降机在工作或非工作状态均应具有承受各种规定载荷而不倾翻的稳定性，因此施工升降机的基础应能承受最不利工作或非工作条件下的全部载荷。

4.2.1 基础的形式和构筑

1. 基础形式

基础形式一般分为地上式、地平式、地下式三种，如图4-13所示。

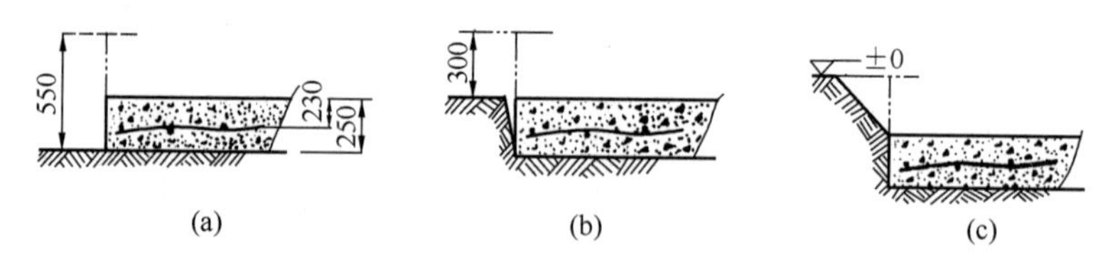

图4-13 施工升降机基础形式示意图

（a）地上式基础；（b）地平式基础；（c）地下式基础

（1）地上式基础：基础上平面高于地面，不会积水，但上料门槛较高。

（2）地平式基础：基础上平面与地面持平，不易积水，但上料门槛较低。

（3）地下式基础：基础上平面低于地面，易积水，但可以不设上料门槛。

2. 基础的构筑

施工升降机的基础设置分一般双笼基础和带电缆小车基础两种，如图 4-14 所示。基础的构筑应根据使用说明书或工程施工要求进行选择或重新设计。基础一般由钢筋混凝土浇筑而成，厚度为 350mm，内设双层钢筋网。钢筋网由 ϕ10～ϕ12mm 钢筋间隔 250mm 组成，钢筋等级选用 HRB335，混凝土强度等级不低于 C30。

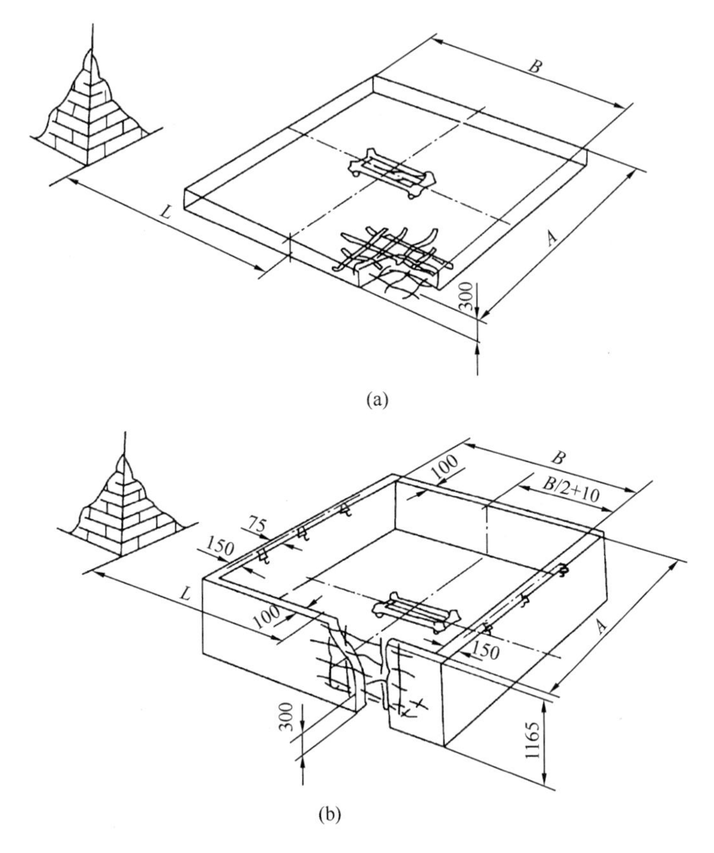

图 4-14　施工升降机的基础设置

（a）一般双笼基础；（b）带电缆小车基础

基础下土壤的承载力一般应大于 0.15MPa。混凝土基础表面的不平度应控制在±5mm之内。混凝土基础在构筑过程中，如果混凝土基础不是采用预留孔二次浇捣的，则应在基础内预埋底脚架和螺柱。底脚架预埋时应把螺钩绑扎在基础钢筋上，四个螺柱应在一个平面内，误差应控制在 1mm 之内，安装时按规定力矩拧紧，预埋件之间的中心距误差应控制在 5mm 之内。

对于驱动装置放置在架体外的钢丝绳式施工升降机，应单独制作卷扬机的基础，且卷扬机基础应设置预埋件或锚固的地脚螺栓。不论在卷扬机前后是否有锚桩或绳索固定，均宜用混凝土或水泥砂浆找平，一般厚度不小于 200mm，混凝土强度等级不低于 C20，水泥砂浆的强度不低于 M20。

4.2.2 基础的安全要求

（1）基础四周应设置排水设施。

（2）基础四周 5m 之内不准开挖深沟。

（3）30m 范围内不得进行对基础有较大振动的施工。

5 施工升降机的传动机构和电气系统

5.1 施工升降机的传动机构

5.1.1 齿轮齿条式施工升降机的传动机构

1. 构成及工作原理

齿轮齿条式传动示意图如图 5-1 所示，导轨架上固定的齿条和吊笼上的传动齿轮啮合在一起，传动机构通过电动机、减速器和传动齿轮转动使吊笼做上升、下降运动。

齿轮齿条式施工升降机的传动机构一般有外挂式和内置式两种，按传动机构的配制数量有二驱动和三驱动之分，如图 5-2 所示。

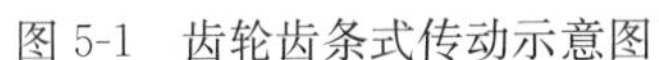

图 5-1　齿轮齿条式传动示意图

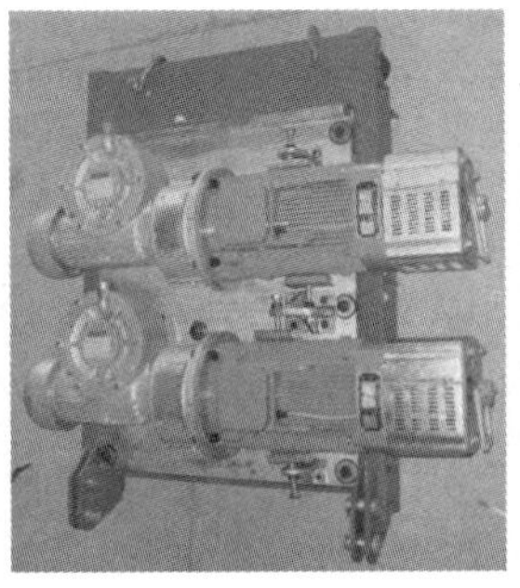

图 5-2　传动机构的配制形式

为保证传动方式的安全有效，首先应保证传动齿轮和齿条的啮合，因此在齿条的背面设置两套背轮，通过调节背轮使传动齿轮和齿条的啮合间隙符合要求。另外，在齿条的背面还设置了两个限位挡块，确保在紧急情况下传动齿轮不会脱离齿条。

2. 电动机

施工升降机传动机构使用的电动机绝大多数是 YZEJ-A132M-4 起重用盘式制动三相异步电动机。该电动机是在引进消化国外同类产品基础上研制生产的新型电动机，尾部有直流制动装置，制动部位的电磁铁随制动片（制动盘）的磨损能自动补偿，无须人为调整制动间隙。尤其制动装置由块式制动片改成整体式盘状制动片后，降低了电动机的噪声和振动，具有启制动平缓、冲击力小的优点。

（1）电动机工作条件：

1）环境温度不超过 40℃。

2）海拔不超过 1000m。

3）环境空气相对湿度不超过 85%。

（2）电动机主要技术参数（表 5-1）。

电动机主要技术参数 **表 5-1**

型号	额定电压（V）	额定频率（Hz）	负载持续率（%）	额定功率（kW）	额定转速（r/min）	额定电流（A）	制动器电压（V）	制动力矩（N·m）
YZEJ-A 132M-4	380	50	连续	8.5	1410	19	196	120
			40	11	1390	23		
				16.5	1410	37		
				18.5	1396	41		

3. 电磁制动器

（1）构造

电磁制动器的制动部分是能保持制动电磁铁与衔铁间恒定间隙并具有自动跟踪调整功能的直流盘形制动器，其结构如图 5-3 所示。

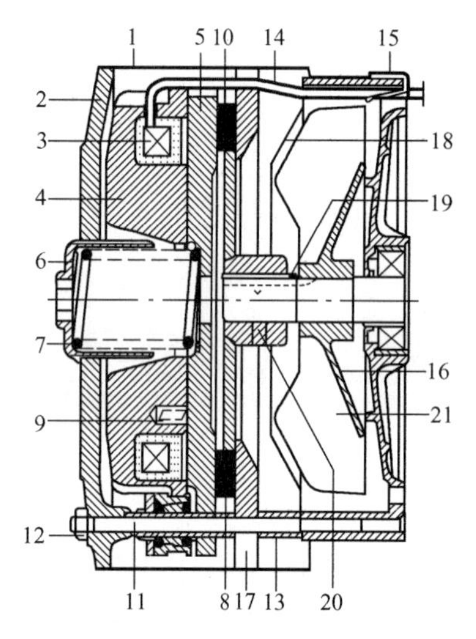

图 5-3 电磁制动器结构示意图

1—电机防护罩；2—端盖；3—磁铁线圈；4—磁铁架；5—衔铁；6—调整轴套；7—制动器弹簧；8—可转制动盘；9—压缩弹簧；10—制动垫片；11—螺栓；12—螺母；13—套圈；14—线圈电线；15—电线夹；16—风扇；17—固定制动盘；18—风扇罩；19—键；20—紧定螺钉；21—端盖

（2）工作原理

当电动机未接通电源时，由于制动器弹簧 7 通过衔铁 5 压紧可转制动盘 8 带动制动垫片（制动块）10 与固定制动盘 17 的作用，电动机处于制动状态。当电动机通电时，磁铁线圈 3 产生磁场，通过磁铁架 4、衔铁 5 逐步吸合，可转制动盘 8 带制动垫片 10 渐渐摆脱制动状态，电动机逐步启动运转。电动机断电时，由于电磁铁磁场释放的制约作用，衔铁通过主辅弹簧的作用逐步增加对制动块的压力，使制动力矩逐步增大，达到电动机平缓制动的效果，减少升降机的冲击振动。

当制动盘与制动块（图 5-4）磨损到一定程度时必须更换。

（3）紧急下降操作

施工升降机如果失去动力或控制失效，无法重新启动时，可进行手动紧急下降操作，如图 5-5 所示，使吊笼下滑到下一停靠点，让乘员和司机安全离开吊笼。

手动下降操作时，将电动机尾部制动电磁铁手动释放拉手（环）缓缓向外拉出，使吊笼慢慢地下降，吊笼下降时，不能超过安全器的标定动作速度，否则会引起安全器动作。吊笼的最大紧急下降速度不应超过 0.63m/s。每下降 20m 距离后，应停止 1min，让制动器冷却后再行下降，防止因过热而损坏制动器。手动下降必须由专业人员进行操作。

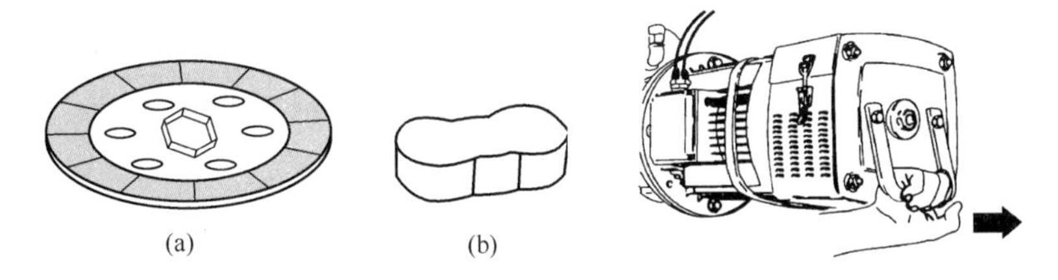

图 5-4 制动盘与制动块

(a) 制动盘；(b) 制动块

图 5-5 手动紧急下降操作

4. 电动机的电气制动

电动机的电气制动可分为反接制动、能耗制动和再生制动。对于反接制动、能耗制动在一般的电工基础知识中已作介绍，现着重针对变频调速与制动有关的再生制动作介绍。

再生制动的原理是：由于外力的作用（如起重机在下放重物时），电动机的转速 n 超过同步转速 n_1，电动机处于发电状态，电动机定子中的电流反向流动，电动机转子导体受反方向力，驱动转矩变为制动转矩，即电动机将机械能转化为电能，向电网反馈输电，故称为再生制动（发电制动）。这种制动只有当 $n>n_1$ 时才能实现。

再生制动的特点不是把转速下降到零，而是使转速受到限制，因此，不仅不需要任何设备装置，还能向电网输电，经济性较好。

5. 制动器的安全技术要求

（1）每个吊笼都应设有制动系统，在下列情况下制动系统应能自动动作：

1）主动力源失效。

2）电控或液控回路失电或失压。

（2）制动系统中至少要有一个机一电式或机一液式制动器（摩擦式的），此外也可有其他制动措施（如电气的或液压的）。

（3）不应使用带式制动器。

（4）被制动作用的部件应与卷筒或驱动齿轮刚性连接。不应使用传动带或链条。

（5）制动器应能使装有 1.25 倍额定载重量，以额定速度下行的吊笼停止运行。制动器也应能使装有额定载重量，以限速器动作速度运行的吊笼停止。在任何条件下，吊笼的平均减速度都应不大于 1g。

（6）制动器中产生制动作用力的任一弹簧，其制造和安装应满足：如果某一弹簧失效，载荷仍为额定载重量时，制动器仍可有效地使吊笼减速。

（7）制动作用力应由压簧产生。压簧应被充分支撑，且其所受应力应不超过材料扭转弹性极限的80%。

（8）正常作业时，应有持续的电流或液压压力来保持制动器的打开状态。

对于机-电式制动器，切断制动器电流应可由至少两个独立的电气装置单独实现，不论这些装置是否会切断升降机的供电电流。

对于机-液式制动器，压力的中断应可由至少两个独立的阀单独实现，不论这些阀是否会切断升降机液压系统的动力供应。

当升降机静止时，如果其中一个装置未能切断制动器的电流或液压油供应，则最迟到下一次运动方向改变时，应防止升降机再运行。

（9）只要切断了对制动器的电流或液压油供应，制动器应无延迟地动作（制动线圈末端直接连接二极管或电容器，不看作是延迟方法）。

（10）制动器应有表面磨损补偿调整措施。制动器的防护等级至少为IP23（GB/T 4208）。每个制动器都应可手动释放，且需由持续的作用力来维持释放状态。

6. 蜗轮减速器

（1）减速器的组成

蜗轮减速器主要由蜗杆、蜗轮以及箱壳、输出轴、轴承、密封件等零件组成。蜗杆一般由合金钢制成，蜗轮一般由铜合金制成，如图5-6所示。

图5-6　蜗轮减速器

蜗轮副的失效形式主要是胶合，所以在使用中蜗轮减速箱内要按规定保持一定量的油液，防止缺油和发热。

（2）减速箱的润滑

新出厂的蜗轮减速器应防止减速器漏油，运行一定时间后，须按说明书要求更换润滑油。减速器的油液，一般使用N320蜗轮油，其运动黏度范围40℃时为288～352，或按说明书要求使用规定的油液，不得随意使用齿轮油或其他油液。

使用中减速器的油液温升不得超过60℃，否则会造成油液的黏度急剧下降，使减速器产生漏油和蜗轮、蜗杆啮合时不能很好地形成油膜，造成胶合，长时间会使蜗轮副失效。

7. 齿轮与齿条

提升齿轮副是SC型施工升降机的主要传动机构。齿轮安装在蜗轮减速器的输出端轴上，齿条则安装在导轨架的标准节上。其安全技术要求是：

（1）应采取措施保证各种载荷情况下齿条、所有驱动齿轮、安全装置齿轮的正确啮合。这样的措施应不仅仅依靠吊笼滚轮或滑靴。

正确的啮合应是：齿条节线和与其平行的齿轮节圆切线重合或距离不大于模数的1/3。

(2) 应采取进一步措施，保证当上述（1）的方法失效时，齿条节线和与其平行的齿轮节圆切线的距离不大于模数的2/3。如图5-7所示。

(3) 应采取措施保持齿轮与齿条啮合的计算宽度。

(4) 应采取进一步措施，保证当（3）的方法失效时，至少有90%的齿条计算宽度参与啮合。

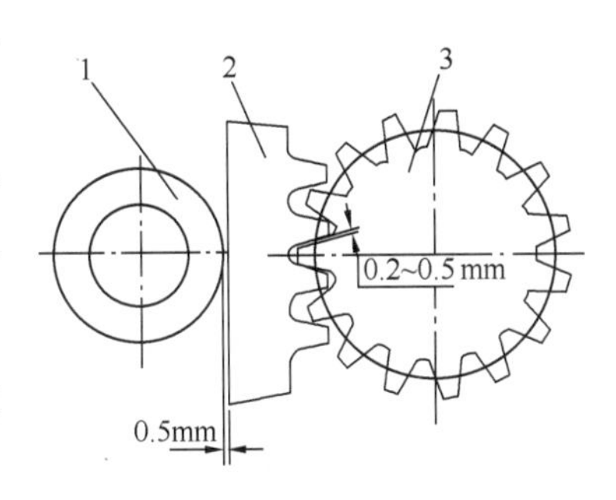

图5-7　齿轮、齿条和背轮装配示意图

1—背轮；2—齿条；3—齿轮

5.1.2　钢丝绳式施工升降机的传动机构

钢丝绳式施工升降机传动机构一般采用卷扬机或曳引机。人货两用施工升降机通常采用曳引机驱动，若其提升速度不大于0.63m/s，也可采用卷扬机驱动。

1. 驱动系统

(1) 卷扬机

卷扬机具有结构简单、成本低廉的优点，如图5-8所示。但与曳引机相比很难实现多根钢丝绳独立牵引，且容易发生乱绳、脱绳和挤压等现象，其安全可靠性较低，因此多用于货用施工升降机。

图5-8　卷扬机

按现行国家标准，建筑卷扬机有慢速（M）、中速（Z）和快速（K）三个系列。建筑施工用施工升降机配套的卷扬机多为快速系列。卷扬机的卷绳线速度或曳引机的节径线速度一般为30～40m/min，钢丝绳端的牵引力一般在2000kg以下。

(2) 曳引机

1) 曳引机的构成及工作原理

曳引机主要由电动机、减速机、制动器、联轴器、曳引轮和机架等组成，如图5-9所示。曳引机可分为无齿轮曳引机和有齿轮曳引机两种。施工升降机一般都采用有齿轮曳引机。为了减少曳引机在运动时的噪声和提高平稳性，一般采用蜗杆副作减速传动装置。

曳引机驱动施工升降机是利用钢丝绳在曳引轮绳槽中的摩擦力来带动吊笼升降的。曳引机的摩擦力是由钢丝绳压紧在曳引轮绳槽中而产生的，压力愈大摩擦力愈大，曳引力大小还与钢丝绳在曳引轮上的包角有关系，包角愈大，摩擦力也愈大，因而曳引

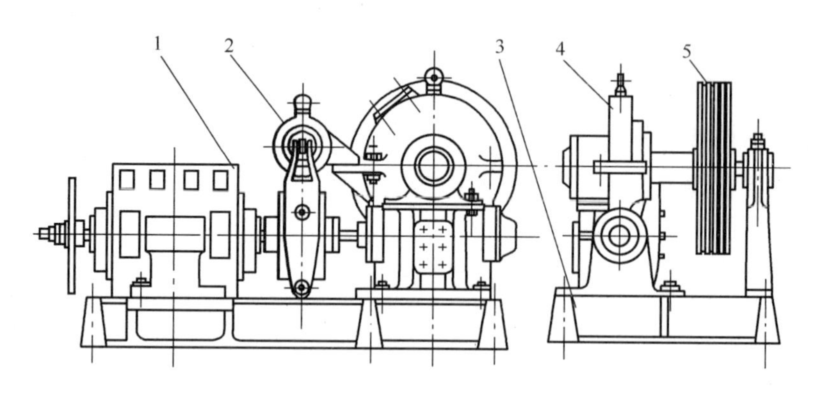

图 5-9 曳引机组成

1—电动机；2—制动器、联轴器；3—机架；4—减速机；5—曳引轮

式施工升降机必须设置对重。

2）曳引机的特点

① 曳引机一般为 4～5 根钢丝绳独立并行曳引，因而同时发生钢丝绳断裂造成吊笼坠落的概率很小。但钢丝绳的受力调整比较麻烦，钢丝绳的磨损比卷扬机的大。

② 对重着地时，钢丝绳将在曳引轮上打滑，即使在上限位安全开关失效的情况下，吊笼一般也不会发生冲顶事故，但吊笼不能提升。

③ 钢丝绳在曳引轮上始终是绷紧的，因此不会脱绳。

④ 吊笼的部分重量由对重平衡，可以选择较小功率的曳引机。

2. 驱动系统组成

（1）电动机

钢丝绳式货用施工升降机用三相交流电动机，功率一般在 2～15kW 之间，额定转速为 730～1460r/min。当牵引绳速需要变化时，常采用绕线式转子可变速电动机，否则均使用鼠笼式转子定速电动机。

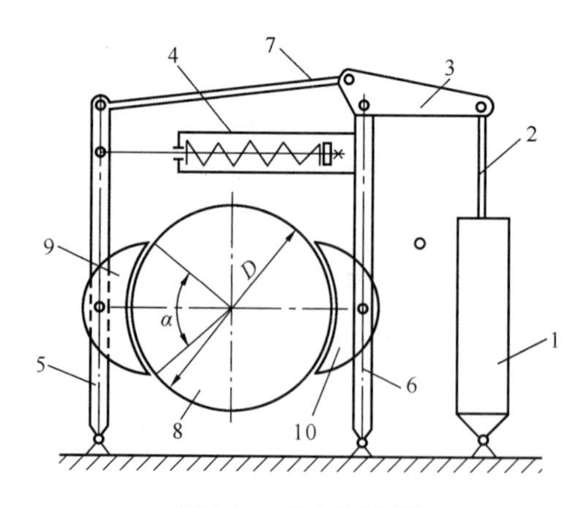

图 5-10 抱闸制动器

1—松闸装置；2—推杆；3—三角形钢板；4—弹簧；5，6—制动臂；7—拉杆；8—制动轮；9，10—制动瓦块

（2）制动器

根据卷扬机的工作特点，在电动机停止时必须同时使工作机构卷筒也立即停止转动。也就是在失电时制动器须处于制动状态，只有通电时才能松闸，让电动机转动。因此，施工升降机的卷扬机均应采用常闭式制动器。

图 5-10 所示为抱闸制动器的构造简图。在弹簧 4 的作用下使制动臂 5、6 通过制动瓦块 9、10 刹住制动轮 8，上闸制动。当液

压电磁推杆松闸装置1推动其推杆2，并通过推杆2使三角形钢板反时针转动，通过拉杆7和制动臂5、6使制动瓦块9、10离开制动轮8，制动器松闸。

此类制动器推杆行程、制动块与制动轮间隙均可调整，要注意两种调整应配合进行，以取得较好效果。制动块与制动轮间隙视制动器型号而异，一般在0.8～1.5mm为宜，太小易引起不均匀磨损；太大则影响制动效果甚至滑移或失灵。随着使用时间的延续，制动块的摩擦衬垫会磨耗减薄，应经常检查和调整，当制动块摩擦衬垫磨损达原厚度的50%，或制动轮表面磨损达1.5～2mm时，应及时更换。

（3）联轴器

在卷扬机上普遍采用了带制动轮弹性套柱销联轴器，由两个半联轴节、橡胶弹性套及带螺帽的锥形柱销组成。由于其中的一个半联轴节也是制动轮，故结构紧凑，并具有一定的位移补偿及缓冲性能；当超载或位移过大时，弹性套和柱销会破坏，同时避免了传动轴及半联轴节的破坏，起到了一定的安全保护作用，对中小功率的电动机和减速器联接有良好效果，如图5-11所示。该联轴器的弹性套，在补偿位移（调芯）过程中极易磨损，必须经常检查和更换。

（4）减速机

减速机的作用是将电动机的旋转速度降低到所需要的转速，同时提高输出扭矩。

最常用的减速机是渐开线斜齿轮减速机，其转动效率高，输入轴和输出轴不在同一个轴线上，体积较大。此外也有用行星齿轮、摆线齿轮或蜗轮蜗杆减速机，这类减速机可以在体积较小的空间获得较大的传动比。卷扬机的减速机还需要根据输出功率、转速、减速比和输入输出轴的方向位置来确定其形式和规格。

钢丝绳式货用施工升降机的减速机通常是齿轮传动、多级减速，如图5-12所示。

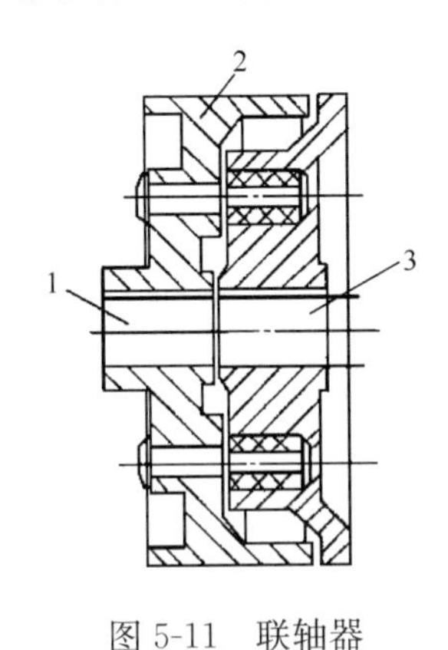

图5-11　联轴器

1—减速机轴；2—制动轮；3—电机轴

图5-12　齿轮减速机

（5）钢丝绳卷筒

卷扬机的钢丝绳卷筒（驱动轮）是供钢丝绳缠绕的部件，它的作用是卷绕缠放钢丝绳，传递动力，把旋转运动变为直线运动，也就是将电动机产生的动力传递到钢丝绳产生牵引力的受力结构件上。

1）卷筒种类

卷筒一般采用铸铁、铸钢制成，重要的卷筒可采用球墨铸铁制成，也可用钢板弯卷焊接而成。卷筒表面有开槽和光面两种形式。槽面卷筒可使钢丝绳排绕整齐，但仅适用于单层卷绕；光面卷筒可用于多层卷绕，容绳量增加。

图 5-13　曳引机的驱动轮

曳引机的钢丝绳驱动轮是依靠摩擦作用将驱动力提供给牵引（起重）钢丝绳的。驱动轮上开有绳槽，钢丝绳绕过绳槽张紧后，驱动轮的牵引动力才能传递给钢丝绳。由于单根钢丝绳产生的摩擦力有限，一般在驱动轮上都有数个绳槽，可容纳多根钢丝绳，获得较大的牵引能力，如图 5-13 所示。

2）卷筒容绳量

卷筒容绳量是卷筒容纳钢丝绳长度的数值，它不包括钢丝绳安全圈的长度。如图 5-14 所示，对于单层缠绕光面卷筒，卷筒容绳量（L）见式（5-1）：

$$L = \pi(D + d)(Z - Z_0) \tag{5-1}$$

式中　d——钢丝绳直径，mm；

D——光面卷筒直径，mm；

Z——卷绕钢丝绳的总圈数（B/d）；

Z_0——安全圈数。

对于多层绕卷筒，若每层绕的圈数为 Z，则绕到 n 层时，卷筒容绳量计算见式（5-2）：

$$L = \pi n Z(D + nd) \tag{5-2}$$

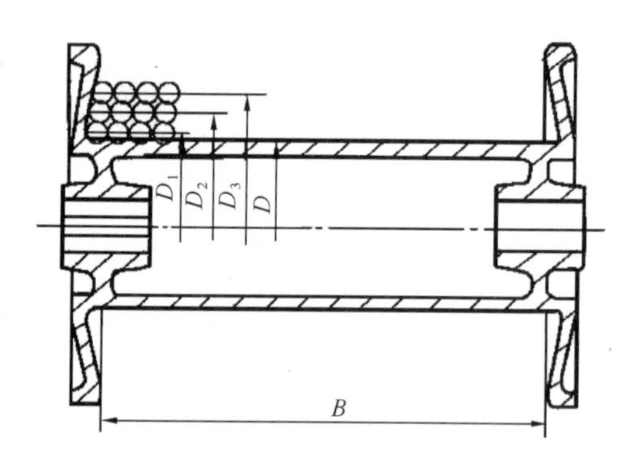

图 5-14　单层缠绕光面卷筒

（6）钢丝绳

钢丝绳是钢丝绳式施工升降机的重要传动部件，施工升降机使用的钢丝绳一般是圆股互捻钢丝绳，即先由一定数量的钢丝按一定螺旋方向（右或左螺旋）绕成股，再由多股围绕着绳芯拧成绳。常用的钢丝绳为 6×19 或 6×37 钢丝绳。

（7）滑轮

通常在施工升降机的底部和天梁上装有导向定滑轮，吊笼顶部装有动滑轮。

施工升降机采用的滑轮通常是由铸铁或铸钢制造的。铸铁滑轮的绳槽硬度低，对钢丝绳的磨损小，但脆性大且强度较低，不宜在强烈冲击振动的情况下使用。铸钢滑轮的强度和冲击韧性都较高。滑轮通常支承在固定的心轴上，简单的滑轮可用滑动轴承，大多数起重机的滑轮都采用滚动轴承，滚动轴承的效率较高，装配维修也方便。

滑轮除了结构、材料应符合要求外，滑轮和轮槽的直径必须与钢丝绳相匹配，直径过小的滑轮将导致钢丝绳早期磨损、断丝和变形等。

滑轮的钢丝绳导入导出处应设置防钢丝绳跳槽装置。施工升降机不得使用开口拉板式滑轮。选用滑轮时，应注意卷扬机的额定牵引力、钢丝绳运动速度、吊笼额定载重量和提升速度，正确选择滑轮和钢丝绳的规格。

3. 钢丝绳的安全技术要求

（1）悬挂用钢丝绳应不少于两根，且相互独立。若采用复绕法，应考虑钢丝绳的根数而不是其下垂的根数。

应设置自动平衡悬挂钢丝绳张力的装置。任何弹簧都应在压缩的状态下工作。

当单根钢丝绳过分拉长或破坏时，电气安全装置应停止升降机的运行。

（2）钢丝绳直径应不小于 8mm。

（3）钢丝绳的特性应至少符合《钢丝绳通用技术条件》GB/T 20118—2017 的要求。

（4）悬挂钢丝绳的安全系数应：

1）卷筒驱动的，≥12。

2）间接液压驱动的，＞12。

3）悬挂对重的，＞6。

钢丝绳的安全系数是其最小破断载荷与最大静力之比。

（5）钢丝绳末端连接（固定）的强度应不小于钢丝绳最小破断载荷的 80%。如果钢丝绳的末端固定在升降机的驱动卷筒上，则卷筒上应至少保留两圈钢丝绳。

钢丝绳末端应采用可靠的方法连接或固定，如：

1）金属或树脂浇铸的接头。

2）带套环的编结接头。

3）带套环的压制接头。

4）楔形接头。

5）钢丝绳压板（可使钢丝绳在卷筒上有保留圈的钢丝绳固定装置）。

不得使用可能损害钢丝绳的末端连接装置，如 U 形螺栓钢丝绳夹。

（6）为防止钢丝绳被腐蚀应电镀或涂抹适当的保护化合物。

（7）滑轮或卷筒节圆直径与钢丝绳直径之比应不小于 30。

（8）钢丝绳的储存应满足以下要求：

1）在张紧力下储存升降机接高备用钢丝绳时，应卷绕在带有螺旋绳槽的卷筒上。卷筒节圆直径与钢丝绳直径之比应不小于 15。

2）如在无张紧力下储存钢丝绳，则可用无绳槽卷筒多层卷绕。释放钢丝绳张紧力的装置，应使被储存的钢丝绳的弯曲直径不小于钢丝绳直径的 15 倍。当钢丝绳绳夹压紧点之前的钢丝绳的张紧力，是在节圆直径不小于钢丝绳直径 15 倍的非转动卷筒上至少绕3圈来释放时，则因钢丝绳夹不会对钢丝绳造成损害而可使用。

3）卷筒两端应有挡板，挡板边缘超出最外层钢丝绳的距离应大于钢丝绳直径的2倍。

4. 滑轮的安全技术要求

滑轮应满足下列要求：

（1）绳槽应为弧形，槽底半径 R 应满足：$1.05r<R<1.075r$，其中 r 为钢丝绳半径；深度不少于1.5倍钢丝绳直径。

（2）引导钢丝绳上行的滑轮应防止异物进入。

（3）应采取有效措施防止钢丝绳脱槽。

（4）钢丝绳与滑轮轴平面法线的夹角（钢丝绳偏角）不超过2.5°。

5. 卷筒传动的安全技术要求

（1）钢丝绳只允许绕一层。若使用自动绕绳系统，允许绕两层。

（2）留在卷筒上的钢丝绳应不少于两圈。

（3）卷筒两端应有挡板，挡板边缘超出最上层钢丝绳的距离应大于钢丝绳直径的2倍。

（4）卷筒应有钢丝绳槽。

（5）钢丝绳与绳槽的偏斜角度（钢丝绳偏角）应不大于4°。绳槽应满足下列要求：

1）绳槽的轮廓应为弧形，角度不小于120°，槽底半径 R 应满足：$1.05r<K<1.075r$，其中 r 为钢丝绳半径。

2）绳槽深度不小于钢丝绳直径的1/3。

3）绳槽的节距应不小于1.15倍钢丝绳直径。

5.2 施工升降机的电气系统

电气系统置于电控箱内，起到将施工现场的配电系统电源输送到施工升降机的作用，电控箱内的电路元器件按照控制要求，将电送达驱动电动机，指令电动机通电运转，将电能转换成所需要的机械能，如图5-15所示。

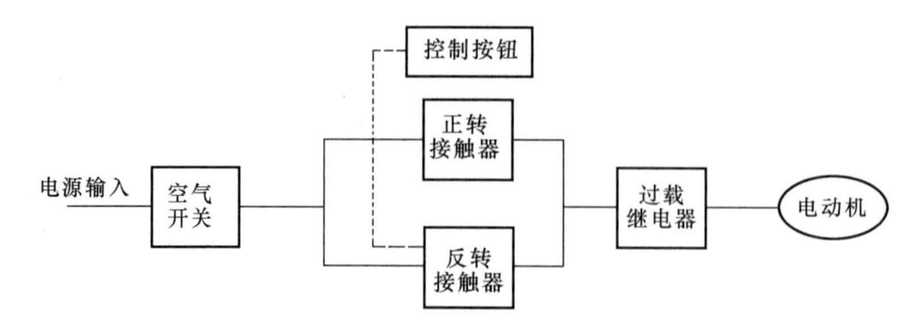

图5-15 电气系统控制示意图

5.2.1　齿轮齿条式施工升降机的电气系统

1. 电气系统的组成

电气系统主要分为主电路、主控制电路和辅助电路，如图 5-16 所示为双驱施工升降机电气原理图，其电器符号名称见表 5-2。

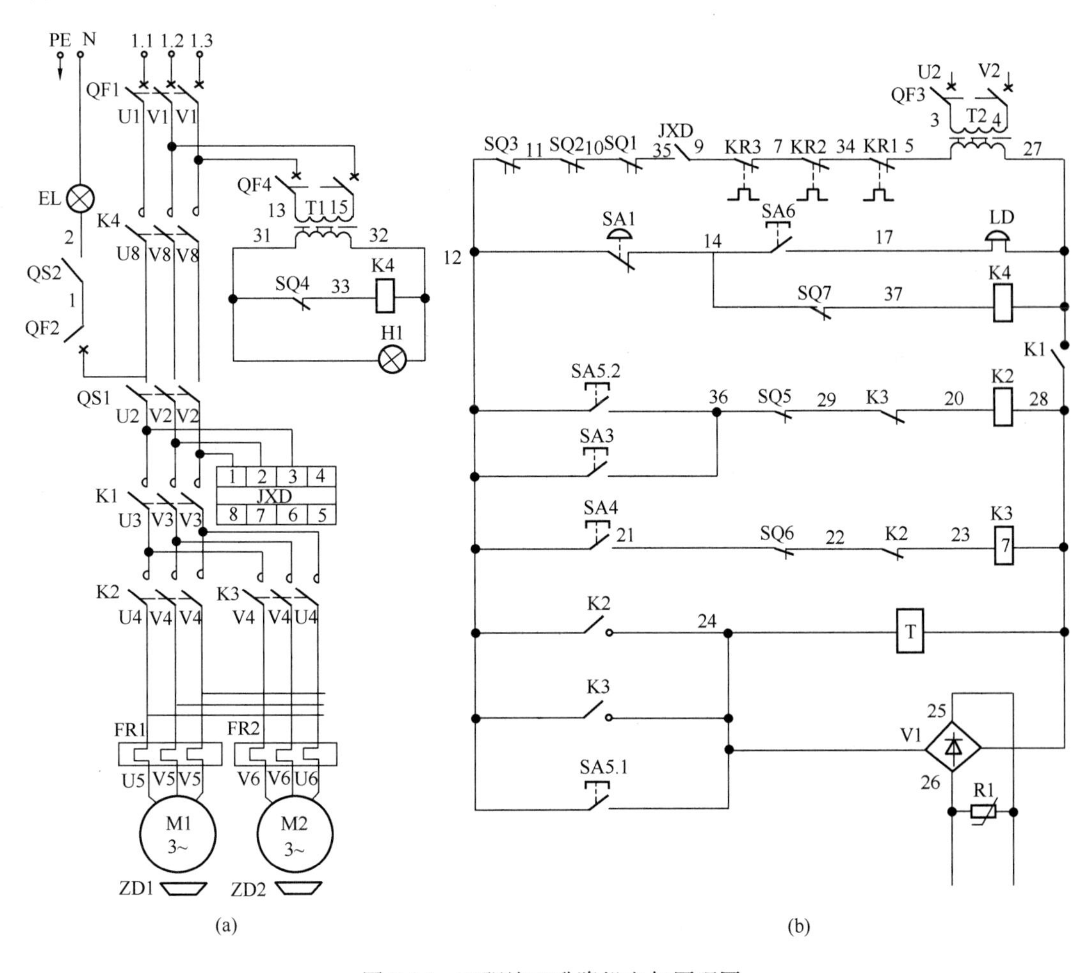

图 5-16　双驱施工升降机电气原理图

（a）主电路；（b）主控制电路

施工升降机电器符号名称　　　　**表 5-2**

序号	符号	名称	备注
1	QF1	空气开关	
2	QS1	三相极限开关	
3	LD	电铃	220V
4	JXD	相序和断相保护器	

续表

序号	符号	名称	备注
5	QF2	断路器	
6	QF3　QF4	断路器	
7	FR1　FR2	热继电器	
8	M1　M2	电动机	YZEJ132M-4
9	ZD1ZD2	电磁制动器	
10	QS2	按钮	灯开关
11	V1	整流桥	
12	R1	压敏电阻	
13	SA1	急停按钮	
14	SA3	按钮	上升按钮
15	SA4	按钮	下降按钮
16	SA5	按钮盒	坠落试验
17	SA6	电铃按钮	
18	H1	信号灯	220V
19	SQ1	安全开关	吊笼门
20	SQ2	安全开关	吊笼门
21	SQ3	安全开关	天窗门
22	SQ4	安全开关	防护围栏门
23	SQ5	安全开关	上限位
24	SQ6	安全开关	下限位
25	SQ7	安全开关	安全器
26	EL	防潮吸顶灯	220V
27	K1　K2　K3　K4	交流接触器	220V
28	T1	控制变压器	380V/220V
29	T2	控制变压器	380V/220V

（1）主电路主要由电动机、断路器、热继电器、电磁制动器及相序和断相保护器等电气元件组成。

（2）主控制电路主要由断路器、按钮、交流接触器、控制变压器、安全开关、急停按钮和照明灯等电器元件组成。

（3）辅助电路一般有加节、坠落试验和吊杆等控制电路。

1）加节控制电路由插座、按钮和操纵盒等电器元件组成。

2）坠落试验控制电路由插座、按钮和操纵盒等电器元件组成。

3）吊杆控制电路主要由插座、熔断器、按钮、吊杆操纵盒和盘式电动机等电器元件组成。

2. 电气系统控制元件的功能

（1）施工升降机采用380V、50Hz三相交流电源，由工地配备施工升降机专用电箱，接入电源到施工升降机开关箱，L1、L2、L3为三相电源，N为零线，PE为接地线。

（2）EL为220V防潮吸顶灯，由QF2高分断小型断路器和QS2灯开关控制，如图5-16（a）所示。

（3）QF1为电路总开关，K4为总电源交流接触器常开触点，其控制电路通过QF4高分断小型断路器、T1控制变压器（380V/220V）、SQ4围栏门限位开关、H1信号灯及K4组成。当施工升降机围栏门打开后，SQ4断开，K4失电，接触器触点断开动力电源和控制电源，施工升降机不能启动或停止运行，如图5-16（a）所示。

（4）QS1为极限开关，当施工升降机运行时越程，并触动极限开关时，QS1动作，切断动力电源和控制电源，施工升降机不能启动或停止运行，如图5-16（a）所示。

（5）JXD为断相与错相保护继电器，当电源发生断、错相时，JXD就切断控制电路，施工升降机不能启动或停止运行，如图5-16（a）所示。

（6）K1为主电源交流接触器常开触点，K2和K3为上下行交流接触器常开触点，FR1、FR2为热继电器，当电机M1、M2过热时，FR1、FR2触点断开控制电路，施工升降机不能启动或停止运行，如图5-16（a）所示。

（7）控制电路由T2控制变压器（380V/220V）及电气元件组成，SQ1、SQ2、SQ3分别为吊笼门和天窗限位安全开关，当上述门打开时，控制电路失电，施工升降机不能启动或停止运行，如图5-16（b）所示。

（8）SA6为电铃LD开关，SA1为急停开关，SQ7为安全器安全开关，当上述两开关动作时，K1失电，K1主触点断开动力电路，K1辅助触点断开控制电路，施工升降机不能启动或停止运行，如图5-16（b）所示。

（9）SA3为上升按钮，SA5.2为吊笼坠落试验前施工升降机上升按钮，SA4为下降按钮，SQ5和SQ6分别为吊笼上限位和下限位安全开关，T为计时器，如图5-16（b）所示。

（10）SA5.1为吊笼坠落试验按钮，当SA5.1按钮接通后，通过V1整流桥使制动器ZD1、ZD2得电松闸，吊笼自由下落，如图5-16（b）所示。

5.2.2　钢丝绳式施工升降机的电气系统

如图5-17所示，为一典型的钢丝绳式施工升降机电气原理图，电气原理图中各符号名称见表 5-3。其工作原理如下：

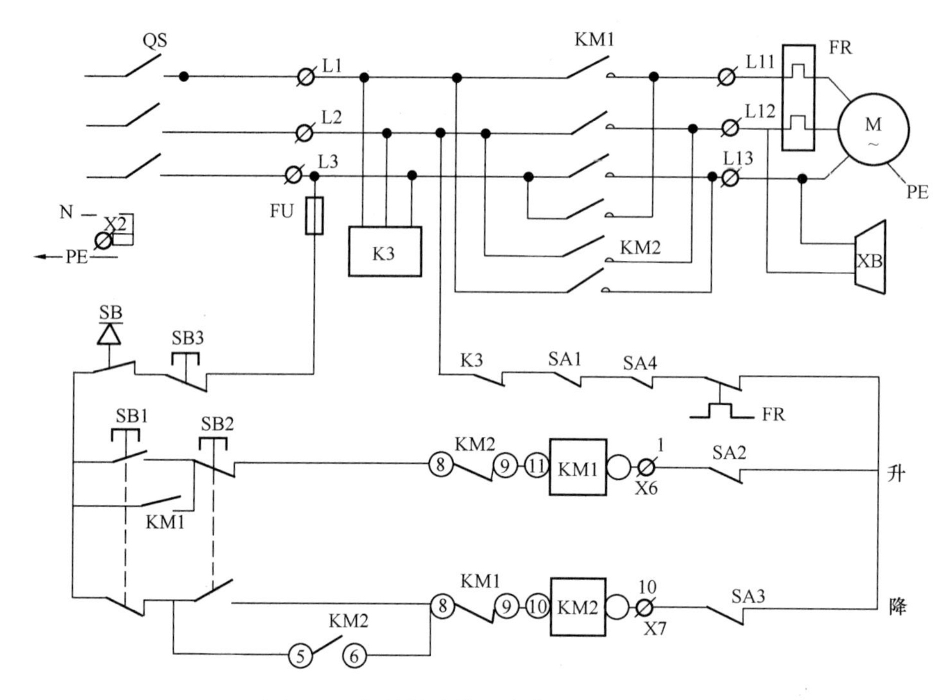

图 5-17　钢丝绳式施工升降机电气原理图

钢丝绳式施工升降机电器符号名称　　表 5-3

序号	符　号	名　　称	序号	符　号	名　　称
1	SB	紧急断电开关	9	FU	熔断器
2	SB1	上行按钮	10	XB	制动器
3	SB2	下行按钮	11	M	电动机
4	SB3	停止按钮	12	SA1	超载保护装置
5	K3	相序保护器	13	SA2	上限位开关
6	FR	热继电器	14	SA3	下限位开关
7	KM1	上行交流继电器	15	SA4	门限位开关
8	KM2	下行交流继电器	16	QS	电路总开关

1. 电源

施工升降机采用 380V、50Hz 三相交流电源。由工地配备专用开关箱，接入电源到施工升降机的电气控制箱，L1、L2、L3 为三相电源，N 为零线，PE 为接地线。

2. 漏电断路器

QS 为电路总开关，采用漏电、过载、短路保护功能的漏电断路器。

3. K3 保护器

K3 为相序保护器，当电源发生断、错相时，能切断控制电路，施工升降机就不能启动或停止运行。

4. FR 热继电器

FR 为热继电器，当电动机发热超过一定温度时，热继电器就及时分断主电路，电动机断电停止转动。

5. 上行控制

按 SB1 上行按钮，首先分断对 KM2 联锁（切断下行控制电路）；KM1 线圈通电，KM1 主触头闭合，电动机启动升降机上行。同时 KM1 自锁触头闭合自锁，KM1 联锁触头分断 KM2 联锁（切断下行控制电路）。

6. 下行控制

按 SB2 下行按钮，首先分断对 KM1 联锁（切断上行控制电路）；KM2 线圈通电，KM2 主触头闭合，电动机启动升降机下行。同时 KM2 自锁触头闭合自锁，KM2 联锁触头分断 KM1 联锁（切断上行控制电路）。

7. 停止

按下 SB3 停止按钮，整个控制电路断电，主触头分断，主电动机断电停止转动。

8. 失压保护控制电路

当按压上升按钮 SB1 时，接触器 KM1 线圈通电，一方面使电机 M 的主电路通电旋转，另一方面与 SB1 并联的 KM1 常开辅助触头吸合，使 KM1 接触器线圈在 SB1 松开时仍然通电吸合，使电机仍然能旋转。

停止电机旋转时可按压停止按钮 SB3，使 KM1 线圈断电，一方面使主电路的 3 个触头断开，电机停止旋转，另一方面 KM1 自锁触头也断开，当将停止按钮松开而恢复接电时，KM1 线圈这时已不能自动通电吸合。这个电路若中途发生停电失压，再来电时不会自动工作，只有当重新按压上升按钮，电机才会工作。

9. 双重联锁控制电路

电路中在 KM1 线圈电路中串有一个 KM2 的常闭辅助触头；同样，在 KM2 线圈电路中串有一个 KM1 的触闭辅助触头，这是保证不同时通电的联锁电路。如果 KM1 吸合施工升降机在上升时，串在 KM2 电路中的 KM1 常闭辅助触头断开，这时即使按压下降按钮 SB2，KM2 线圈也不会通电工作。上述电路中，不仅两个接触器通过常闭辅助触头实现了不同时通电的联锁，同时也利用两个按钮 SB1、SB2 的一对常闭触头实现了不能同时通电的联锁。

5.2.3　变频调速施工升降机的电气系统

1. 变频器调速的工作原理

三相交流异步电动机变频调速原理是通过改变电动机电源的频率来进行调速的。变频调速有恒磁通调速、恒电流调速和恒功率调速三种调速方法。恒磁通调速又称恒转矩调速，是将转速往额定转速以下调节，应用最广。恒电流调速过载能力较小，用于负载容量小且变化不大的场合。恒功率调速用于调节转速高于额定转速而电源电压又不能提高的场合。

变频调速电动机具有质量轻、体积小、惯性小、效率高等优点。采用矢量控制技术，异步电动机调速的机械特性可像励磁直流电动机调速的机械特性一样“硬”。

2. 变频器的安全使用一般要点

变频器在工作中会产生高温、高压和高频电波，使用中不论升降机制造单位和维修人员，原则上必须按说明书严格做好防护措施。

（1）变频器在电控箱中的安装与周围设备必须保持一定距离，以利通风散热，一般上下间隔 120mm 以上，左右应有 30mm 的间隙，背部应留有足够间隙。夏季必要时可打开电控箱门散热。

（2）外接电阻箱会产生高温，一般应当与电控箱分开安装。运行中不要轻易用手去触摸它的外壳，防止烫伤。

（3）变频器在运行中或刚运行后，在电容器放电信号灯未熄灭时，切勿打开变频器外罩和接触接线端子等，防止电击伤人。

（4）变频器接地必须正确可靠，有条件的可设置专用接地装置，接地线应选择粗而短的。接地方式如图 5-18 所示。

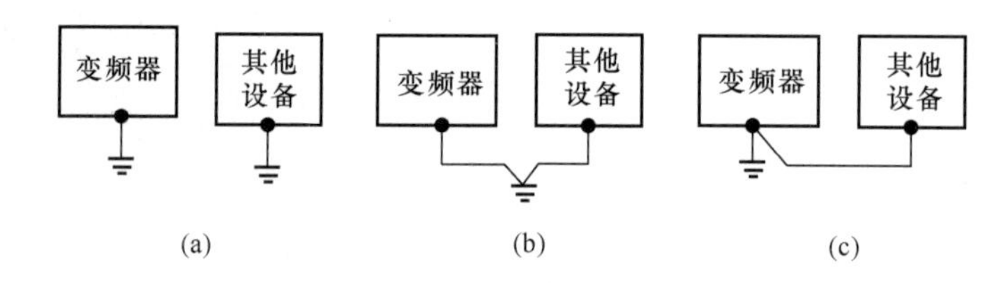

图 5-18　变频器接地方式

（a）专用接地（良）；（b）公共接地（可）；（c）共用接地（不可）

（5）一般选用变频器的额定功率可比控制电机额定功率大一个规格。因为一般电机的启动电流要大于变频器允许的过载电流，所以选择大一个规格可以保证运行的可靠。

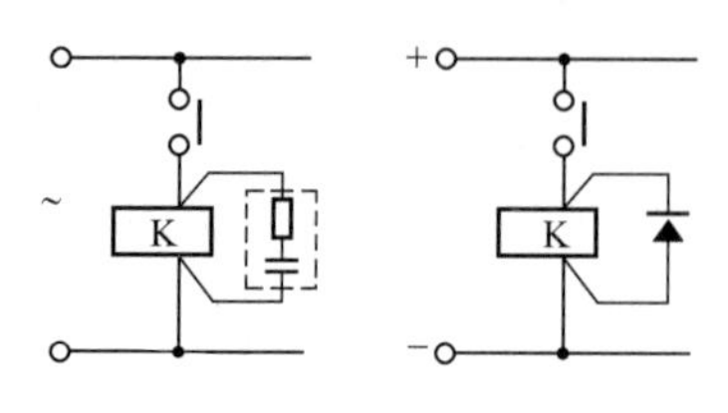

图 5-19　线圈加接冲击吸收器示意图

（6）为防止电磁感应产生冲击干扰，电路中感性线圈载荷（如继电器线圈等）应在发生源两端连接冲击吸收器，如图 5-19 所示。

（7）如变频器对其他设备信号、控制线干扰时，可根据说明书要求采取措施或对变频器输出电路进行电磁屏蔽，以减少干扰影响，如图 5-20 所示。

3. 变频式施工升降机电气系统的组成

（1）电气系统主要分为变频主电路、主控制电路和辅助电路，如图 5-21 所示为双驱变频施工升降机电气原理图，其电器符号名称见表5-4。

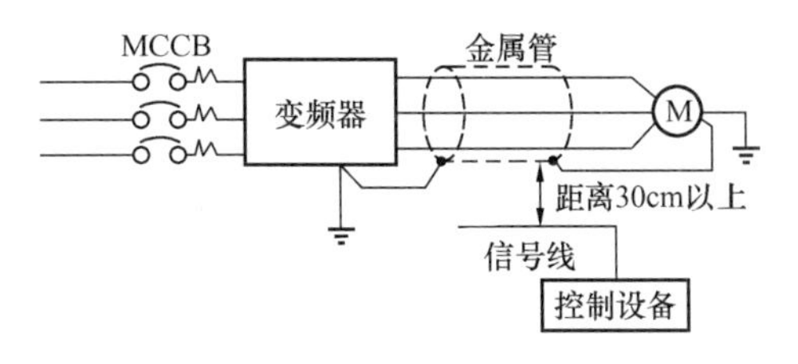

图5-20　电磁屏蔽抗干扰示意图

1）变频主电路主要由电动机、断路器、变频器、电磁制动器及相序和断相保护器等电气元件组成。

2）主控制电路主要由PLC、编码器、按钮、中间继电器、整流电路、安全开关、急停按钮和照明灯等电器元件组成。

3）辅助电路一般有笼顶加节、坠落试验和吊杆等控制电路。

① 加节控制电路由插座、按钮和操纵盒等电器元件组成。

② 坠落试验控制电路由插座、按钮和操纵盒等电器元件组成。

③ 吊杆控制电路主要由插座、熔断器、按钮、吊杆操纵盒和盘式电动机等电器元件组成。

（2）电气系统控制元件的功能

1）施工升降机采用380V、50Hz三相交流电源，由工地配备施工升降机专用电箱，接入电源到施工升降机开关箱，U、V、W为三相电源，N为零线，PE为接地线。

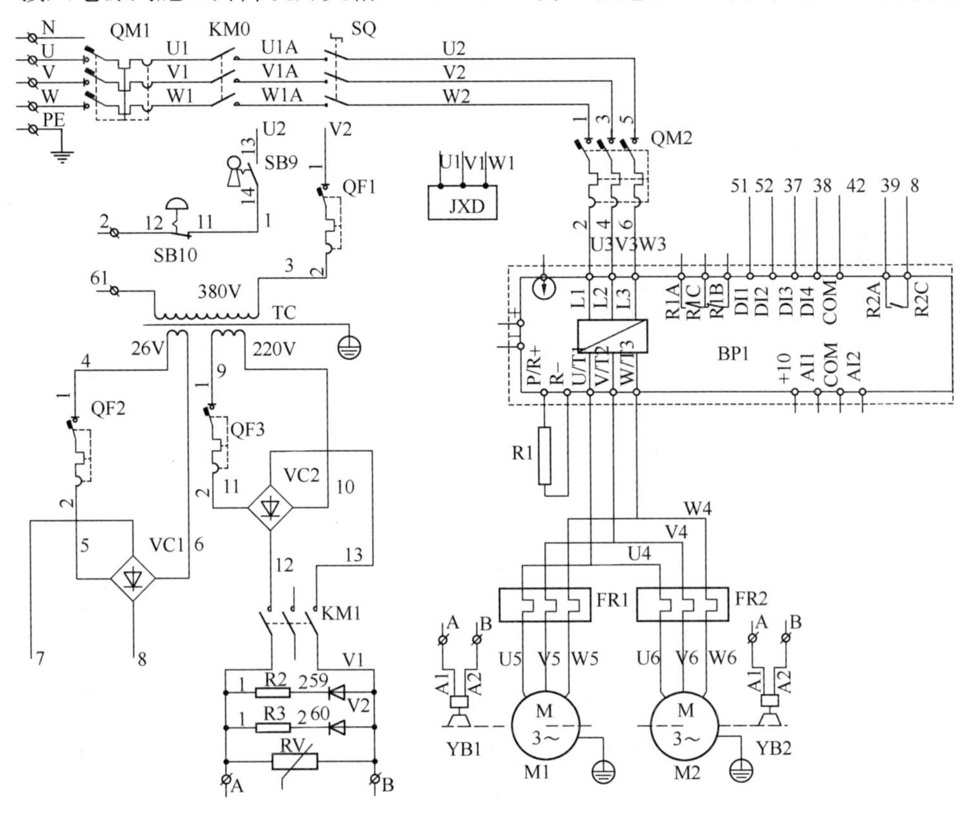

图5-21　双驱变频施工升降机电气原理图

（a）变频主电路

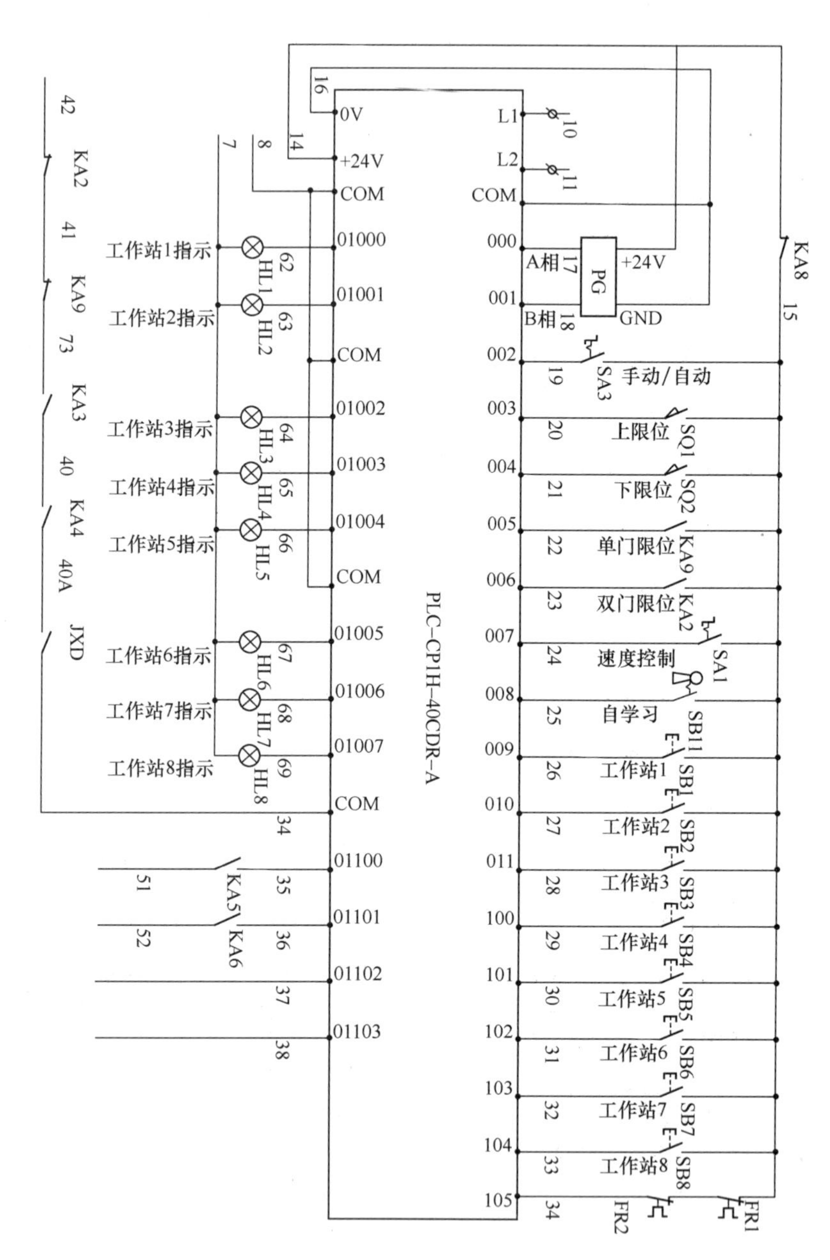

图 5-21　双驱施工升降机电气原理图（续）

（b）主控制电路

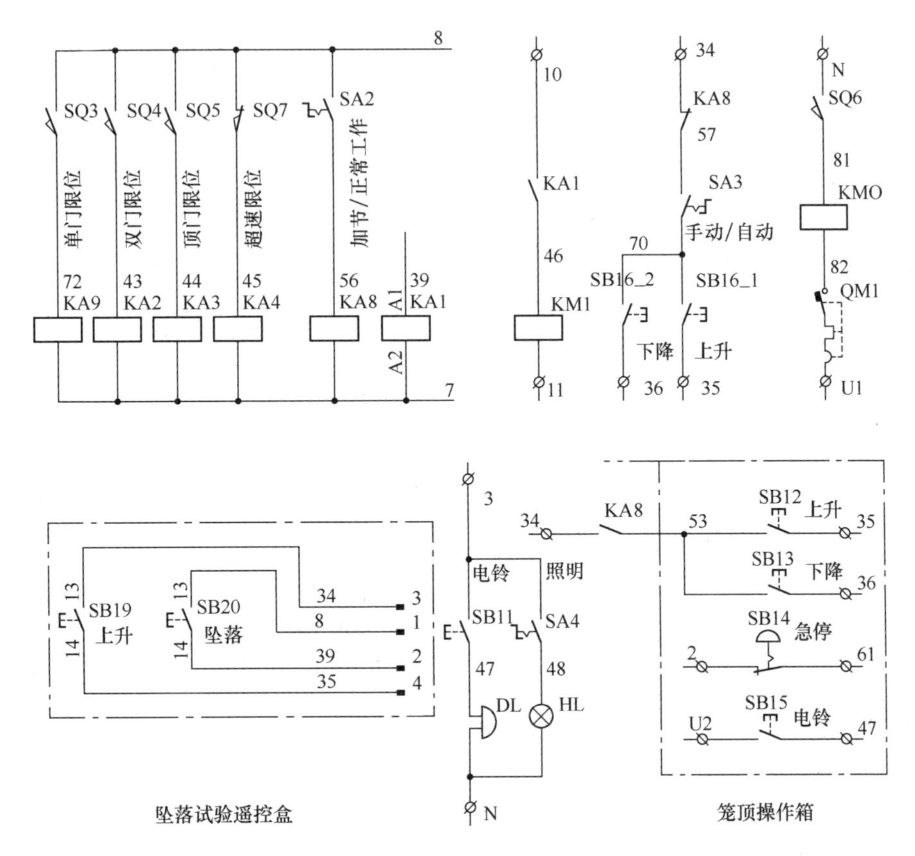

图 5-21 双驱施工升降机电气原理图（续）

（c）辅助电路

施工升降机电器符号名称 **表 5-4**

序号	符号	名称	备注
1	QM1	空气开关	
2	SQ	三相极限开关	
3	DL	电铃	220V
4	JXD	相序和断相保护器	
5	QF1	断路器	
6	QF3 QF2	断路器	
7	BP1	变频器	
8	M1 M2	电动机	YZEJ132M-4
9	YB1 YB2	电磁制动器	
10	FR1 FR2	热继电器	
11	VC1 VC2	整流桥	
12	R1	制动电阻	
13	R2 R3	续流电阻	

续表

序号	符号	名称	备注
14	RV	压敏电阻	
15	V1　V2	续流二极管	
16	KM0	总接触器	220V
17	QM2	空气开关	
18	KM1	接触器	220V
19	SQ1	安全开关	吊笼门
20	SQ2	安全开关	吊笼门
21	SQ3	安全开关	天窗门
22	SQ4	安全开关	防护围栏门
23	SQ5	安全开关	上限位
24	SQ6	安全开关	下限位
25	SQ7	安全开关	安全器
26	HL	防潮吸顶灯	220V
27	KA1-4　KA8　KA9	中间继电器器	DC24V
28	TC	控制变压器	380V/220V/26V
29	SB9	钥匙开关	
30	SB10	急停开关	
31	SB1-8	工作站按钮开关	带 DC24V 指示灯
32	SA1	高低速切换开关	
33	SA3	自动/手动切换开关	
34	SA2	加节/工作切换开关	
35	SB16-1，-2	升降按钮	
36	SB11	自学习钥匙开关	

2）HL 为 220V 防潮吸顶灯，由 SA4 灯开关控制，SB16 为电铃 DL 开关，电梯工作时必须先按下电铃警示再运行。如图 5-21（c）所示。

3）SB10 为急停开关，SB9 为电源钥匙开关，当上述两开关动作时，控制变压器 TC 失电，控制电路没有电源。QM1 为电路总开关，KM0 为总电源交流接触器常开触点，其控制电路通过 QF4 高分断小型断路器、TC 控制变压器（380V/220V/26V）、SQ4 围栏门限位开关及 KM0 组成。当施工升降机围栏门打开后，SQ4 断开，KM0 失电，接触器触点断开动力电源和控制电源，施工升降机不能启动或停止运行。如图 5-21（a)所示。

4）SQ 为极限开关，当施工升降机运行时越程，并触动极限开关时，SQ 动作，切断动力电源和控制电源，施工升降机不能启动或停止运行，如图 5-21（a）所示。SQ1 单门限位，SQ2 双门限位，SQ3 顶门限位。此三限位触碰动作，置 ON，表示三个门关闭，电梯允许升降工作。SQ4 外笼门限位，外笼门关闭时触碰置 ON。SQ7 速度限位，超速时动作，置 ON。SQ5，SQ6 上下限位，触碰动作时置 ON。

5）FR1、FR2 为热继电器，当电机 M1、M2 过热时，FR1、FR2 触点断开，PLC 检测到热继动作信号，施工升降机变频器不允许工作，如图 5-21（b）所示。

6）控制电路由 TC 控制变压器（380V/220V/26V）及电气元件组成，SQ1、SQ2 为吊笼门限位安全开关，SQ3 为天窗限位安全开关，SQ7 为安全器安全开关，JXD 为断相与错相保护继电器，当上述开关动作时，控制电路 PLC 公共端失电，变频器不工作，施工升降机不能启动或停止运行，如图 5-21（b）、图 5-21（c）所示。

7）SB16-1，SB16-2 为施工电梯手动时上升与下降按钮，SA3 开关置于手动，此时电梯不具备自动平层功能，如图 5-21（c）所示。

8）自学习功能：SA3 开关置于手动，设置钥匙开关 SB11 置于 ON，通过 SB16-1 与 SB16-2T 升与降按钮将施工电机停于下限位一层位置，按下工作站 1 按钮 SB1，此时 SB1 指示灯亮起，一层设置有效。操作 SB16-1 升电梯到二层位置，按下工作站 2 按钮 SB2，此时 SB2 指示灯亮起，二层设置有效，依次类推，一直到工作站 8。设置完毕将设置钥匙开关 SB11 断开，拔掉钥匙。将手动/自动开关 SA3 置于自动状态，通过工作站 1-8 按钮操作电梯，电梯进入自平层操作状态，如图 5-21（b）、图 5-21（c）所示。

9）SB19，SB20 为吊笼坠落试验按钮，当 SB19 点动按钮接通，电梯升高到坠落测试高度。此时按下 SB20 按钮，制动器 YD1、YD2 得电松闸，吊笼自由下落，如图 5-21（c)所示。

10）制动电阻 R1 是电梯下落时，消耗电机回馈能量的元器件，如图 5-21（a）所示。

5.2.4　施工升降机智能楼层显示呼叫系统

1. 系统功能

（1）在每个楼层和司机室均实时显示吊笼运行方向及所在楼层；吊笼内的显示器实时显示吊笼的运行方向：上行或下行，并实时显示吊笼所在的高度和楼层，方便司机实时掌握吊笼位置。同时，安装在每个楼层的楼层显示器也实时显示吊笼的所在的楼层及运行方向，便于等待升降机的人员及时掌握吊笼的运行位置，解决目前只能“干等”的问题。

（2）每个楼层都具有上行或下行分别呼叫功能，吊笼可以根据当前的运行方向和使用人员的运行方向选择停靠楼层。安装在每个楼层的楼层显示器具有“上行”和“下行”两个呼叫按钮，使用人员可以根据自己所要“往上”还是“往下”选择呼叫按钮。吊笼内的显示器实时显示呼叫的楼层，并显示呼叫人员是“往上”或“往下”，司机根据吊笼现在的运行方向和呼叫人员的运行方向进行楼层停靠。如 16 层人员按了下行按钮准备到达1层，吊笼正在从1层往上运行计划到达28楼，当运行到16层时司机就可以根据显示器显示16层人员下行的信息不予停靠，在下行至16层时停靠，提高了升降机的运行效率，解决了“逢叫必停”的问题。

(3) 两吊笼智能停靠、智能联动功能：当一个吊笼运行至呼叫楼层时另一个吊笼内的显示器自动取消该楼层的呼叫信息。如16层人员按了下行按钮准备到达1层，两个吊笼都收到呼叫信息，左侧吊笼正在从20层向下运行、右吊笼正从30层向下运行。当左吊笼运行到16层后，右吊笼内显示的16层下行呼叫自行取消。

2. 系统构成及安装位置

系统由司机室部分、地面部分、楼层部分三大部分构成，如图5-22所示。

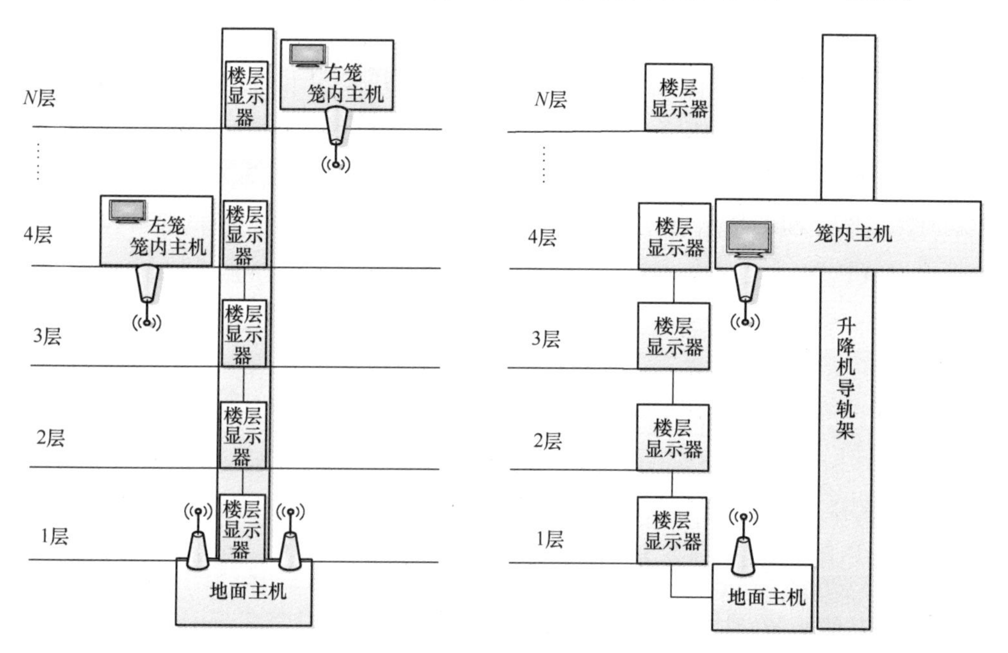

图5-22 系统框架图

(1) 司机室部分包含笼内主机、显示器、高度传感器、无线通信模块。

1) 笼内主机：处理高度传感器采集的信号、楼层部分的呼叫信号，通过无线模块将相关信息传输给地面主机。

2) 显示器：显示吊笼运行的实时高度、运行方向、所在楼层以及呼叫楼层和呼叫运行方向。

3) 高度传感器：采集吊笼运行高度。

4) 无线通信模块：与地面主机实时通信、传输数据。

(2) 地面部分包括地面主机、无线通信模块。

1) 地面主机：将接收到的笼内主机信息处理后发送给各个楼层显示器，并将各个楼层的呼叫信息处理后通过无线通信模块传输给笼内主机。

2）无线通信模块：与笼内主机实时通信、传输数据。

（3）楼层部分包括楼层显示器、楼层连接线。根据使用的楼层数量配备，每个楼层一套，相邻楼层之间通过楼层连接线连接。如17层显示器通过一根楼层连接线从16层显示器接出连接至17层显示器。

1）楼层显示器：分别显示左右两个吊笼的运行方向和所在层数，配有“上行”和“下行”两个呼叫按钮。

2）楼层连接线：连接相邻楼层显示器。

3. 系统特点

（1）集成了呼叫、楼层显示功能，提高了人员及货物运输的效率、让使用人员实时知道吊笼位置，避免焦急等待。

（2）适用于范围广，尤其是超高层建筑施工。

（3）安装方便、灵活，可根据楼层施工进度安装相应楼层显示器，即插即用。

（4）层与层之间采用有线连接，层层串联、通信可靠。

（5）吊笼与地面采用无线传输，避免线缆缠绕、损伤等问题。

5.2.5 施工升降机相关智能监控系统的介绍

（1）司机身份验证：系统针对司机身份提供了人脸、指纹、虹膜、IC卡等多种识别方式，司机必须经过身份验证通过后方能启动升降机运行，解决了建筑工地非驾驶员驾驶升降机的问题，切实防范和减少了施工升降机安全事故。

（2）可载人数限制功能：智能识别升降机乘坐人数，当超出规定乘坐人数时，发出声光或语音报警，禁止升降机运行，避免出现超员运行的情况。

（3）维保监督功能：设定维保人员和维保期限，到期前进行语音提醒，解决了升降机维保不及时，管理人员无法监管的问题。

5.2.6 电气箱

1. 电气控制箱

电气控制箱是施工升降机电气系统的心脏部分，内部主要安装有上（下）运行交流接触器、热继电器以及相序和断相保护器等。控制箱安装在吊笼内部，如图5-23所示。

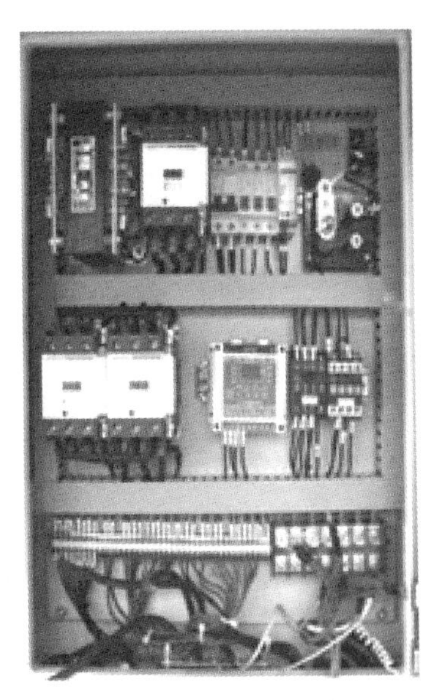

图5-23 电气控制箱

2. 操纵台

操纵台是操纵施工升降机运行的部分，它主要由电锁、万能转换开关、急停按钮、加节按钮、电铃按钮和指示灯等组成，一般也安装在吊笼内部。如图 5-24所示为两种形式的电气控制操纵台。

图 5-24　电气控制操纵台

3. 电源箱

电源箱是施工升降机的电源供给部分，主要由空气开关、熔断器等组成。

4. 电气箱的安全技术要求

(1) 施工升降机的各类电路的接线应符合出厂的技术规定。

(2) 电气元件的对地绝缘电阻应不小于 0.5MΩ，电气线路的对地绝缘电阻应不小于 1MΩ。

(3) 各类电气箱等不带电的金属外壳均应有可靠接地，其接地电阻应不超过 4Ω。

(4) 对老化失效的电气元件应及时更换，对破损的电缆和导线应予以包扎或更新。

(5) 各类电气箱应完整、完好，经常保持清洁和干燥，内部严禁堆放杂物等。

6 施工升降机的安全装置

施工升降机属高空危险作业机械，它不但要求在结构设计方面有极大的安全系数来保障安全运行，而且需要专门设置一些安全装置来消除或减少发生故障造成的危害，使之在施工升降机一旦发生故障时能立即起作用，保障乘员的生命安全，避免或减少设备的损坏。施工升降机的安全装置分为机械安全装置和电气安全装置。

6.1 防坠安全装置

6.1.1 防坠安全装置的分类

吊笼应设有防止吊笼坠落的安全装置，安全装置应为下列类型中的一种：(1) 超速安全装置，在吊笼超速时动作；(2) 破断阀。

防坠安全装置是非电气、气动和手动控制的防止吊笼或对重坠落的机械式安全保护装置。它是一种非人为控制的装置，一旦吊笼或对重出现失速、坠落情况，能在设置的距离、速度内使吊笼安全停止。其中超速安全装置有渐进式防坠安全器和瞬时式防坠安全器两种。

1. 渐进式防坠安全器

渐进式防坠安全器是一种初始制动力（或力矩）可调，制动过程中制动力（或力矩）逐渐增大的防坠安全器。其特点是制动距离较长，制动平稳，冲击力小。

2. 瞬时式防坠安全器

瞬时式防坠安全器是初始制动力（或力矩）不可调，瞬间即可将吊笼或对重制停的防坠安全器。其特点是制动距离较短，制动不平稳，冲击力大。

6.1.2 渐进式防坠安全器

渐进式防坠安全器的全称为齿轮锥鼓形渐进式防坠安全器，简称安全器。

1. 渐进式防坠安全器的构造

渐进式防坠安全器主要由齿轮、离心式限速装置、锥鼓形制动装置等组成。离心式限速装置主要由离心块座、离心块、调速弹簧和螺杆等组成；锥鼓形制动装置主要由壳体、摩擦片、外锥体加力螺母和蝶形弹簧等组成。安全器结构如图 6-1 所示。

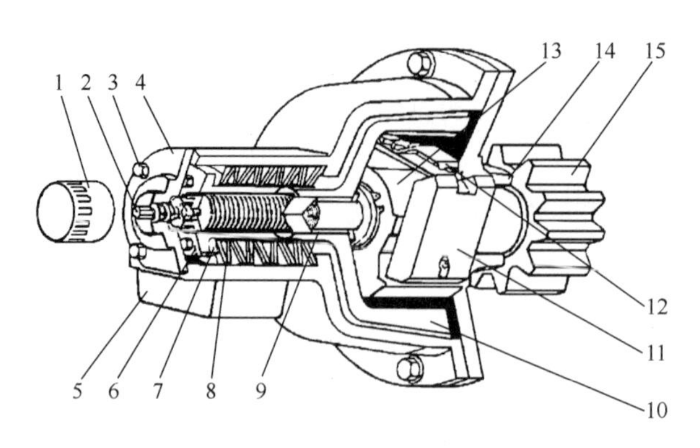

图 6-1 渐进式防坠安全器的构造

1—罩盖；2—浮螺钉；3—螺钉；4—后盖；5—开关罩；6—螺母；
7—防转开关压臂；8—蝶形弹簧；9—轴套；10—旋转制动毂；
11—离心块；12—调速弹簧；13—离心座；14—轴套；15—齿轮

2. 渐进式防坠安全器的工作原理

安全器安装在施工升降机吊笼的传动底板上，一端的齿轮啮合在导轨架的齿条上，当吊笼正常运行时，齿轮轴带动离心块座、离心块、调速弹簧和螺杆等组件一起转动，安全器不会动作。当吊笼瞬时超速下降或坠落时，离心块在离心力的作用下压缩调速弹簧并向外甩出，其三角形的头部卡住外锥体的凸台，然后就带动外锥体一起转动。此时外锥体尾部的外螺纹在加力螺母内转动，由于加力螺母被固定住，故外锥体只能向后方移动，这样使外锥体的外锥面紧紧地压向胶合在壳体上的摩擦片，当阻力达到一定量时就使吊笼制停。

3. 渐进式防坠安全器的主要技术参数

（1）额定制动载荷

额定制动载荷是指安全器可有效制动停止的最大载荷，目前标准规定为 20kN、30kN、40kN、60 kN 四挡。SC100/100 和 SCD200/200 施工升降机上配备的安全器的额定制动载荷一般为 30 kN；SC200/200 施工升降机上配备的安全器的额定制动载荷一般为 40 kN。

（2）标定动作速度

标定动作速度是指按所要限定的防护目标运行速度而调定的安全器开始动作时的速度，具体见表 6-1 的规定。

安全器标定动作速度 **表 6-1**

施工升降机额定提升速度 v（m/s）	安全器标定动作速度（m/s）
$v \leqslant 0.60$	$\leqslant 1.00$
$0.60 < v \leqslant 1.33$	$\leqslant v + 0.40$
$v > 1.33$	$\leqslant 1.30v$

（3）制动距离

制动距离指从安全器开始动作到吊笼被制动停止时吊笼所移动的距离，应符合表6-2的规定。

安全器制动距离　表6-2

施工升降机额定提升速度 v（m/s）	安全器制动距离（m）
$v \leqslant 0.65$	0.15～1.40
$0.65 < v \leqslant 1.00$	0.25～1.60
$1.00 < v \leqslant 1.33$	0.35～1.80
$v > 1.33$	0.55～2.00

6.1.3 瞬时式防坠安全器

1. 瞬时式防坠安全器组成及工作原理

瞬时式防坠安全器一般由限速装置和断绳保护装置两部分组成。瞬时式防坠安全器允许借助悬挂装置的断裂或借助一根安全绳来动作。

（1）限速装置组成及工作原理

限速装置主要用于钢丝绳式施工升降机上，与断绳保护装置配合使用，如图6-2所示。其工作原理为在外壳上固定悬臂轴6，限速钢丝绳通过槽轮装在悬臂轴6上。槽轮有两个不同直径的沟槽，大直径的用于正常工作，小直径的用来检查限速器动作是否灵敏。固定在槽轮上的销轴5上装有离心块1，两离心块之间用拉杆2铰接，以保证两离心块同步运动。通过调节拉杆2的长度可改变销子8和11之间的距离，在装离心块一侧的槽轮表面上固定有支架9，在支承端部与拉杆螺母之间装有预紧弹簧10。由于拉杆连接离心块，弹簧力迫使离心块靠近槽轮旋转中心，固定挡块4突出在外壳内圆柱表面上。当槽轮在与吊笼上的断绳保护装置带动系统杆件连接的限速钢丝绳带动下以额定速度旋转时，离心产生的离心力还不足以克服弹簧张力，限速器随同正常运行的吊笼而旋转；当提升钢丝绳拉断或松脱，吊笼以超过正常的运行速度坠落时，限速钢丝绳带动限速器槽轮超速旋转，离心块在较大的离心力作用下张开，并抵在固定挡块4上，停止槽轮转动。当吊笼继续坠落时，停转的限速器槽轮靠摩擦力拉紧限速钢丝绳，通过带动系统杆件驱动断绳保护装置制停吊笼。在瞬时式限速器上还装有限位开关，当限速器动作时，能同时切断施工升降机动力电源。

（2）断绳保护装置组成及工作原理

瞬时式断绳保护装置也叫楔块式捕捉器，与瞬时式限速器配合使用，如图6-3所示。当两对夹持楔块动作时，导轨被夹紧在两个楔块之间，楔块镶嵌在闸块上，闸块由拉杆连接，由压簧激发系统带动工作。

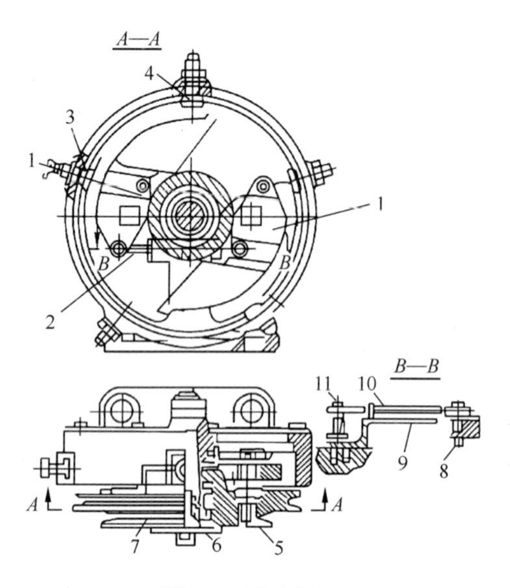

图 6-2　限速装置

1—离心块；2—拉杆；3—挡块；
4—固定挡块；5—销轴；6—悬臂轴；
7—槽轮；8，11—销子；9—支架；
10—预紧弹簧

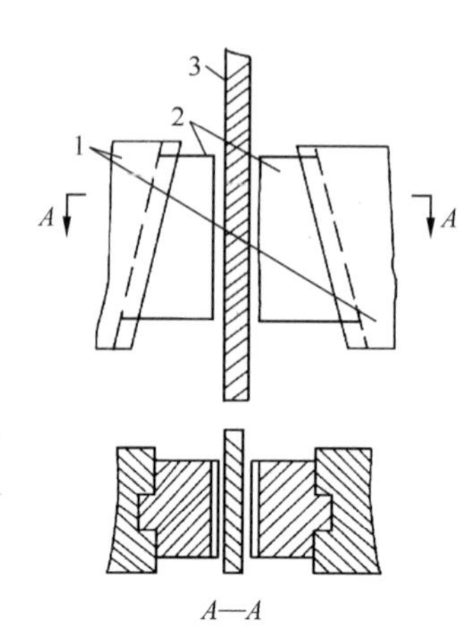

图 6-3　瞬时式断绳保护装置

1—楔块；2—闸块；3—导轨

2. 防坠安全装置的安全技术要求

（1）安全装置在任何时候都应起作用，包括安装、拆卸和动作后重新设置之前。除齿条外，其他常规的传动件不应用于超速安全装置。

（2）安全装置应能使装有 1.3 倍额定载重量的吊笼停止并保持停止状态。

在吊笼内载荷不超过额定载重量时，对于额定速度不大于 2.4m/s 的升降机，安全装置停止吊笼时的制动距离应符合表 6-3 的规定，且减速度峰值大于 2.5g 的时间应不大于 0.04s；对于额定速度大于 2.4m/s 的升降机，安全装置停止吊笼时的平均减速度应在 0.2～1.0g 之间，且减速度峰值大于 2.5g 的时间应不大于 0.04s。如果在动作后重新设置之前安全装置再动作，则可超过前述的规定值。

安全装置制动距离　　**表 6-3**

升降机额定速度 P（m/s）	安全装置制动距离（m）
65	0.10～1.40
0.65VYL00	0.20～1.60
L00Vt<l.33	0.30～1.80
1.33<x<2.40	0.40～2.00

（3）一旦超速安全装置动作，正常控制下的吊笼运动应由电气安全装置自动停止。

（4）安全装置的释放方法应要求专业人员介入，以使升降机恢复正常作业。

（5）应能在与吊笼有充分安全距离的位置，利用遥控装置对安全装置进行试验。

（6）对于不是由液压油缸直接支承的任何吊笼，安全装置应安装在吊笼上并由吊笼超速来直接触发。

（7）应有措施（如铅封）防止对限速器动作速度作未经授权的调整。

（8）限速器用滑轮不应安装在悬挂吊笼的钢丝绳滑轮支承轴上。

（9）超速安全装置不应借助于电气、气动装置来动作。

（10）除超载外，在所有载荷情况下，安全装置动作后，吊笼底板相对于正常位置的倾斜应不大于 5 %，且能恢复原状而无永久变形。

（11）安全装置的动作速度应不大于升降机额定速度 0.4m/s。

（12）应有措施防止安全装置因外部物质的积聚或大气状况的影响而失效。

（13）限速器用钢丝绳，在升降机安装期间，应直接悬挂在导轨架上。

限速器动作时，限速器钢丝绳的张力应至少为 300N 或安全装置起作用所需力的两倍。

（14）夹紧一个以上导轨的安全装置应在所有导轨上同时起作用。

（15）由弹簧来施加制动力的安全装置，其任一弹簧的失效都不应导致安全装置产生危险故障。

（16）由液压油缸或非柔性元件直接支撑的且未设超速安全装置的吊笼，应设有破断阀。在吊笼速度超过额定下行速度 0.4m/s 时，破断阀应能停止吊笼。破断阀应直接安装在油缸端口上。

6.2　电气开关与电气安全装置

6.2.1　电气开关

电气开关是施工升降机中使用比较多的一种安全防护开关。当施工升降机没有满足运行条件或在运行中出现不安全状况时，电气开关动作，使施工升降机不能启动或自动停止运行。

施工升降机的电气开关大致可分为行程控制开关和装置联锁控制开关两大类。

1. 行程控制开关

行程控制开关的作用是当施工升降机的吊笼超越了允许运动的范围时，能自动停止吊笼的运行，主要有行程限位开关、减速开关和极限开关。

（1）行程限位开关

行程限位开关安装在吊笼安全器底板上，当吊笼运行至上、下限位位置时，行程限位开关与导轨架上的限位挡板碰触，吊笼停止运行；当吊笼反方向运行时，行程限位开关自动复位。

（2）减速开关

变频调速施工升降机必须设置减速开关，当吊笼下降时在触发下限位开关前，应先触发减速开关，使变频器切断加速电路，以避免吊笼下降时冲击底座。

（3）极限开关

施工升降机必须设置极限开关，当吊笼在运行时如果上、下限位开关出现失效，超出限位挡板并越程，极限开关须切断总电源使吊笼停止运行。极限开关应为非自动复位型的开关，其动作后必须手动复位才能使吊笼重新启动。在正常工作状态下，上、下极限开关挡板的安装位置，应保证吊笼碰到缓冲器之前极限开关首先动作。

（4）行程控制开关的安全技术要求

1）上、下行程开关安全技术要求

① 上、下行程开关应能使以额定速度运行的吊笼在接触到上、下极限开关前自动停止。

② 不应以触发上行程开关作为最高层站停靠的通常操作。

2）上、下极限开关安全技术要求

① 在行程最上和最下端均应设置一个极限开关，其应能在吊笼与其他机械式停止装置（如缓冲器）接触前切断动力供应，使吊笼停止。

② 极限开关动作后，只有专业人员才能使吊笼恢复运动。

③ 极限开关与行程开关不应共用一个触发元件。

④ 极限开关应符合安全电气装置的要求。

⑤ 极限开关均应由吊笼或其相关部件的运动直接触发。

2. 安全装置联锁控制开关

当施工升降机出现不安全状态，触发安全装置联锁控制开关动作后，能及时切断电源或控制电路，使电动机停止运转。该类电气安全开关主要有防坠安全器安全开关、防松绳开关及门安全控制开关等。

（1）防坠安全器安全开关

防坠安全器动作时，设在安全器上的安全开关能立即将电动机的电路断开，制动器制动。

（2）防松绳开关

钢丝绳式施工升降机和对重的钢丝绳应设有放松绳装置，放松绳装置设有由相对伸长量控制的非自动复位型的防松绳开关。当钢丝绳出现的相对伸长量超过允许值或断绳时，该开关将切断控制电路，同时制动器制动，使吊笼停止运行。

（3）门安全控制开关

当施工升降机的各类门没有关闭时，施工升降机就不能启动；而当施工升降机在运行中把门打开时，施工升降机吊笼就会自动停止运行。该类电气安全开关主要有单行门、双行门、顶盖门和围栏门等安全开关。

6.2.2　电气安全装置

1. 安全触点

(1) 触点是指两个导体间可供电流通过的交接处或接触面。安全触点是指触点的动作，由断路装置将其可靠地断开，即使两触点熔接在一起也应断开的触点。

当所有触点的断开元件处于断开位置时，并且在有效行程内动触点和施加驱动力的驱动机构之间采用无弹性元件（如弹簧）施加作用力，即为触点得到了可靠断开。

(2) 安全触点的安全技术要求

1) 安全触点的设计应尽可能减少由于部件故障而引起的短路危险。

2) 安全触点的外界干扰防护符合施工升降机关于外界干扰防护的要求，并且其额定绝缘电压应至少为250V。在交流电路中，安全触点应符合《低压开关设备和控制设备第5-1部分：控制电路电器和开关元件机电式控制电路电器》GB 14048.5—2017中的AC-15，在直流电路中应符合《低压开关设备和控制设备第5-1部分：控制电路电器和开关元件机电式控制电路电器》GB 14048.5中的DC-13O。

3) 在机器供电系统的作用效果应符合施工升降机关于停机的要求。如果由于动力传输的原因，继电接触器被用于控制机器时，应视为直接控制机器的动力供应以使机器启动或停止。

2. 电气安全装置

(1) 电气安全装置是指当施工升降机出现不安全状态，立刻按停机功能的要求防止或立即停止机器运动的装置。

施工升降机要求超速安全装置动作、提升钢丝绳松绳、对重悬挂钢丝绳松绳、层门的关闭位置、层门锁的关闭位置、吊笼门的关闭位置、活动门或紧急出口锁闭位置、超载检测装置、提升钢丝绳异常伸长、安装用附件位置、停机装置、吊笼重新封围的接合位置的电气装置及极限开关、维护/检验开关及电气紧急开关应达到电气安全装置的要求。

(2) 电气安全装置安全技术要求

1) 电气安全装置应包括一个或多个安全触点或者一个安全回路。

该安全触点的动作应由短路装置将其可靠地断开即使两触点熔接在一起也应断开，应直接切断串联在电源回路中的两个独立的接触器或其继电器或向至少两个串联的独立电气装置供电切断下行方向阀实现液压式升降机引发向下运动的停机。

该安全回路是一个或多个安全触点串联的控制回路的一部分。

2) 正常作业时，任何电气设备都应不与电气安全触点并联。电动机启动时超载检测装置可桥接。

3）电气安全装置的控制元件在连续正常作业时产生的机械应力下，应功能正常。用简单的方法应不能使电气安全装置不起作用（用桥接件不算简单的方法）。

4）安全装置开关的安装应符合《机械安全与防护装置相关的联锁装置设计和选择原则》GB/T 18831—2017 的要求。

6.3 门锁

施工升降机的吊笼门、顶盖门、地面防护围栏门都装有机械电气安全装置。如有门未关闭或关闭不严，电气安全开关将不能闭合，吊笼不能启动工作；吊笼运行中，一旦门被打开，吊笼的控制电路也将被切断，吊笼停止运行。

6.3.1 围栏门的机械联锁装置

1. 围栏门的机械联锁装置的作用

围栏门应装有机械联锁装置，使围栏门只有在吊笼位于地面规定的位置时才能开启，且在门开启后吊笼不能启动，目的是为了防止在吊笼离开基础平台后，人员误入基础平台造成事故。

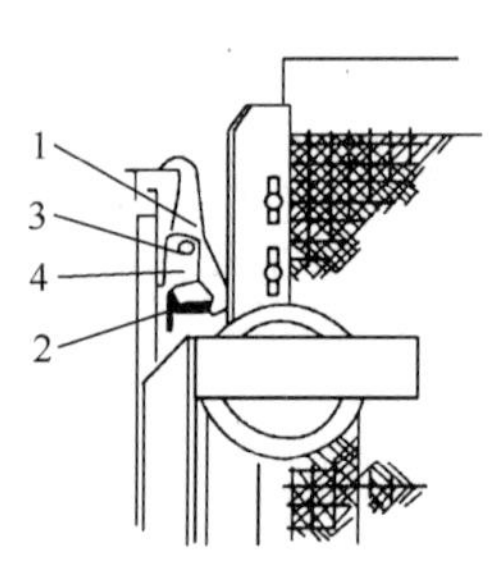

图 6-4　围栏门的机械联锁装置结构
1—机械锁钩；2—压簧；3—销轴；4—支座

2. 围栏门的机械联锁装置的结构

机械联锁装置的结构如图 6-4 所示，由机械锁钩、压簧、销轴和支座组成。整个装置安装在围栏门框上。当吊笼停靠在基础平台上时，吊笼上的开门挡板压着机械锁钩的尾部，机械锁钩就离开围栏门，此时围栏门才能打开，而当围栏门打开时，电气安全开关作用，吊笼就不能启动；当吊笼运行离开基础平台时，机械锁在压簧的作用下，机械锁钩扣住围栏门，围栏门就不能打开；如强行打开围栏门时，吊笼就会立即停止运行。

6.3.2 吊笼门的机械联锁装置

吊笼设有进料门和出料门，进料门一般为单门，出料门一般为双门，进出门均设有机械联锁装置。当吊笼位于地面规定的位置和停层位置时，吊笼门才能开启；进出门完全关闭后，吊笼才能启动运行。

如图 6-5 所示为吊笼进料门机械联锁装置，其由门上的挡块、门框上的机械锁钩、压簧、销轴和支座组成。当吊笼下降到地面时，施工升降机围栏上的开门压板压着机械锁钩的尾部，同时机械锁钩离开门上的挡块，此时门才能开启。当门关闭吊笼离地后，吊笼门框上的机械锁钩在压簧的作用下嵌入门上的挡块缺口内，吊笼门被锁住。如图 6-6 所示为吊笼出料门的机械联锁装置。

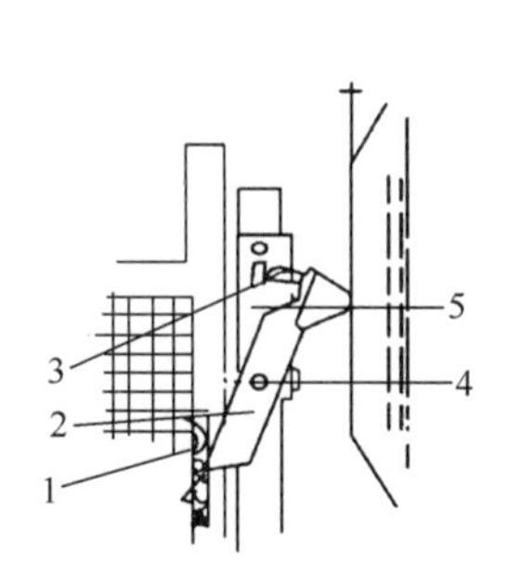

图 6-5　吊笼进料门机械联锁装置
1—挡块；2—机械锁钩；3—压簧；4—销轴；5—支座

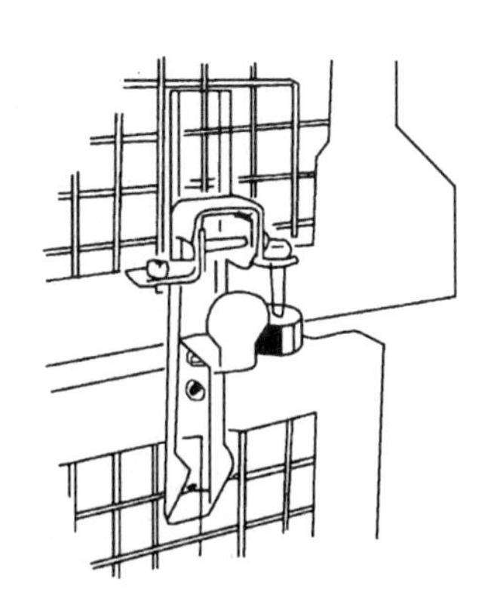

图 6-6　吊笼出料门机械联锁装置

1. 门锁装置安全技术要求

（1）全高度层门

1）正常作业工况下，吊笼底板离预定层站的垂直距离在±0.15m 以内时才能打开该层门，否则无法打开任何层门；只有在所有层门都在关闭位置时才能启动或保持吊笼的运行，但采用符合要求的再平层措施时除外。

2）当载有额定载重量的吊笼从额定速度开始制动，其最大制动距离大于 0.25m 时，则无法打开任何层门（除非吊笼停止在预定层站的±0.25m 以内），且无法在正常作业工况下启动或保持吊笼的运行（除非所有的层门处于关闭和锁紧位置）。紧急开锁：每个层门都应能用符合《电梯制造与安装安全规范》GB 7588—2003 附录 B 要求的钥匙从层站侧开锁。

（2）低高度层门

低高度层门应配备可核验其关闭和锁紧位置的联锁装置。该联锁装置的动作应在吊笼门口处控制。用简单的方法应不能干扰该联锁装置的动作。

只有所有层门都在关闭和锁紧位置时才能启动或保持吊笼的运行，但采用符合要求的再平层措施时除外。

2. 设计

（1）门锁装置中的电气接触器应是安全接触器。

（2）全高度层门配备的门锁装置以及所有相关的制动装置和电气接触器，其安装位置或防护应只能使专业人员在层站上易于接近。

（3）低高度层门配备的门锁装置，应只有借助工具才能使其电气安全装置不起作用。

（4）门锁装置应安装牢靠，固定件应有防松措施。

（5）门锁装置和固定件在锁紧位置应能承受 1kN 沿开门方向的力。门锁装置应可维护。不防粉尘或水的机械部件，其防护等级应不低于 IP44《外壳防护等级（IP）代码》GB/T 4208—2017。

（6）可拆式罩盖的拆除应不干涉任何锁紧机构或配线。所有可拆式罩盖应由紧固件固定。

（7）锁紧元件应借助弹簧或重力保持在锁定位置。若用弹簧，则应是压缩弹簧且有导向，弹簧失效不应导致锁紧不安全。

（8）只有在所有锁紧元件的接合长度不少于 7mm 时，吊笼才能保持运行。

（9）当打开全高度层门产生的间隙超过规定时，门锁装置中的电气接触器应能阻止吊笼运行。

（10）对于悬板式门锁装置，门关闭后，悬板应与门扇全宽度重叠，足以防止在进行制造商预定的维护时门被打开。

6.4 其他安全装置

6.4.1 缓冲器

1. 缓冲器的作用

缓冲器安装在施工升降机底架上，用以吸收下降的吊笼或对重的动能，起到缓冲作用。

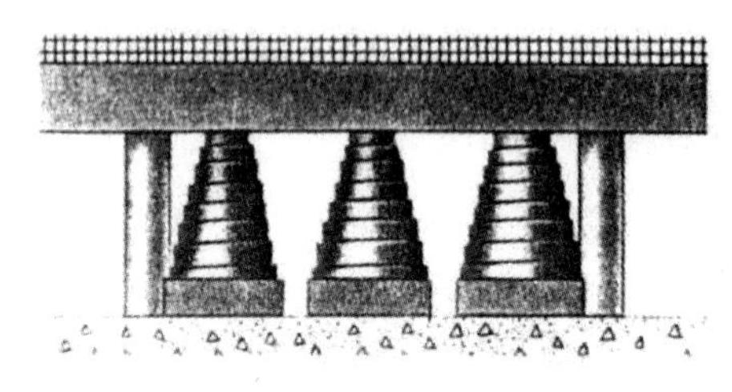
图 6-7 弹簧缓冲器

施工升降机的缓冲器主要使用弹簧缓冲器，如图 6-7 所示。

2. 缓冲器的安全要求

（1）应在吊笼和对重运行通道的最下方安装缓冲器。

（2）装有额定载重量的吊笼以大于额定速度 0.2m/s 的速度作用在缓冲器上时，吊笼的平均减速度应不大于 $1g$，减速度峰值大于 $2.5g$ 的时间应不大于 0.04s。

（3）使用液压缓冲器时，应提供检查油位的方法。应由电气安全开关监控液压缓冲器的动作，当液压缓冲器被压缩时，吊笼不能通过正常操作启动。

6.4.2 安全钩

1. 安全钩的作用

安全钩是防止吊笼倾翻的挡块，其作用是防止吊笼脱离导轨架或防坠安全器输出端齿轮脱离齿条，如图 6-8 所示。

2. 安全钩的基本构造

安全钩一般有整体浇铸和钢板加工两种。其结构分底板和钩体两部分，底板由螺栓固定在施工升降机吊笼的立柱上。

图 6-8　安全钩

3. 安全钩的安全技术要求

(1) 安全钩必须成对设置，在吊笼立柱上一般安装上、下两组安全钩，安装应牢固。

(2) 上面一组安全钩的安装位置必须低于最下方的驱动齿轮。

(3) 安全钩出现焊缝开裂、变形时，应及时更换。

6.4.3　齿条挡块

为避免施工升降机在运行或吊笼下坠时防坠安全器的齿轮与齿条啮合分离，施工升降机应采用齿条背轮和齿条挡块。在齿条背轮失效后，齿条挡块则成为最终的防护装置。

6.4.4　相序和断相保护器

电路应设有相序和断相保护器。当电路发生错相或断相时，保护器就能通过控制电路及时切断电动机电源，使施工升降机无法启动。

6.4.5　紧急断电开关

紧急断电开关简称急停开关，应装在司机容易控制的位置，采用非自动复位的红色按钮开关，在紧急情况下能及时切断电源。排除故障后，必须人工复位，以免误动作，确保安全。

6.4.6　信号通信装置

1. 信号装置

信号装置是一种由司机控制的音响或灯光显示装置，能足以使各层装卸物料的人员清晰听到或看到。常见的是在架体或吊笼上装设警铃或蜂鸣器，由司机操作鸣响开关，通知有关人员吊笼的运行状况。

2. 通信装置

当架体较高，吊笼停靠楼层较多，司机看不清作业及指挥人员信号时，应加设电气通信装置，该装置必须是一个闭路双向通信系统，司机应能与每楼层通话联系。一般是在楼层上装置呼叫按钮，由装卸物料的人员使用，司机可以清晰了解使用者的需求，并通过音响装置给予回复。

6.4.7 超载保护装置

超载保护装置是用于限制施工升降机超载运行的安全装置，常用的有电子传感器式、弹簧式和拉力环式三种。

1. 电子传感器式超载保护装置

如图 6-9 所示为施工升降机常用的电子传感器式超载保护装置，其工作原理是：当重量传感器得到因吊笼内载荷变化而产生的微弱信号，输入放大器，经 A/D 转换成数字信号，再将信号送到微处理器进行处理，将其结果与所设定的动作点进行比较，如果超过所设定的动作点，则继电器分别工作。当载荷达到额定载荷的 90%时，警示灯闪烁，报警器发出断续声响；当载荷接近或达到额定载荷的 110%时，报警器发出连续声响，此时吊笼不能启动。保护装置由于采用了数字显示方式，既可实时显示吊笼内的载荷值变化情况，还能及时发现超载报警点的偏离情况，及时进行调整。

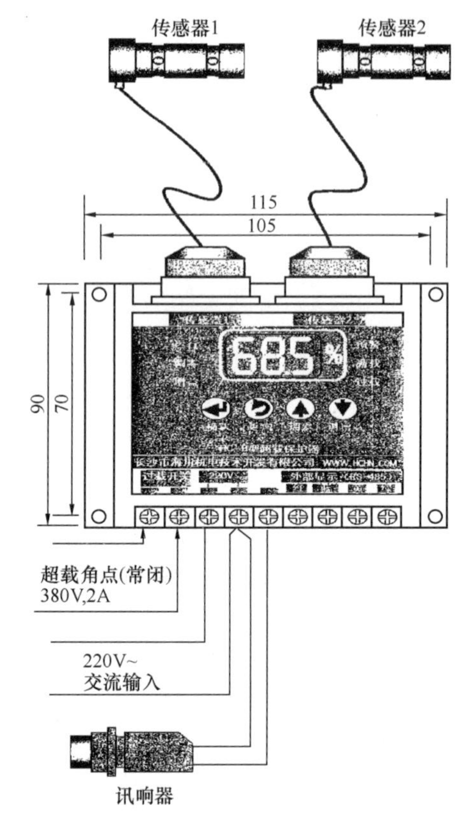

图 6-9 电子传感器式超载保护装置

2. 弹簧式超载保护装置

弹簧式超载保护装置安装在地面转向滑轮上。如图 6-10 所示为弹簧式超载保护装置结构示意图。超载保护装置由钢丝绳、转向滑轮、支架、弹簧和行程开关组成。当载荷达到额定载荷的 110%时，行程开关被压动，断开控制电路，使施工升降机停机，起到超载保护作用。其特点是结构简单、成本低，但可靠性较差，易产生误动作。

3. 拉力环式超载保护装置

如图 6-11 所示为拉力环式超载保护装置结构示意图。该超载限制器由弹簧钢片、微动开关和触发螺钉组成。

使用时将两端串入施工升降机吊笼提升钢丝绳中，当受到吊笼载荷重力时，拉力环立即变形，两块形变钢片向中间挤压，带动装在上边的微动开关和触发螺钉，当受力达到报警限制值时，其中一个开关动作；当拉力环继续增大，达到调节的超载限制值时，另一个开关也动作，断开电源，使吊笼不能启动。

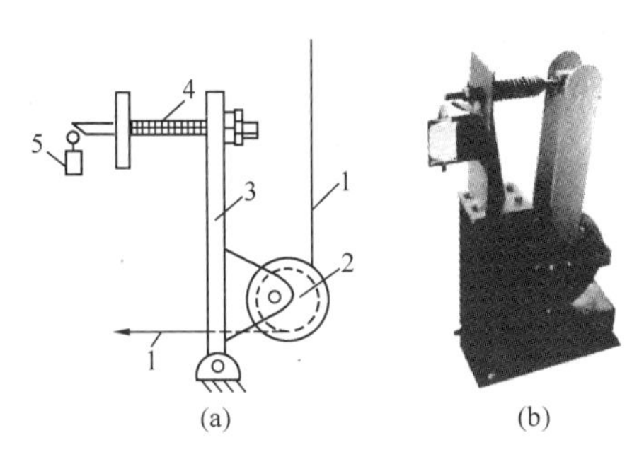

图 6-10　弹簧式超载保护装置结构示意图

1—钢丝绳；2—转向滑轮；3—支架；

4—弹簧；5—行程开关

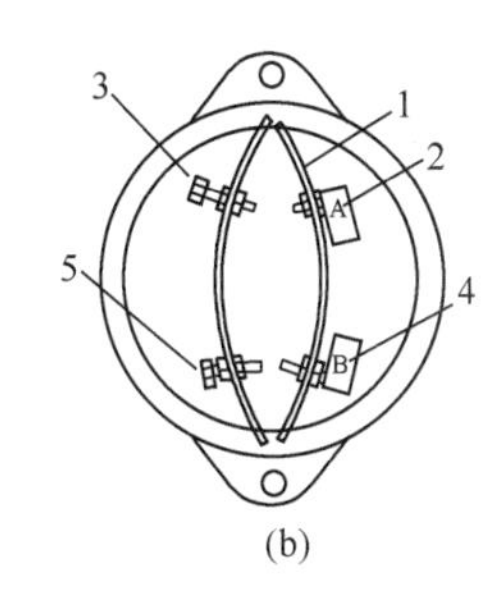

图 6-11　拉力环式超载保护装置结构示意图

1—弹簧钢片；2，4—微动开关；3，5—触发螺钉

4. 超载保护装置的安全要求

(1) 超载保护装置的显示器要防止淋雨受潮。

(2) 在安装、拆卸、使用、维护过程中应避免对超载保护装置的冲击和振动。

(3) 使用前应对超载保护装置进行调整，使用中发现设定的限定值出现偏差，应及时进行调整。

6.5　防护设施

6.5.1　警示标志

人货施工升降机要在围栏安全门口悬挂人数上限和限载警示牌，货用施工升降机进料口应悬挂禁止乘人标志（图 6-12）和限载警示标志。

6.5.2　电气防护

施工升降机应当采用 TN—S 接零保护系统，即工作零线（N 线）与保护零线（PE 线）分开设置的接零保护系统。

图 6-12　禁止乘人标志

1. 升降机的金属结构及电气设备

升降机的金属结构及所有电气设备的金属外壳应接地，其接地电阻不应大于 10 Ω。

2. 防雷装置

在相邻建筑物、构筑物的防雷装置保护范围以外的施工升降机应安装防雷装置。

(1) 防雷装置的冲击接地电阻值不得大于 30 Ω。

(2) 接闪器（避雷针）可采用长 1～2m、ϕ16mm 的镀锌圆钢。

(3) 升降机的架体可作为防雷装置的引下线，但必须有可靠的电气连接。

3. 重复接地

做防雷接地施工升降机上的电气设备，所连接的PE线必须同时做重复接地。

4. 接地电阻值要求

同一台施工升降机的重复接地和防雷接地可共用同一接地体，但接地电阻应符合重复接地电阻值的要求。

5. 接地体

接地体可分为自然接地体和人工接地体两种：

(1) 自然接地体是指原已埋入地下并可兼做接地用的金属物体。如原已埋入地中的直接与地接触的钢筋混凝土基础中的钢筋结构、金属井管、非燃气金属管道等，均可作为自然接地体。利用自然接地体，应保证其电气连接和热稳定。

(2) 人工接地体是指人为埋入地中直接与地接触的金属物体。用作人工接地体的金属材料通常可以采用圆钢、钢管、角钢、扁钢及其焊接件，但不得采用螺纹钢和铝材。

6.5.3 消防措施

施工升降机驾驶室应配备符合消防电气火灾的灭火器，一般为二氧化碳或干粉灭火器。当施工升降机发生火灾时，应立即停止运行并切断电源，打开灭火器进行灭火。

1. 二氧化碳灭火器的使用方法

先拔出保险销，再压合压把，将喷嘴对准火焰根部喷射。使用时，尽量防止皮肤因直接接触喷筒和喷射胶管而造成冻伤。

2. 干粉灭火器的使用方法

与二氧化碳灭火器的使用方法基本相同。但应注意的是，干粉灭火器在使用前要颠倒几次，使桶内的干粉松动。

7 施工升降机的安装与拆卸

7.1 施工升降机安装与拆卸的管理

7.1.1 施工升降机安装与拆卸的基本条件

1. 安装单位和人员的条件

(1) 从事施工升降机安装、拆卸活动的单位应当依法取得建设主管部门颁发的起重设备安装工程专业承包资质和建筑施工企业安全生产许可证，并在其资质许可范围内承揽建筑起重机械安装工程。

(2) 施工升降机安装、拆卸项目应配备与承担项目相适应的专业安装作业人员以及专业安装技术人员。专业安装作业人员如安装拆卸工、起重指挥、电工等人员应当年满18周岁，具备初中以上的文化程度，经过专门培训，并经建设主管部门考核合格，取得"建筑施工特种作业人员操作资格证书"。

(3) 施工升降机使用单位应与安装单位签订施工升降机安装、拆卸合同，明确双方的安全生产责任；实行施工总承包的，施工总承包单位应当与安装单位签订施工升降机安装、拆卸工程安全协议书。

(4) 进行施工升降机安装作业前，安装单位应编制施工升降机安装、拆卸工程专项施工方案，由安装单位技术负责人批准后，报送施工总承包单位或使用单位、监理单位审核，并告知工程所在地县级以上建设行政主管部门。

(5) 利用辅助起重设备安装、拆卸施工升降机时，应对辅助设备设置位置、锚固方法和基础承载能力等进行设计和验算。

(6) 施工升降机安装、拆卸工程专项施工方案应根据产品使用说明书的要求、作业场地及周边环境的实际情况、施工升降机使用要求等编制。当安装、拆卸过程中专项施工方案发生变更时，应按程序重新对方案进行审批，未经审批不得继续进行安装、拆卸作业。

(7) 在装拆前装拆人员应分工明确，每个人应熟悉各自的操作工艺和使用的工具、器械，装拆过程中应各就各位，各负其责，对主要岗位应在技术交底中明确具体人员的工作范围和职责。

(8) 装拆作业总负责人应全面负责和指挥装拆作业，在作业过程中应在现场协调、监督地面与空中装拆人员的作业情况，并严格执行装拆方案。

2. 施工升降机的技术条件

(1) 施工升降机生产厂家必须持有国家颁发的特种设备制造许可证。

(2) 施工升降机应当有监督检验证明、出厂合格证和产品设计文件、安装及使用维修说明、有关型式试验合格证明等文件，并已在产权单位工商注册所在地县级以上建设主管部门备案登记。

(3) 应有配件目录及必要的专用随机工具。

(4) 对于购入的旧施工升降机应有两年内完整运行记录及维修、改造资料。

(5) 对改造、大修的施工升降机要有出厂检验合格证、监督检验证明。

(6) 施工升降机的各种安全装置、仪器仪表必须齐全和灵敏可靠。

(7) 有下列情形之一的施工升降机，不得出租、安装和使用：

1) 属国家明令淘汰或者禁止使用的。

2) 超过安全技术标准或者制造厂家规定的使用年限的。

3) 经检验达不到安全技术标准规定的。

4) 无完整安全技术档案的。

5) 无齐全有效的安全保护装置的。

3. 环境和作业条件

(1) 环境温度应当为－20～40 ℃。

(2) 安装、拆卸、加节或降节作业时，最大安装高度处的风速不应大于 13m/s；当有特殊要求时，按用户和制造厂的协议执行。

(3) 遇有工作电压波动大于±5%时，应停止安装、拆卸作业。

(4) 遇有雨、大雪、大雾等影响安全作业的恶劣气候时，应停止安装、拆卸作业。

(5) 作业空间的外沿与外电线路的距离应符合最小安全距离的规定，达不到要求的应进行防护。

(6) 安装拆卸作业范围应设置警戒线及明显的警示标志。非作业人员不得进入警戒范围。任何人不得在悬吊物下方行走或停留。安装单位的专业技术人员、专职安全生产管理人员应进行现场监督。

4. 辅助起重设备和机具条件

安拆现场须有满足吊装需要的 8 t 以上汽车起重机或满足最大吊重的塔机 1 台，校验合格的经纬仪、水准仪各 1 台。

7.1.2 施工升降机安装与拆卸的管理制度

1. 施工升降机安装单位应当建立的管理制度

(1) 安装拆卸施工升降机现场勘察、编制任务书制度。

(2) 安装、拆卸方案的编制、审核、审批制度。

（3）基础验收制度。

（4）施工升降机安装拆卸前的零部件检查制度。

（5）安全技术交底制度。

（6）安装过程中及安装完毕后的质量验收制度。

（7）技术文件档案管理制度。

（8）作业人员安全技术培训制度。

（9）事故报告和调查处理制度。

2. 安装单位必须建立的岗位责任制

岗位责任制应明确施工升降机安装、拆卸的主管人员、技术人员、机械管理人员、安全管理人员和施工升降机安装拆卸工、司机、起重司索信号工、建筑电工等在安装拆卸施工升降机工作中的岗位职责。

7.1.3 安装拆卸人员操作规程

为有效保证作业规范、安全，安装单位必须制定安装拆卸人员操作规程并不断完善，主要内容应当包括：

（1）必须对所使用的辅助起重设备和工具的性能和安全操作规程有全面了解，并进行认真的检查，合格后方准使用。

（2）在安装、拆卸作业前，应认真阅读使用说明书和安装拆卸方案，熟悉装拆工艺和程序，掌握零部件的重量和吊点位置。作业过程中应按施工安全技术交底内容进行作业，严禁擅自改动安装拆卸程序。

（3）施工升降机安装、拆卸作业必须在指定的专门指挥人员的指挥下作业，其他人不得发出指挥信号。危险部位安装时应采取可靠的防护措施。当视线阻隔和距离过远等致使指挥信号传递困难时，应采用对讲机或多级指挥等有效的措施进行指挥。

（4）进入现场的安装作业人员应佩戴安全防护用品，高处作业人员应系安全带，穿防滑鞋。

（5）严禁安装作业人员带病或酒后作业。

（6）当遇大雨、大雪、大雾或风速大于13m/s等恶劣天气时，应停止安装作业。

（7）电气设备安装应按施工升降机使用说明书的规定进行，安装用电应符合现行行业标准《施工现场临时用电安全技术规范（附条文说明）》JGJ 46—2005的规定。

（8）施工升降机金属结构和电气设备金属外壳均应作保护接零，其末端开关箱接地电阻不应大于10Ω。

（9）安装时应确保施工升降机运行通道内无障碍物。

（10）安装作业时必须将加节按钮盒或操作盒移至吊笼顶部操作。当导轨架或附墙架上有人员作业时，严禁开动施工升降机。

（11）在吊笼顶部作业前应确保吊笼顶部护栏齐全完好。

（12）对各个安装部件的连接件，必须按规定安装齐全，固定牢固，并在安装后做详细检查。螺栓紧固有预必须使用力矩扳手或专用扳手。

（13）安装作业时严禁以投掷的方法传递工具和器材。

（14）吊笼顶上所有的零件和工具应放置平稳，不得超出安全护栏。

（15）安装、拆卸时不要倾靠在吊笼顶安全护栏上，防止施工升降机启动时出现危险。

（16）安装作业过程中安装作业人员和工具等总载荷不得超过施工升降机的额定安装载重量。

（17）安装吊杆上有悬挂物时，严禁开动施工升降机，严禁超载使用安装吊杆。

（18）层站应为独立受力体系，不得搭设在施工升降机附墙架的立杆上。

（19）当需要安装导轨架加厚标准节时，应确保普通标准节和加厚标准节的安装部位正确，不得使用普通标准节替代加厚标准节。

（20）导轨架安装时，应对施工升降机导轨架的垂直度进行测量校准。施工升降机导轨架安装垂直度偏差应符合使用说明书和表 7-1 的规定。

安装垂直度偏差 **表 7-1**

导轨架架设高度 h（m）	$h \leqslant 70$	$70 < h \leqslant 100$	$100 < h \leqslant 150$	$150 < h \leqslant 200$	$h > 200$
垂直度偏差（mm）	不大于（1/1 000）h	$\leqslant 70$	$\leqslant 90$	$\leqslant 110$	$\leqslant 130$
	对钢丝绳式施工升降机，垂直度偏差不大于（1.5/1 000）h				

（21）接高导轨架标准节时，应按使用说明书规定进行附墙连接；在拆卸导轨架过程中，不允许提前拆卸附墙架。

（22）每次加节完毕后，应对施工升降机导轨架的垂直度进行校正，且应按规定及时重新设置行程限位和极限限位，经验收合格后方能运行。

（23）连接件和连接件之间的防松防脱件应符合使用说明书的规定，不得用其他物件代替。对有预紧力要求的连接螺栓，应使用扭力扳手或专用工具，按规定的拧紧次序将螺栓准确地紧固到规定的扭矩值。安装标准节连接螺栓时，宜螺杆在下，螺母在上。

（24）施工升降机最外侧边缘与外面架空输电线路的边线之间，应保持安全操作距离。最小安全操作距离应符合表 7-2 的规定。

最小安全操作距离 **表 7-2**

外电线电路电压（kV）)	<1	1～10	35～110	220	330～500
最小安全操作距离（m）	4	6	8	10	15

（25）当发现故障或危及安全的情况时，应立刻停止安装作业，采取必要的安全防

护措施，应设置警示标志并报告技术负责人。在故障或危险情况未排除之前，不得继续安装作业。

（26）当遇意外情况不能继续安装作业时，应使已安装的部件达到稳定状态并固定牢靠，经确认合格后方能停止作业。作业人员下班离岗时，应采取必要的防护措施，并应设置明显的警示标志。

（27）安装完毕后应拆除为施工升降机安装作业而设置的所有临时设施，清理施工场地上作业时所用的索具、工具、辅助用具、各种零配件和杂物等。

（28）安全器坠落试验时，吊笼内不允许载人。

（29）钢丝绳式施工升降机的安装还应符合下列规定：

1）卷扬机应安装在平整、坚实的地点，且应符合使用说明书的要求。

2）卷扬机、曳引机应按使用说明书的要求固定牢靠。

3）应按规定配备防坠安全装置。

4）卷扬机卷筒、滑轮、曳引轮等应有防脱绳装置。

5）每天使用前应检查卷扬机制动器，动作应正常。

6）卷扬机卷筒与导向滑轮中心线应垂直对正，钢丝绳出绳偏角大于2°时应设置排绳器。

7）卷扬机的传动部位应安装牢固的防护罩。卷扬机卷筒旋转方向应与操纵开关上指示方向一致。卷扬机钢丝绳在地面上运行区域内应有相应的安全保护措施。

7.1.4 施工升降机安装与拆卸施工方案

1. 安装拆卸专项施工方案的编制

（1）编制安装拆卸方案的依据

1）施工升降机使用说明书。

2）国家、行业、地方有关施工升降机的法规、标准、规范等。

3）安装拆卸现场的实际情况，包括场地、道路、环境等。

（2）安装拆卸工程专项方案的内容

1）工程概况。

2）编制依据。

3）作业人员组织和职责。

4）施工升降机安装位置平面图、立面图和安装作业范围平面图。

5）对施工升降机基础的外形尺寸、技术要求以及地基承载能力（地耐力）等要求。

6）施工升降机技术参数、主要零部件外形尺寸和重量及吊点位置。

7）辅助起重设备的种类、型号、性能及位置安排。

8）吊索具的配置、安装与拆卸工具及仪器。

9）必要的计算资料。

10）详细的安装、拆卸步骤与方法，包括每一程序的作业要点、安装拆卸方法、安全、质量控制措施及主要安装拆卸难点。

11）安全技术措施。

12）重大危险源及事故应急预案。

2. 方案的审批

施工升降机的安装拆卸方案应当由安装单位技术部门组织本单位施工技术、安全、质量等部门的专业技术人员进行审核。经审核合格的，由安装单位技术负责人签字。

（1）一般的专项方案，安装单位审核合格后报监理单位，由项目总监理工程师审核签字。

（2）须专家论证的专项方案，安装单位应当组织召开专家论证会。实行施工总承包的，由施工总承包单位组织召开专家论证会。安装单位应当根据论证报告修改完善专项方案，并经安装单位技术负责人、总承包单位技术负责人、项目总监理工程师、建设单位项目负责人签字后，方可组织实施。

3. 技术交底

（1）安装作业前，安装单位技术人员应根据安装拆卸施工方案和使用说明书的要求向全体安装人员进行安全技术交底，重点明确每个作业人员所承担的装拆任务和职责以及与其他人员配合的要求，特别强调有关安全注意事项及安全措施，使作业人员了解装拆作业的全过程、进度安排及具体要求，增强安全意识，严格按照安全措施的要求进行工作。交底应包括以下内容：

1）施工升降机的性能参数。

2）安装、附着及拆卸的程序和方法。

3）各部件的连接形式、连接件尺寸及连接要求。

4）安装拆卸部件的重量、重心和吊点位置。

5）使用的辅助设备、机具、吊索具的性能及操作要求。

6）作业中安全操作措施。

7）其他需要交底的内容。

交底必须由安装作业人员在交底书上签字，不得代签。在施工期限内，交底书应留存备查。

（2）档案留存

在施工升降机使用期限内，非标准构件的设计计算书、图纸和施工升降机安装工程专项施工方案及相关资料应在工地存档。

7.2　施工升降机的安装

7.2.1　施工升降机安装前的检查

1. 地基基础的复核

（1）施工升降机地基、基础应满足产品使用说明书要求。对基础设置在地下室顶板、楼面或其他下部悬空结构上的施工升降机，应对基础支撑结构进行承载力验算。施工升降机安装前应按表 7-3 对基础进行验收，合格后方能安装。

施工升降机基础验收表　　表 7-3

工程名称		工程地址	
使用单位		安装单位	
设备型号		备案登记号	
序号	检查项目	检查结论（合格√、不合格×）	备注
1	地基承载力		
2	基础尺寸偏差（长×宽×厚）（mm）		
3	基础混凝土强度报告		
4	基础表面平整度		
5	基础顶部标高偏差（mm）		
6	预埋螺栓、预埋件位置偏差（mm）		
7	基础周边排水措施		
8	基础周边与架空输电线安全距离		
其他需说明的内容：			
总承包单位		参加人员签字	
使用单位		参加人员签字	
安装单位		参加人员签字	
监理单位		参加人员签字	
验收结论： 施工总承包单位（盖章）： 年　月　日			

注：对不符合要求的项目应在备注栏具体说明，对要求量化的参数应填实测值。

（2）安装作业前，安装单位应根据施工升降机基础验收表、隐蔽工程验收单和混凝土强度报告等相关资料，确认所安装的施工升降机和辅助起重设备的基础、地基承载力、预埋件、基础排水措施等是否符合施工升降机安装、拆卸工程专项施工方案的要求。

2. 附墙架及附着点的检查

（1）施工升降机的附墙架形式、附着高度、垂直间距、附着点水平距离、附墙架与水平面之间的夹角、导轨架自由端高度和导轨架与主体结构间水平距离等均应符合使用说明书的要求。

（2）附墙架附着点处的建筑结构承载力应满足施工升降机产品使用说明书的要求，预埋件应可靠地预埋在建筑物结构上。

（3）当附墙架不能满足施工现场要求时，应对附墙架另行设计。附墙架的设计应满足构件刚度、强度、稳定性等要求，制作应满足设计要求。

3. 结构件及零部件的核查

安装前应检查施工升降机的导轨架、吊笼、围栏、天轮、附墙架等结构件是否完好、配套，螺栓、轴销、开口销等零部件的种类和数量是否齐全、完好。对有可见裂纹的构件应进行修复或更换，对有严重锈蚀、严重磨损、整体或局部变形的构件必须进行更换，直至符合产品标准的有关规定后方能进行安装。

4. 其他方面的检查

（1）检查安全装置是否齐全、完好，防坠安全器应在一年有效标定期内使用，超载保护装置在载荷达到额定载重量的110％前应能中止吊笼启动，在齿轮齿条式载人施工升降机载荷达到额定载重量的90％时应能给出报警信号。

（2）检查导轨架、撑杆、扣件等构件的插口销轴、销轴孔部位的除锈和润滑情况，确保各部件涂油防锈，滚动部件润滑充分、转动灵活。

（3）检查安装作业所需的专用电源的配电箱、辅助起重设备、吊索具和工具，确保满足施工升降机的安装需求。

（4）基础预埋件、连接构件的设计、制作应符合使用说明书的要求。

所有项目检查完毕，全部验收合格后，方可进行施工升降机的安装。

7.2.2 施工升降机安装工艺流程

施工升降机主要有SC型和SS型两种类型。施工升降机由于构造及驱动方式不同，安装流程及方法也各不相同。这里介绍的是常用施工升降机的安装。

1. SC型施工升降机安装的一般工艺流程

基础施工→安装基础底架→安装3～4节导轨架→安装吊笼→安装吊杆→安装对重→安装围栏→安装电气系统→加高至5～6节导轨架并安装第一道附墙装置→试车→安装导轨架、附墙装置和电缆导向装置→安装天轮和对重钢丝绳→调试、自检、验收。

2. SS型施工升降机安装的一般工艺流程

基础施工→安装基础底架→安装架体基础节和第一个标准节→安装吊笼→安装吊

杆→安装上部架体→安装附墙装置→安装天梁→安装起升机构→安装电气系统→穿绳→调试、自检、验收。

7.2.3 SC型施工升降机的安装程序和要求

1. 安装基础底架和导轨架

（1）将基础底架吊运到已施工好的混凝土基础平面上，安装与基础底架连接的4个螺栓，但暂不拧紧，如图7-1所示。

（2）如图7-2所示，用钢垫片插入基础底架和混凝土基础之间1、2、3、4位置，以调整基础底架的水平度（用水准仪校正），然后用较小的力矩拧紧连接螺栓。

（3）安装底座节及3～4节导轨架，将其吊装到预埋基础底架的导轨架底座上，并在安装缓冲弹簧座及缓冲弹簧后，用螺栓将导轨架与预埋基础底架连接紧固，螺栓预紧力矩应符合说明书要求。

（4）用经纬仪在两个方向检查导轨架的垂直度，要求导轨架的垂直度误差≤1/1000。当导轨架的垂直度满足要求后，应在图7-2的5、6位置，用钢板垫片垫实。进一步拧紧基础底架与混凝土基础内的连接螺栓，预紧力须达到说明书要求。

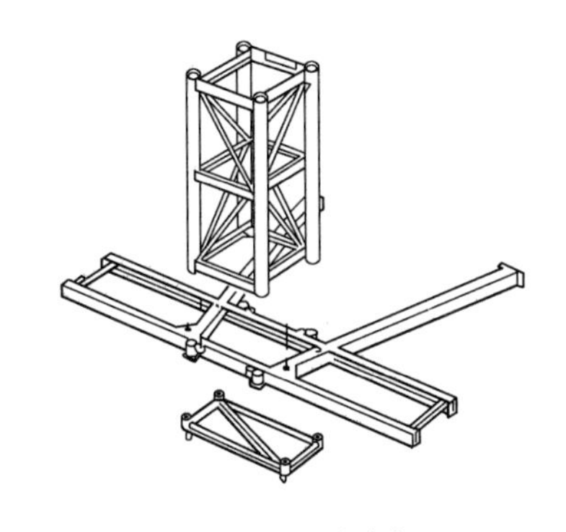

图7-1 基础底架

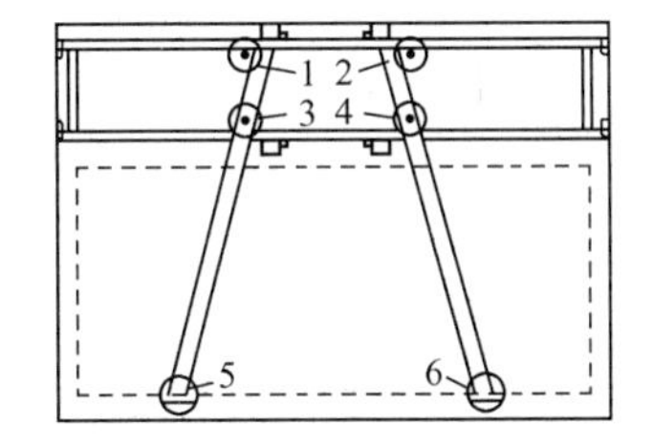

图7-2 基础底架调整示意图
1，2，3，4—底架水平调整垫片位置；
5，6—导轨架垂直度调整垫片位置

（5）安装吊笼和对重体的缓冲装置（无对重施工升降机不安装对重缓冲装置）。将吊笼和对重体的缓冲弹簧座用螺栓固定在底盘槽钢上，然后装上缓冲弹簧。

2. 安装吊笼

（1）用辅助起重设备将吊笼吊起，吊笼底部到达导轨架顶部时，将导向滚轮对准导轨架主弦杆缓慢落下。安装时注意吊笼双门一侧应朝向建筑物。将吊笼缓缓放置于缓冲弹簧上，并适当用木块垫稳。然后吊装另外一个吊笼。吊笼安装完毕后，将吊笼顶部的防护栏杆安装好。如图7-3所示，为吊笼安装后示意图。

（2）安装驱动装置

将驱动装置上的电机制动器拉手撬松，并用楔块垫实，如图7-4所示，然后用辅助起重设备将驱动装置吊起，将驱动装置的导向滚轮对准导轨架缓慢落下，驱动板架下边的连接耳板与相对应的吊笼耳叉对接好，然后将装有缓冲套的连接套装于吊笼耳叉内，最后安装销轴并穿开口销，开口销充分张开。

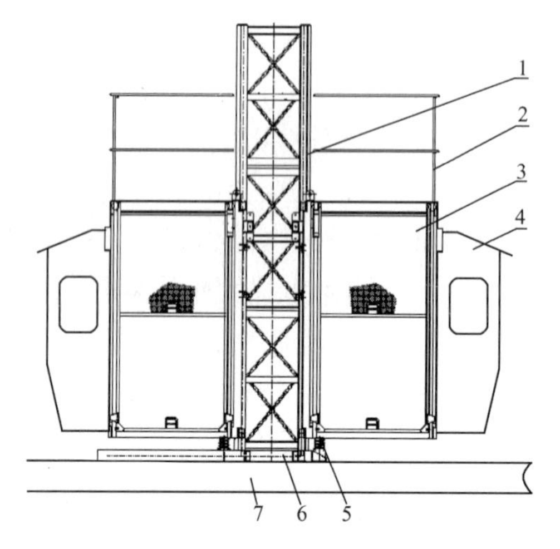

图 7-3 吊笼安装后示意图

1—导轨架；2—防护栏杆；3—吊笼；4—司机室；5—缓冲装置；6—护栏底盘；7—混凝土基础

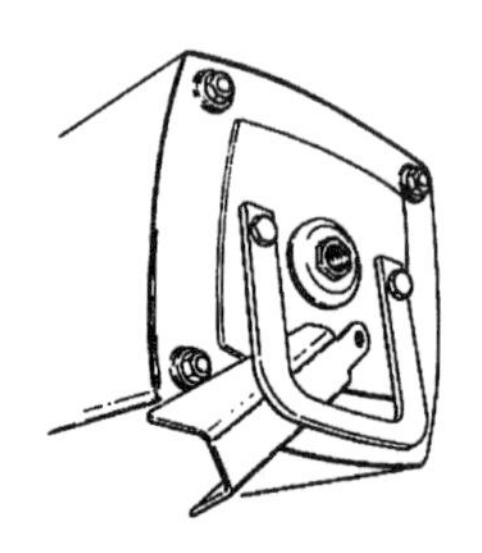

图 7-4 松开制动器

（3）调整背轮和各导向滚轮的偏心距及位置，并应符合下列要求：

1）导向滚轮与导轨架立柱管的间隙为 0.5mm。

2）调整背轮，使传动齿轮和齿条的啮合侧隙为 0.2～0.5mm。

3）沿齿高接触长度不少于 40%。

4）沿齿长接触长度不少于 50%。

5）防坠安全器齿轮、传动齿轮和背轮方向的中心平面处于齿条厚度方向的中间位置。

（4）解除楔块使电机制动器复位（如采用拧紧“制动器松闸拉手”上两螺母的作业法来松开制动器的，须将这两螺母退回至开口销处，以免影响“自动跟踪装置”的功能）。

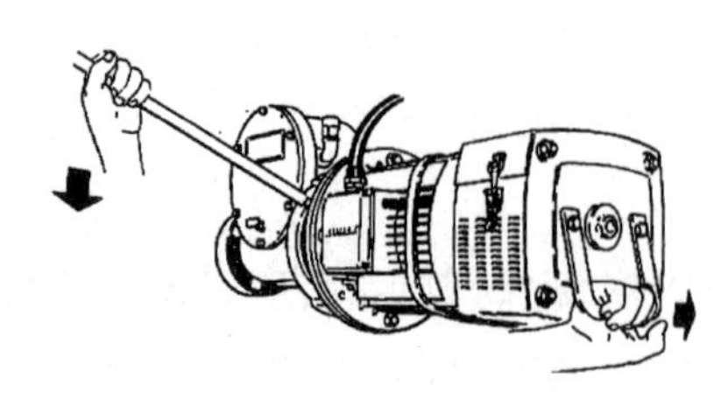

图 7-5 手动撬动作业法

（5）手动撬动作业法升降吊笼

因限位调整不当、负荷太重、制动器磨损造成制动力矩不足，使吊笼触动下极限开关，而造成主电源被切断，或者吊笼在运行过程中因长期断电而滞留在空中时，可通过手动撬动作业法使吊笼在断电的情况下上升或下降，如图 7-5 所示。

1）查清原因，排除故障。

2）取下减速器与电机之间联轴器检查罩。

3）将摇把插入联轴器的孔中，提起制动器尾部的松脱手柄，下压摇把吊笼上升，反之则下降。注意每撬动一次后要使电机恢复制动，要使吊笼下滑只需提起制动器尾部的手柄，注意一定要间断进行，以防下滑速度过快使安全器动作。

4）在手动撬棒上升/下降吊笼的同时，应检查吊笼在导轨架上的运动情况，随时调整各导向滚轮的偏心轴，使各导向滚轮随着吊笼的上下运动均应能正常转动。

3. 安装吊杆

将推力球轴承加注润滑油后安装在吊杆底部，用辅助起重设备将吊杆吊起放入吊笼顶部的安装孔内。在吊笼内将向心球轴承安装在吊杆下部的安装孔内，并用垫圈和螺栓固定。吊杆不使用时，应将吊钩钩住吊笼顶部的栏杆使其固定。

4. 安装对重

对于有对重的施工升降机，必须在导轨架加高前将对重吊装就位在导轨架上。

（1）使用辅助起重设备将对重吊起，对重下部的导向滚轮对准导轨缓慢落下，将对重放在已安装好的对重缓冲装置上。应确保每个导向滚轮转动灵活。调整对重导轨的上下各四件导向滚轮的偏心轴，使各对导向滚轮与立柱管的总间隙不大于1mm。

（2）对于双笼带对重的施工升降机，且对重导轨采用可拆式的，则在安装对重装置前，须将对重导轨用螺栓和压板分别紧固至已竖起的导轨架上。对重导轨的安装应符合下列要求：

1）对重导轨在导轨架的位置须中心对称。

2）对重导轨下端部与导轨架端部要严格齐平。

3）调整对重导轨接头，使对重导轨相互间的连接处平直，相互错位形成的阶差应不大于0.5mm。

（3）对单吊笼施工升降机，对重导轨以吊笼对面的导轨架立柱管为导轨。

5. 安装围栏

在基础底架周围安装围栏前护网、门框（连同直拉门）、侧护网及后护网、围栏门对重一致。

（1）安装围栏前护网

将前护网放到升降机前边的基础上，用螺栓将前护网的下部与围栏底盘连接牢固。然后将可调长连接杆的一端与导轨架用U形螺栓固定，另一端的连接耳板与前护网的上部角钢用螺栓固定，如图7-6所示。

（2）安装围栏门框

将围栏门框吊放到前护网的侧面（一般情况下出厂时围栏门已安装到围栏门框内），注意左右门框的方向不要搞错，用螺栓将门框与前护网连接固定。再用同样方法安装另外一个门框。

（3）安装侧护网及后护网

依次安装侧护网和后护网，有吊杆吊笼侧的两件侧护网应与围栏底盘连接固定，另

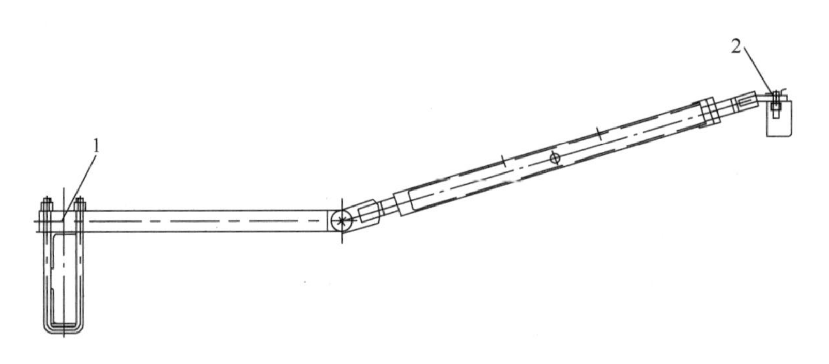

图 7-6　可调长连接杆

1—与导轨架连接；2—与前护网连接

一侧用连接杆相连。护网之间用螺栓连接牢固，后护网上方用连接杆与导轨架连接固定。

（4）安装围栏门对重

先分别安装门对重导轨，外边门对重导轨上边与门框导轨角钢连接，下边与侧护网连接。靠近前护网侧对重导轨上边与门框导轨角钢连接，下边用螺栓与围栏底盘槽钢连接。然后安装对重体，钢丝绳的长度应调整到保证围栏门开启高度不小于 1.8m。

6. 安装电气系统

（1）安装电缆

施工升降机所用电缆应为五芯电缆，所用规格应合理选择，即应保证升降机满载运行时电压波动不得大于 5%。

1）将电缆筒放至围栏基础底架上的安装位置，并用螺栓固定。

2）将地面电源箱安装到围栏的前墙板上，并用螺栓固定。

3）将随行电缆以自由状态，按略小于电缆桶直径的圆圈，一圈一圈均匀地盘入电缆筒内，如图 7-7 所示。过程中电缆不能扭结和打扣。

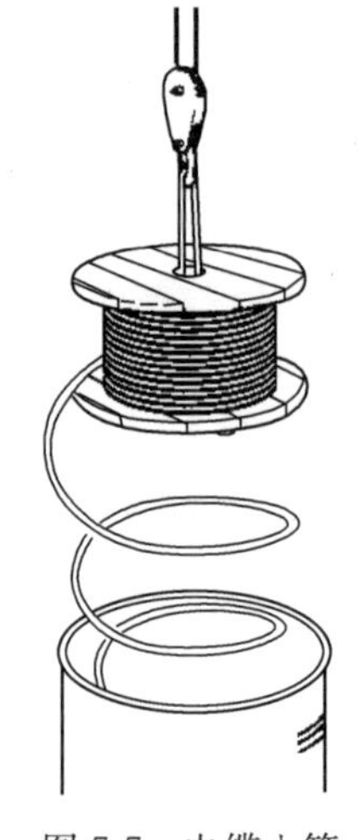

图 7-7　电缆入筒

4）将电缆进线架用螺栓紧固到吊笼上的安装位置，使其与电缆筒的位置相对应。

5）从电缆筒口拉出电缆的一端，通过电缆进线架，接到安装在传动底板上的电源极限开关的端子上。

6）从电缆筒底部拉出电缆的另一端，连接到地面电源箱内的端子上。

7）从施工现场供电箱引出供电电缆，接至地面电源箱的端子上。

（2）电气系统检查

1）施工升降机结构、电机及电气设备的金属外壳均应接地，接地电阻不得超过 4Ω；用兆欧表测量电动机及电气元件对地绝缘电阻不得小于1MΩ。

2）吊笼内的电气系统及安全保护装置出厂时一般已安装完毕，但仍须做必要的检查。检查包括围栏门限位开关，吊笼门限位开关，吊笼顶门限位开关，上、下限位开关，电源极限开关及松绳保护开关等安全控制开关，均应能反应灵敏，启闭自如。

3）校核电动机接线、吊笼上下运行方向应与司机室内操纵台面板上所示一致，各按钮动作必须准确无误。检查完毕后，升降机可进入自行安装工况。

4）带对重升降机安装时，因不挂对重，所以应将松绳保护开关锁住。

7. 安装下限位挡块

（1）用钩头螺栓将下限位挡块和下极限限位挡块安装在导轨架下部的适当位置，首先调整下极限挡块，保证在正常工作状态下极限开关动作后笼底不接触缓冲弹簧。

（2）注意极限限位为手动复位型，动作后必须手动复位。

（3）调整下限位挡块，要求下限位开关挡板的安装位置应保证吊笼以额定载重量下降时，触板触发该开关可使吊笼制停，此时触板离下极限开关还应有一定的距离，具体位置以吊笼内底面与门槛上平面持平为准。

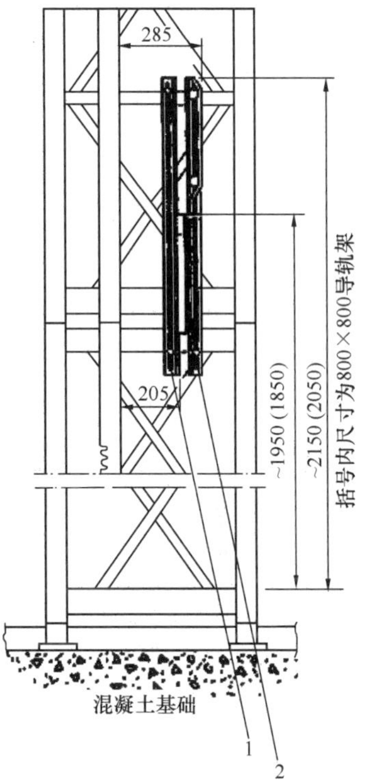

图7-8　下限位开关挡板
1—下极限开关挡板；
2—下限位开关挡板

按吊笼传动机构底板上各限位开关的实际位置，安装各挡板，调整导轨架底部下极限限位及下限位开关的挡板，如图7-8所示。

（4）下限位挡板应完好、安装牢固。

8. 加高至5～6节导轨架

当完成上述基本部分的安装并进行检查后，即可进行加节接高至5～6节导轨架。如果现场条件允许，可在地面将导轨架用高强度螺栓按规定力矩连接，借用辅助起重设备将接好的导轨架起吊安装就位，可大大提高工作效率；如不能借用辅助设备，安装人员可操作施工升降机本身的吊杆进行接高作业。

升降机加高过程当中，要按照所安装升降机的要求间隔距离安装附着装置，安装导轨架和附着装置应同时进行。

9. 吊笼升降试车

在施工升降机完成上述的安装程序后，进行吊笼升降试车。由于上限位挡板尚未安装，操作时必须谨慎，试车应在吊笼顶部用顶部控制装置操作，防止吊笼冒顶。

（1）接通电源，使空载吊笼沿着导轨架上、下运行数次，行程高度不得大于5m。要求吊笼运行平稳，无跳动、异响等故障；制动器工作正常；检查各导向滚轮与导轨架的接触情况、齿轮齿条的啮合情况等，均应符合规定的要求。

（2）空载试车一切正常后，在吊笼内装入额定载重量的载荷，进行带载运行试车，操作方法同上，并检查电动机、减速器的发热情况。

10. 导轨架的加高安装

当升降机基本部分安装结束并试车符合要求后，即可加高导轨架。可借用辅助起重设备将导轨架起吊安装就位，也可操作施工升降机本身的吊杆进行接高作业。利用吊杆加高导轨架可按以下程序和要求进行：

（1）须将吊杆按钮盒的电源进线连接至吊笼上电气控制箱的接线端子上，电源出线接至吊杆电动机的接线端子上。

（2）对于有驾驶室的施工升降机，须将加节按钮盒接线插头插至驾驶室操纵箱的相应插座上，并将操纵箱上的控制旋钮旋到加节位置。加节按钮盒应置于吊笼顶部。

（3）对无驾驶室的升降机，须将吊笼内操作盒移至吊笼顶部。

（4）在吊笼顶部操作安装吊杆，放下吊钩，吊起一节导轨架放置在吊笼顶部（每次在吊笼顶部最多仅允许放置3个导轨架）。关上被打开的护栏。吊笼驱动升降时，安装吊杆上不准挂导轨架。吊笼顶部作业人员须注意安全，防止与附墙架相碰。

（5）操纵吊笼，驱动吊笼上升，直至驱动架上方距待要接高的标准节止口距离约250mm时；对于驱动装置置于吊笼内的其吊笼顶面距离导轨架顶端约300mm。

（6）按下紧急停机开关，防止意外。

（7）安装导轨架，在该导轨架立柱接头锥面涂上润滑脂。将导轨架吊运至导轨架顶端，对准下面一节导轨架的接头孔放下插入，用螺栓固定连接处。

（8）松开吊钩，将吊杆转回。

（9）操纵吊笼降至适当的工作位置，拧紧全部导轨架连接螺栓。所用螺栓其强度等级不得低于8.8级。拧紧力矩符合规定要求。

（10）重复上述过程，直至导轨架达到所要求的安装高度为止。

（11）导轨架安装质量和注意事项：

1）导轨架加高的同时，应安装附墙架。

2）无对重的施工升降机，顶部导轨架的4根立柱管上口必须装上橡胶密封顶套。

3）导轨架每加高10m左右，应用经纬仪在两个方向上检查一次导轨架整体的垂直度，一旦发现超差应及时加以调整。SC型施工升降机导轨架安装垂直度偏差应符合表

7-1 的规定。

4）导轨架安装时，确保上、下导轨架立柱结合面对接应平直，相互错位形成的阶差应限制在：吊笼导轨不大于 0.8mm，对重导轨不大于 0.5mm。

5）标准节上的齿条连接应牢固，相邻两齿条的对接处，沿齿高方向的阶差不应大于 0.3mm，沿长度方向的齿距偏差不应大于 0.6mm。

6）当立管壁厚减少量为出厂厚度的 25%时，标准节应予以报废或按立管壁厚规格降级使用。

7）当一台施工升降机使用的标准节有不同的立管壁厚时，标准节应有标识，因此在安装使用前，把相同类型的标准节堆放归类，并严格按使用说明书或安装手册规定依次加节安装。

8）SS 型施工升降机导轨架轴心线对底座水平基准面的安装垂直度偏差不应大于导轨架高度的 1.5‰。

9）SS 型施工升降机导轨接点截面相互错位形成的阶差不大于 1.5mm。

10）导轨架与标准节及其附件应保持完整完好。

11. 安装附墙架

（1）附墙架的安装，应与导轨架的加高安装同步进行，附墙架可用吊笼上的安装吊杆吊装或用吊笼运送，用吊笼运送附墙架时，应在吊笼顶部操纵吊笼运送。安装附墙架时必须按下紧急停机按钮或将防止误动作开关处于停机位置。

（2）附墙架的安装质量要求如下：

1）导轨架的高度超过最大独立高度时，应设置附墙装置。附墙架的附着间隔应符合使用说明书要求。附墙架的结构与零部件应完整和完好，施工升降机运动部件与除登机平台以外的建筑物和固定施工设备之间的距离不应小于 0.2m。

2）附墙架位置尽可能保持水平，若由于建筑物条件影响，其倾角不得超过说明书规定值（一般允许最大倾角为±8°）。

3）连接螺栓应为高强度螺栓，不得低于 8.8 级，其紧固件的表面不得有锈斑、碰撞凹坑和裂纹等缺陷。

4）附墙架在安装的同时，调节附墙架的丝杆或调节孔，使导轨架的垂直度符合标准。

（3）附墙架形式因建筑物结构和施工升降机的位置不同而有不同形式，一般有Ⅰ、Ⅱ、Ⅲ和Ⅳ四种类型，如图 7-9 所示。

四种类型的附墙架安装方法如下：

1）Ⅰ型附墙架的安装

Ⅰ型附墙架的安装顺序如图 7-10 所示。

① 把左右固定杆用 U 形螺栓对称地安装在导轨架的上/下框架上，并在左右固定

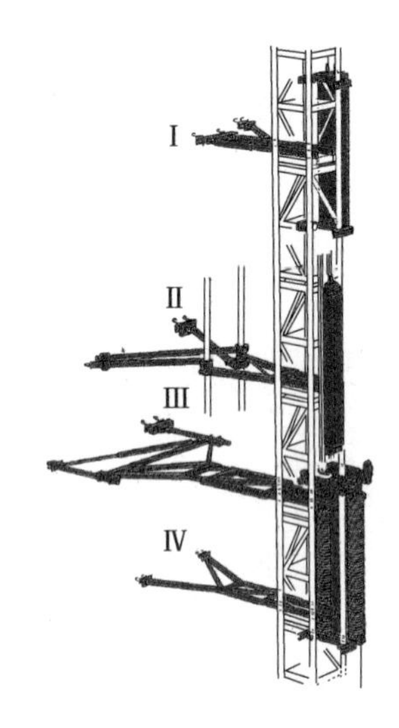

图 7-9 附墙架形式

杆之间装上横支撑。

② 用螺栓将两端的支撑底座连接至建筑物墙体的预埋件上。

③ 调整并连接 3 组调节杆。在调节杆的两端旋入微调螺杆。安装前微调螺杆必须旋出大约 145mm。调整时，微调螺杆旋出的最大长度不能超过 165mm。

④ 校正导轨架垂直度：调整附墙架，使导轨架的垂直度满足公差允许值要求。

⑤ 紧固所有的螺栓、螺母，销轴连接的开口销须安装正确，并确保附墙架与吊笼、对重的运行不发生干涉。

2）Ⅱ型附墙架的安装

Ⅱ型附墙架，导轨架与建筑物墙体之间有 4 根支撑登楼平台的过道立杆，这 4 根立杆须随着导轨架的加高而同步加高。中间 2 根立杆每隔 9m 由 2 道短前支撑和一道长前支撑（间隔为 3m）与导轨架连接。立杆由斜支撑与建筑物墙体连接。4 根立杆之间由过桥联杆横向连接。过道立杆由一端带安装缺口的钢管对接而成。

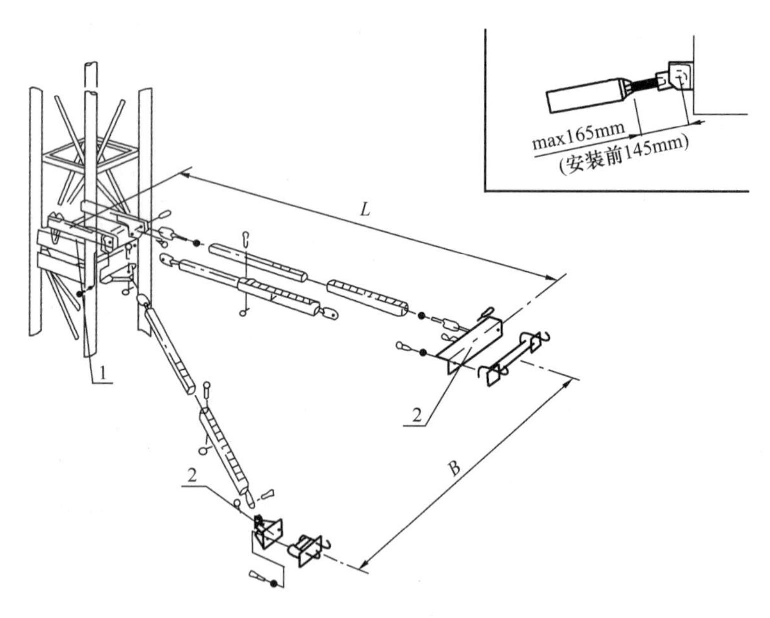

图 7-10 Ⅰ型附墙架的安装

1—固定杆；2—支撑底座

Ⅱ型附墙架的安装顺序如图 7-11、图 7-12 所示。

① 安装过道立杆

A. 过道立杆底部与围栏后墙板的钢管相连接，直至与导轨架相同高度。

B. 安装各节过道立杆时，立杆带缺口的一端向下，并在两节竖管间装上内张式竖杆接头，用旋紧螺栓的方式张紧接头。

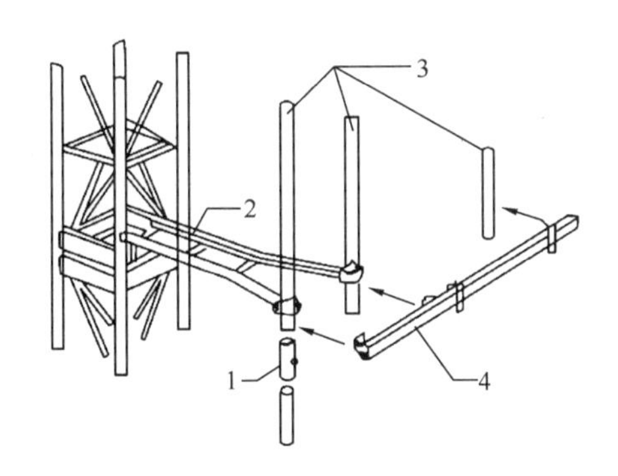

图 7-11　Ⅱ型附墙架的安装（一）

1—立杆接头；2—短前支撑；

3—过道竖杆（立管）；4—过桥联杆

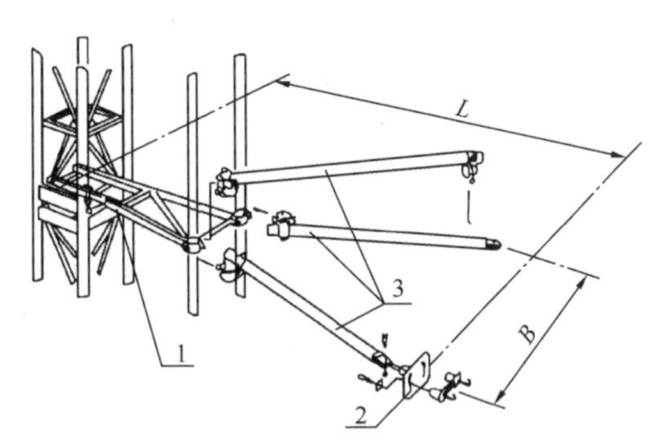

图 7-12　Ⅱ型附墙架的安装（二）

1—长前支撑；2—支撑底座；3—斜支撑

C. 每隔规定的上下间距安装短前支撑和长前支撑。前支撑一端固定在导轨架的上/下框架上，另一端用前支撑上的扣环与中间两根过道立杆连接。

D. 靠近长、短前支撑，用过桥联杆上的扣环将过桥联杆水平安装在过道立杆上。

② 用螺栓将支撑底座连接到建筑物墙体的预埋件上。

③ 安装斜支撑：将 3 根斜支撑的一端用异角扣环固定在接近长前支撑的过道立杆上。其中 2 根斜支撑一端用螺栓与支撑底座连接，较长的斜支撑的另一端用异角扣环对角搭接在另一根斜支撑接近支撑底座处。

附墙架与附墙杆（斜支撑）连接尽可能靠近，上下间距不大于 200mm。

④ 校正导轨架的垂直度：调整附墙架的伸缩调节杆，使导轨架的垂直度满足偏差允许值要求。Ⅱ型的附墙架可采用适当的拉紧器调整导轨架的垂直度，如吊紧螺栓和钢丝绳等。

⑤ 紧固所有的螺栓，销轴连接的开口销须安装正确，并确保吊笼和对重等不与附墙架发生干涉。

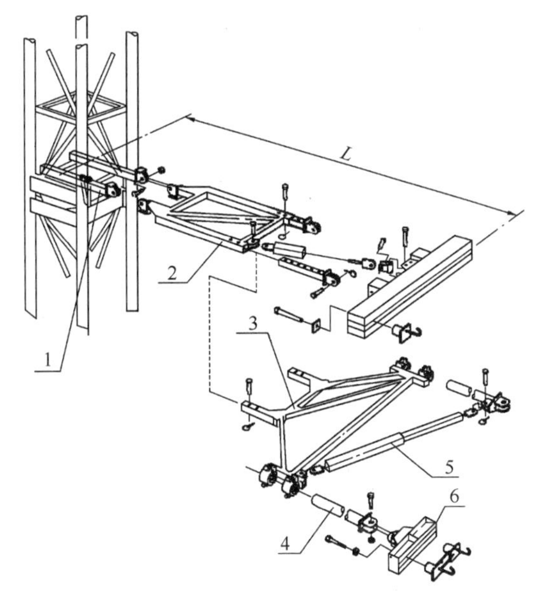

图 7-13　Ⅲ型附墙架安装形式

1—固定杆；2—主撑杆；3—副撑杆；

4—直杆；5—调整杆；6—支撑底座

3）Ⅲ型附墙架的安装

Ⅲ型附墙架的安装顺序，如图 7-13

所示。

① 将两根固定杆用U形螺栓对称地安装在导轨架的上/下框架上，U形螺栓此时不用拧得太紧，以便于在与主撑架连接时调整位置。

② 用螺栓将支撑底座连接至建筑物墙体的预埋件上。

③ 根据选用的附墙距离L，将主撑架、副撑架、直杆、调整杆用销轴连接组装成一体。然后将其吊运到建筑物墙体附着的位置，用销轴与固定杆连接，最后用螺栓与支撑底座连接。

④ 校正导轨架的垂直度：用伸缩二直杆的办法，导轨架可做少量位移；如要使导轨架做侧向位移，固定在墙上的支撑底座须做移动。直至使导轨架的垂直度满足偏差允许值的要求。

⑤ 调整杆必须调整至撑紧，并用螺母锁住。

⑥ 紧固所有的螺栓，销轴连接的开口销须安装正确，并确保吊笼和对重等不与附墙架发生干涉。

4）Ⅳ型附墙架的安装

Ⅳ型附墙架的安装，如图7-14所示。

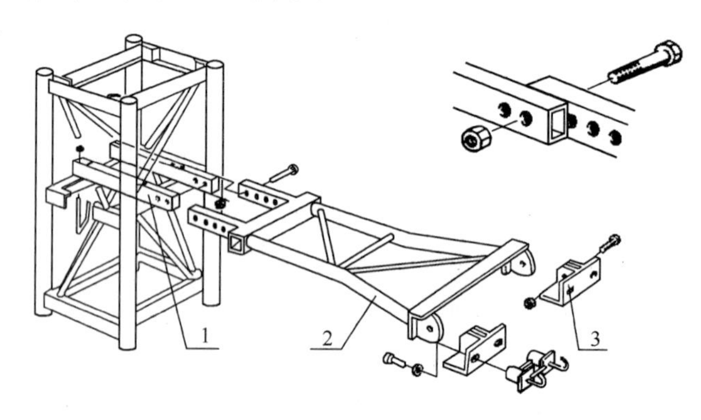

图7-14　Ⅳ型附墙架的安装

1—固定杆；2—连接架；3—支撑底座

① 将两根固定杆用U形螺栓对称地安装在导轨架的上/下框架上。

② 用螺栓将支撑底座连接至建筑物墙体的预埋件上。

③ 吊运连接架至墙体附着的位置，将连接架的一端用销轴连接到固定杆上，另一端用销轴连接至支撑底座上。

④ 校正导架的垂直度，使导架的垂直度满足偏差允许值的要求。

⑤ 紧固所有的螺栓，销轴连接的开口销须安装正确，并确保吊笼和对重等不与附墙架发生干涉。

12. 安装电缆导向装置

施工升降机的供给电源电缆的安装方法与采用的电缆导向装置形式有关，常规分为无电缆滑车的电缆导向装置和有电缆滑车的电缆导向装置两种。不同类型的附墙架，电缆导向架的扣环固定位置不同，如有过道竖杆的附墙架，电缆导向架的扣环可固定在外侧的过道竖杆，如图 7-15（a）所示；其他类型的附墙架，电缆导向架用螺栓钩固定在导轨架的框架上，如图 7-15（b）所示。

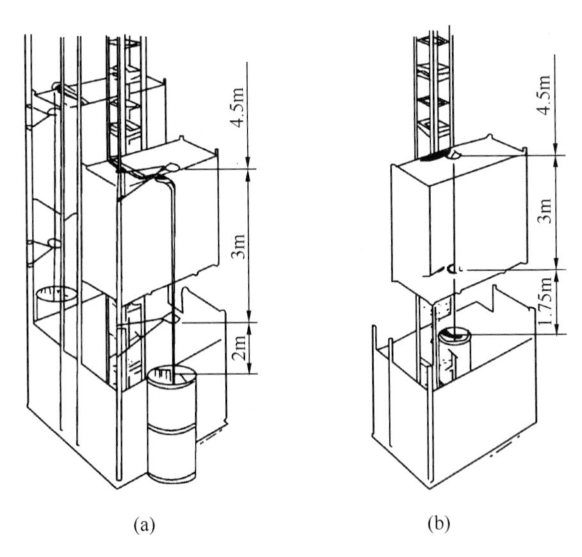

图 7-15　电缆导向装置安装

（a）采用Ⅱ型附墙架；（b）采用其他类型附墙架

在导轨架加高程序过程中，应同时安装电缆导向装置。安装过程中吊笼上下运行时必须在吊笼顶部操纵，在吊笼顶部的安装人员必须处于安全位置，避免发生碰撞等事故。

安装时必须按下紧急停机按钮或将防止误动作开关置于停机位置。在接线时或交换电源箱中的相线位置时，必须切断地面总电源。

安装后调整电缆导向架的位置，应确保电缆处于电缆导向架、导向环的中间位置，电缆导向架不与对重总成相碰。

（1）无电缆滑车的电缆导向装置的安装

1）按说明书要求安装，如在电缆筒上方 2m 处安装第一道电缆导向架，第二道电缆导向架距离为 3m，第三道电缆导向架距离为 4.5m，以后每隔 6m 安装一道电缆导向架，如图 7-15 所示。

2）调整电缆导向架的位置，确保电缆处于电缆导向架 U 形环的中间位置，确保电缆导向架不与对重总成相碰。

（2）有电缆滑车的电缆导向装置的安装

用电缆滑车的施工升降机每台吊笼的动力电缆分为两根：随行电缆和固定电缆，安装程序同专用电缆滑车。

13. 专用电缆滑车的安装

为了减小动力电缆的电压降和防止电缆受拉力太大而损坏，应采用带滑车的电缆导向装置，如图 7-16 所示，即专用电缆滑车。其安装方法一般分两种：一种是升降机高度分阶段安装，且一开始就安装电缆滑车；另一种是导轨架安装高度已超过需要安装高度的一半时，再安装滑车系统。

（1）当安装滑车系统前，导轨架安装高度已超过需要安装高度的一半时，应按如

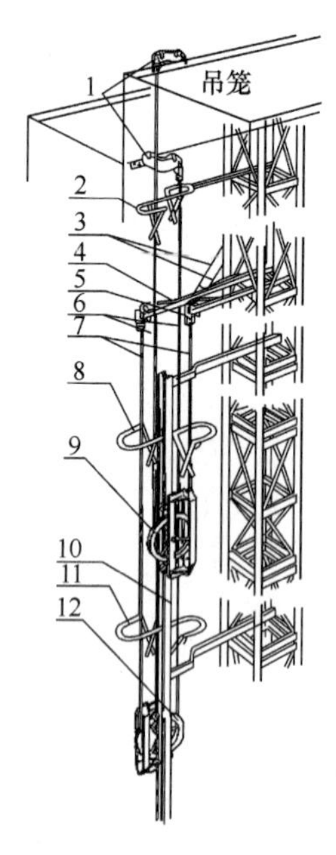

图 7-16　电缆导向装置
1—进线架；2—电缆导向架 A；3—钢丝绳；4—电缆撑杆 A；5—电缆撑杆 B；6—随行电缆；7—固定电缆；8—电缆导向架 B；9—右侧滑车；10—滑车导轨；11—电缆导向架 C；12—左侧滑车

下程序进行：

1）将固定电缆及固定电缆托杆置于吊笼顶，吊笼上升。

2）将固定电缆托杆安装在 $H/2+6$m 处的导轨架中框上（H 为升降机需要安装的高度）。

3）将固定电缆的一头接入固定电缆托架的接线盒内，并固定好端头，然后吊笼逐段下降，将固定电缆固定在导轨架上，到最底部时，将固定电缆的另一头拉至底护栏上的下电箱处。

4）安装滑车导轨，并将滑车穿入滑车导轨中，滑车导轨安装高度为 $H/2+4.5$m。

5）将吊笼开至固定电缆托杆处，切断总电源，拆下下电箱中现供电电缆头，而将固定电缆下端头接入下电箱。

6）将现供电电缆即随行电缆拉至吊笼顶，电缆端头接入固定电缆托架的接线盒内，使随行电缆与固定电缆连成一体。

7）将随行电缆在吊笼中极限开关内的端头拆下，穿过吊笼上电缆滑车导轨处的电缆臂再接入极限开关。

8）合上电源，并检查电源相序无误后吊笼下降，并逐渐释放吊笼顶上的随行电缆（注意：此时必须小心，不要拉刮伤电缆）。

9）吊笼下至最底部后，将随行电缆挂入电缆滑车的轮槽中，并调整随行电缆长度，使滑车底部离地面 400～500mm。

10）安装电缆导向架，安装时应注意使电缆都在导向架圈中，电缆臂能顺利地通过导向架上的弹性体。电缆导向架的安装间距为 6m 一套。

（2）当施工升降机分阶段安装，且一开始就安装电缆滑车时，按如下程序安装：

1）初始安装时，同上述（1）1）条，只是要注意固定电缆托架直接装到导轨架最顶端，且多余的电缆（固定电缆和随行电缆）均从固定电缆托架处顺到导轨架中间，且适当固定，以防压挂损坏。

2）当升降机导轨架安装高度 $H_1 \geqslant 2H_2-6$m 时（式中 H_1 为已安装导轨架高度，H_2 为固定电缆托架安装高度），将导轨架中的电缆拉到吊笼顶上，将随行电缆的两头在吊笼上适当固定，使吊笼上升时，电缆滑车能随吊笼一起上升，从导轨架上拆下固定电缆托架，移装到现安装最高处，直到 $H_2>H/2+6$m 时，不再移动固定电缆托架。

3）固定电缆托架重新安装固定后，放松随行电缆，按上述（1）1）条要求调整随行电缆长度并固定好多余电缆，应注意固定电缆托架原安装位置与现安装位置间的固定电缆必须与导轨架固定，以防损坏。

14. 天轮和对重钢丝绳的安装

对于有对重的施工升降机，在导轨架安装完毕后应进行天轮和对重钢丝绳的安装。

（1）将吊笼下降到升降机底部位置，用吊杆将天轮吊至吊笼顶部，然后将升降机开至距导轨架顶端约0.5m处，用吊杆将天轮吊到导轨架顶部，用螺栓连接固定。

（2）将吊笼顶部钢丝绳架中的钢丝绳一端放出，穿过对重绳轮和导轨架顶部的天轮，然后放到相应的对重体一侧的地面上。钢丝绳的长度应保证吊笼到达最大提升高度时，对重离缓冲弹簧距离不小于500mm。

（3）每个吊笼对重均有两根连接钢丝绳。将两根钢丝绳分别与对重体上部的自动调整块连接，每根钢丝绳用三个绳夹固定，如图7-17所示。用同一种方法将另一端与吊笼顶部的对重绳轮固定，如图7-18所示。

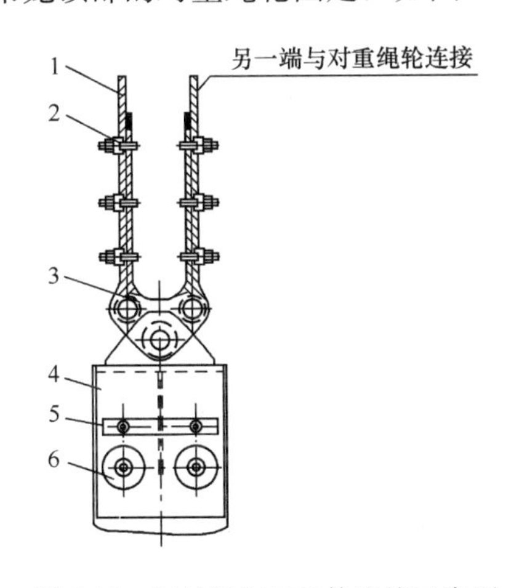

图7-17　钢丝绳与对重体连接示意图

1—对重钢丝绳；2—钢丝绳夹；3—对重绳轮；4—对重体；5—滑轮保护架；6—导向滑轮

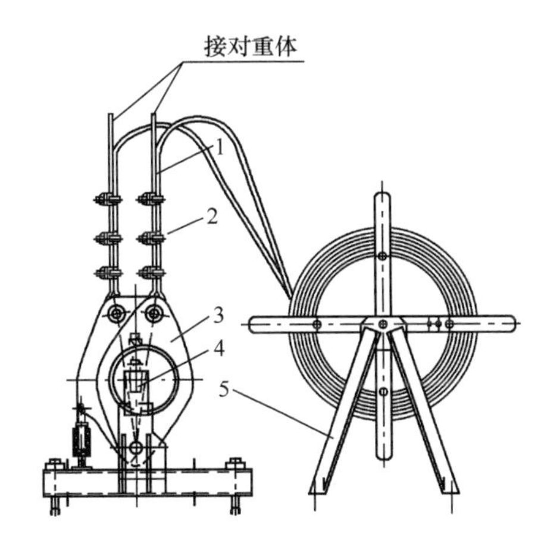

图7-18　钢丝绳与吊笼顶部对重绳轮连接示意图

1—对重钢丝绳；2—钢丝绳夹；3—对重绳轮；4—断绳限位开关；5—钢丝绳架

（4）安装时，须始终按下紧急停机按钮或将防止误动作开关扳至停机位置，安装完毕后将紧急停机按钮复位。

15. 安装上限位挡块

用钩头螺栓将上限位挡块和上极限限位挡块安装在导轨架上部。首先调整上限位挡块，上限位开关的安装位置应保证吊笼触发该开关后，上部安全距离不小于1.8m。上极限挡块的安装位置应保证上极限开关与上限位开关之间的越程距离为0.15m。

16. 导轨架再次加高后天轮和对重钢丝绳的安装

因工程需要，施工升降机需要加高时，须将天轮架拆下，方能对导轨架进行加高安装。具体程序如下：

（1）在吊笼顶部操纵吊笼升至导轨架顶部。

（2）拆除导轨架顶部的上限位装置的限位挡板、挡块。

（3）在吊笼顶部操纵吊笼上升，将对重装置缓缓降到地面的缓冲弹簧上。

（4）拆去天轮架滑轮的防护罩，将钢丝绳从偏心绳具和天轮架上取下，并将其挂在导轨架上。也可将钢丝绳放至顶部楼面（连同钢丝绳盘绳装置），操作时需防止钢丝绳脱落。

（5）拆除天轮架与导轨架的固定螺栓，用安装吊杆将天轮架拆下。

（6）将导轨架加高到所需高度，并重新安装天轮和对重钢丝绳。

17. 楼层呼叫系统的安装

各楼层应当设置与施工升降机操作人员联络的楼层呼叫装置。其安装程序和方法按照生产厂家的施工升降机楼层呼叫系统使用说明书的要求进行。

楼层呼叫系统安装后，必须经调试合格。

7.2.4 SS型施工升降机的安装程序和要求

1. 底架安装

（1）将底架安放在混凝土基础上，用水准仪将安装架体标准节的四个支点（法兰盘）基本找平，水平度为1/1000。当超出时一般可用专用钢垫片调整底座，垫片数量为1～2片，不宜过多，并与底座固定为一体。

（2）将底架用压杆与地脚螺栓锁紧。

（3）按要求将接地体打入土壤，实施保护接地。铜芯导线和底架可靠连接。接地电阻小于10Ω。

2. 架体底部节安装

先将架体基础节与第一个标准节连接好，然后安装在底架上，用高强螺栓连接好。其预紧扭矩应达到（370±10）N·m（以下标准节连接螺栓预紧力均相同）。

3. 安装吊笼

吊笼若用人工安装，应先拆下部分吊笼滚轮，然后将吊笼置于底架上，对正导轨位置，然后装好吊笼滚轮。若用吊车安装可不拆吊笼滚轮，吊起吊笼让吊笼滚轮对准标准节主肢轨道由上往下套装。

4. 安装吊杆

在架体上装吊杆，用螺栓将一个托底支撑和两个中间支撑及吊杆固定在架体上。

（1）吊杆不得装在架体自由端处。

（2）吊杆底座应安装在单肢立柱与水平缀条交接处，并要高出工作面，其顶部不得高出架体。

（3）吊杆应安装保险绳，起重吊钩应设置高度限位装置。

（4）吊杆与水平面夹角应在45°～70°之间，转向时不得与其他物体相碰撞。

（5）随着工作面升高需要重新安装吊杆时，其下方的其他作业应暂时停止。

5. 架体上部安装

（1）吊杆穿绳。将起升机构钢丝绳穿过吊杆上两个滑轮后，再穿过一个吊钩，绳头固定在吊杆上。

（2）吊起并安装标准节。开动卷扬机放下吊钩并用索具拴好标准节挂在吊钩上，再开动卷扬机起升标准节至足够高度，用人力旋转吊杆使吊起的标准节对准已安装好的标准节，用高强螺栓连接好。

以相同的方法，用吊杆再吊起另一个标准节装于架体上部，用高强螺栓固定。

（3）提升吊杆（此时由于吊杆长度的限制，已无法再提升并安装标准节，必须提升吊杆）。

（4）在架体上部固定一个单门滑轮，用一根直径为 6～9mm 的钢丝绳穿过，一端用绳卡固定在吊杆托底支撑上，另一端用绳卡固定在起升机构钢丝绳上（此时吊钩应远离吊杆定滑轮 2m 以上），将下面一个中间支撑松开后固定在原上面一个中间支撑的上面（两个中间支撑间距约 3m），然后松开吊杆托底支撑，启动起升机构提升吊杆至中间支撑附近固定好，松开吊杆托底支撑附近的中间支撑，上移约 1.5m 固定好，提升吊杆步骤完成。

（5）完成架体上部安装。交替（2）及（3）两个步骤即可全部完成架体上部安装。

若用汽车吊或塔机安装可在地面将标准节按每次 6～8 节先组装好，用汽车吊或塔机提升，螺栓固定，即可完成架体上部安装。

（6）架体安装的垂直度偏差，不应超过架体高度的 1.5/1000。

（7）导轨架截面内两对角线长度公差，不得超过最大边长名义尺寸的 3/1000，如图 7-19 所示。

（8）导轨节点截面错位不应大于 1.5mm。

（9）按设备使用说明书要求调整吊笼导靴与导轨的安装间隙，说明书没有明确要求的，可控制在 5～10mm 以内。

（10）内包容式吊笼的架体，在各层楼通道进出料接口处，开口后应局部加强。

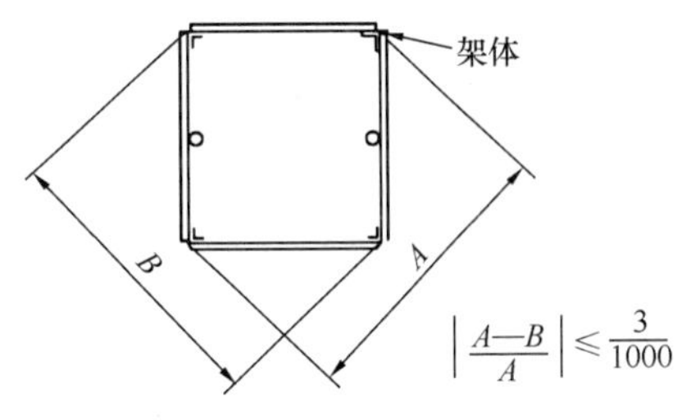

图 7-19　测量架体对角线偏差示意图

（11）架体搭设时，采用螺栓连接的构件，不得采用 M10 以下的螺栓，每一杆件的节点及接头的一边螺栓数量不少于 2 个，不得漏装或以铁丝等代替。

（12）架体顶部自由端不得大于 6m。

6. 安装附墙架

附着杆可用两种形式，一种用制造厂配套的附着杆；另一种用 ϕ48 钢管与钢管扣件根据现场的情况组装而成，一般分为附着杆和固定架两部分，如图 7-20 所示。固定架与架体标准节用螺栓固定连接，附着杆一端与建筑物连接，另一端用钢管扣件与固定架相连。架体中心线与建筑物的距离一般以 1.8～2.0m 为宜。

附墙架的使用和安装应注意以下事项：

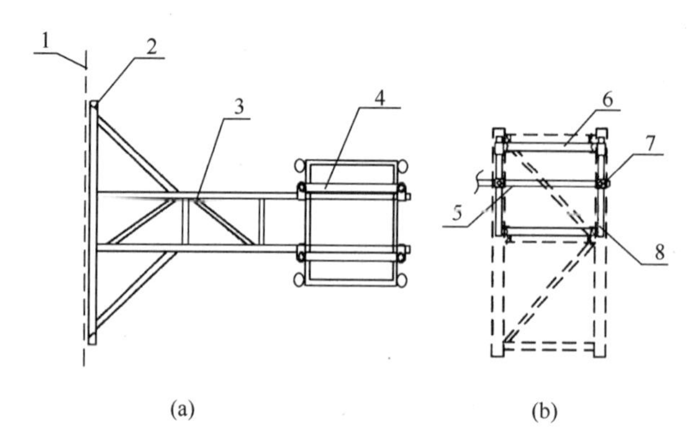

图 7-20　附墙架示意图

（a）俯视图；（b）正面图

1—建筑物外沿；2—预埋螺栓；3—附着杆Ⅰ；4—固定架；5—附着杆Ⅱ；

6—固定架Ⅰ；7—钢管扣件；8—固定架Ⅱ

（1）附墙架与建筑结构的连接应进行设计计算，附墙架与立柱及建筑物应采用刚性连接，并形成稳定结构。附墙架严禁连接在脚手架等临时设施上。附墙架的材质应达到《碳素钢结构》GB/T 700—2006 的要求，严禁使用木杆、竹竿等做附墙架。

（2）安装第一道附墙架。应注意将架体垂直度随时调整到架体高度的 1/1 000 以内。以后间隔不超过 9m(6 节）设置一道附墙架，且在建筑物顶层必须设置一组。架体顶部离最上一层附着架的自由高度不大于 6m（4 节）。

（3）安装高度在 30m 以内时，第一道附墙架可在 18m 高度上，安装高度超过 30m 时，第一道附墙架应在 6～9m 的高度上。

（4）应提前在建筑物上预埋固定件，待混凝土达到强度要求后方可进行附墙架安装。

（5）附墙架安装必须牢固可靠，各连接件紧固螺栓必须旋紧。

（6）必须使用经纬仪调整架体垂直度小于 1/1 000。

（7）必须在需设附墙架的位置先安装附墙架后再进行架体的继续安装。

7. 安装天梁

全部标准节安装完后，再安装天梁。开动卷扬机放下吊钩并用索具拴好天梁挂在吊钩上，再开动卷扬机起升天梁至足够高度，用人力旋转吊杆使吊起的天梁对准已安装好的标准节，用高强螺栓连接好。

若用汽车吊或塔机安装，可在架体标准节安完后，用汽车吊或塔机提升天梁，到位后用螺栓固定。

8. 安装起升机构

将起升机构置于底架上，用销轴连接固定。

对于置于操作棚内的起升机构应满足以下安装要求：

(1) 安装位置必须视野良好，施工中的建筑物、脚手架及堆放的材料、构件都不能影响司机操作对升降全过程的监视。应尽量远离危险作业区域，选择较高地势处。因施工条件限制，卷扬机安装位置距施工作业区较近时，其操作棚的顶部材料强度应能承受 10 kPa 的均布静荷载。也可采用 50mm 厚木板架设或采用两层竹笆，上下竹笆层间距应不小于 600mm。

(2) 卷扬机地基须坚固，便于地锚埋设；机座要固结牢靠，前沿应打桩锁住，防止移动倾翻；不得以树木、电杆代替锚桩。

(3) 底架导向滑轮的中心应与卷筒宽度中心对正，并与卷筒轴线垂直，否则要设置过渡导向滑轮，垂直度允许偏差（排绳角）为 6°。卷筒轴线与到第一导向滑轮的距离，对带槽卷筒应大于卷筒宽度的 15 倍；对无槽卷筒应大于卷筒宽度的 20 倍。

(4) 卷筒在钢丝绳满绕时，凸缘边至最外层距离不得小于钢丝绳直径的 2 倍；放出全部工作钢丝绳后（吊笼处于最底工作位置时），卷筒上余留的钢丝绳应不少于 3 圈。

(5) 钢丝绳与卷筒的固结应牢靠有闩紧措施，与天梁的连接应可靠。

(6) 钢丝绳不得与机架或地面摩擦，通过道路时应设过路保护装置。

(7) 卷筒和各滑轮均要设置防钢丝绳跳槽装置，滑轮必须与架体（或吊笼）刚性连接。

(8) 钢丝绳在卷筒上应排列整齐，有叠绕或斜绕时，应重新排列。

(9) 提升用钢丝绳的安全系数 $K \geqslant 6$。

(10) 钢丝绳绳夹应与钢丝绳匹配，不得少于 3 个，绳夹要一顺排列，不得正反交错，间距不小于钢丝绳直径的 6 倍，U 形环部分应卡在绳头一侧，压板放在受力绳的一侧。

(11) 制动器推杆行程范围内不得有障碍物或卡阻，制动器应设置防护罩。

9. 安装曳引机的对重（卷扬机驱动无）

对重各组件安装应牢固可靠，升降通道周围应设置不低于 1.5m 的防护围栏，其运行区域与建筑物及其他设施间应保证有足够的安全距离。

10. 穿绳

按图 7-21 穿好起升机构钢丝绳。点动卷扬机试验吊笼升降，确保无误。

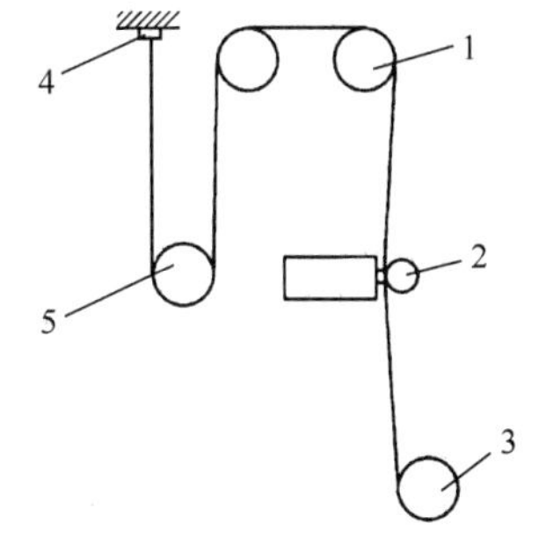

图 7-21 起升机构钢丝绳穿绕示意图

1—天梁滑轮；2—重量限制器；3—卷扬机卷筒；4—钢丝绳天梁固定点；5—吊笼滑轮

11. 安装各种安全装置及防护设施

(1) 安全停靠装置及防坠安全装置必须安装可靠、动作灵敏、试验有效。

（2）吊笼应前后安装安全门，开启灵活、关闭可靠。

（3）上极限限位器，越程不得小于 3m，灵活有效；高架提升机须装下极限限位器，并在吊笼碰到缓冲器前即动作。

（4）紧急断电开关应安装在司机方便操作的地方，选用非自动复位的型式。

（5）施工升降机的缓冲、超载限制、下极限限位、闭路双向通信等装置可靠、有效。

（6）底层设置安全围栏和安全门，围栏应围成一圈，有一定强度和刚度，能承受 1kN/m 的水平荷载，高度不低于 1.5m，对重应设置在围栏内；围栏安全门应与吊笼有机械或电气联锁。

（7）各层楼通道（接料平台），应脱离脚手架单独搭设，上、下防护栏杆高度分别不低于 1.2m 和 0.6m；栏杆内侧应有防坠落密目网和竹笆围挡；安全门高度不低于 1.5m，应为常闭状态，吊笼到位后才能打开。

（8）上（进）料口防护棚必须独立搭设，严禁利用架体做支撑搭设，其宽度应大于施工升降机的最外部尺寸；低架提升机的防护棚长度应大于 3m，高架提升机的防护棚长度应大于 5m；顶部可采用 50mm 厚木板或两层竹笆，上下竹笆层间距应不小于 600mm。

（9）进料口应设置限载重量标识。

（10）在相邻建筑物、构筑物的防雷装置保护范围以外的施工升降机应安装防雷装置。

12. 安装电气系统

（1）禁止使用倒顺开关作为卷扬机的控制开关。

（2）金属结构及所有电气设备的外壳应有可靠接地，其接地电阻不应大于 10Ω。

（3）电缆或信号线通过道路时应设过路保护装置或架空。

7.3 施工升降机的检验

施工升降机安装完毕，应进行通电试运转、调试和整机性能试验。

7.3.1 安装自检的内容和要求

安装自检应当按照安全技术标准及安装使用说明书的有关要求对金属结构件、传动机构、附墙装置、安全装置、对重系统和电气系统等进行自检，自检后应填写安装自检表，并向使用单位进行安全使用说明。安装自检的主要内容与要求见表 7-4。

施工升降机安装自检表 **表 7-4**

<table>
<tr><td>工程名称</td><td colspan="2"></td><td>工程地址</td><td colspan="2"></td></tr>
<tr><td>安装单位</td><td colspan="2"></td><td>安装资质等级</td><td colspan="2"></td></tr>
<tr><td>制造单位</td><td colspan="2"></td><td>使用单位</td><td colspan="2"></td></tr>
<tr><td>设备型号</td><td colspan="2"></td><td>备案登记号</td><td colspan="2"></td></tr>
<tr><td>安装日期</td><td></td><td>初始安装高度</td><td></td><td>最高安装高度</td><td></td></tr>
<tr><td>检查结果代号说明</td><td colspan="5">√=合格 O=整改后合格 ×=不合格 无=无此项</td></tr>
</table>

<table>
<tr><th>名称</th><th>序号</th><th>检查项目</th><th colspan="2">要 求</th><th>检查结果</th><th>备注</th></tr>
<tr><td rowspan="3">资料检查</td><td>1</td><td>基础验收表和隐蔽工程验收单</td><td colspan="2">应齐全</td><td></td><td></td></tr>
<tr><td>2</td><td>安装方案、安全交底记录</td><td colspan="2">应齐全</td><td></td><td></td></tr>
<tr><td>3</td><td>转场保养记录</td><td colspan="2">应齐全</td><td></td><td></td></tr>
<tr><td rowspan="2">标志</td><td>4</td><td>统一编号牌</td><td colspan="2">应设置在规定位置</td><td></td><td></td></tr>
<tr><td>5</td><td>警示标志</td><td colspan="2">吊笼内应有安全操作规程，操纵按钮及其他危险处应有醒目的警示标志，施工升降机应设限载和楼层标志</td><td></td><td></td></tr>
<tr><td rowspan="3">基础和围护设施</td><td>6</td><td>地面防护围栏门联锁保护装置</td><td colspan="2">应装机电联锁装置。吊笼位于底部规定位置时，地面防护围栏门才能打开。地面防护围栏门开启后吊笼不能启动</td><td></td><td></td></tr>
<tr><td>7</td><td>地面防护围栏</td><td colspan="2">基础上吊笼和对重升降通道周围应设置地面防护围栏，高度不小于 1.8m</td><td></td><td></td></tr>
<tr><td>8</td><td>安全防护区</td><td colspan="2">当施工升降机基础下方有施工作业区时，应加设对重坠落伤人的安全防护区及其安全防护措施</td><td></td><td></td></tr>
<tr><td rowspan="10">金属结构件</td><td>9</td><td>金属结构件外观</td><td colspan="2">无明显变形、脱焊、开裂和锈蚀</td><td></td><td></td></tr>
<tr><td>10</td><td>螺栓连接</td><td colspan="2">紧固件安装准确、紧固可靠</td><td></td><td></td></tr>
<tr><td>11</td><td>销轴连接</td><td colspan="2">销轴连接定位可靠</td><td></td><td></td></tr>
<tr><td rowspan="7">12</td><td rowspan="7">导轨架垂直度</td><td>架设高度（m）</td><td>垂直度偏差（mm）</td><td rowspan="7"></td><td rowspan="7"></td></tr>
<tr><td>$h \leqslant 70$</td><td>$\leqslant$（1/1 000）h</td></tr>
<tr><td>$70 < h \leqslant 100$</td><td>$\leqslant 70$</td></tr>
<tr><td>$100 < h \leqslant 150$</td><td>$\leqslant 90$</td></tr>
<tr><td>$150 < h \leqslant 200$</td><td>$\leqslant 110$</td></tr>
<tr><td>$h > 200$</td><td>$\leqslant 130$</td></tr>
<tr><td colspan="2">对钢丝绳式施工升降机，垂直度偏差不大于（1.5/1000）h</td></tr>
</table>

续表

名称	序号	检查项目	要　求	检查结果	备注
吊笼	13	紧急逃离门	吊笼顶应有紧急出口，装有向外开启活动板门，并配有专用扶梯。活动板门应设有安全开关，当门打开时，吊笼不能启动		
	14	吊笼顶部护栏	吊笼顶周围应设置护栏，高度不小于1.05m		
层门	15	层站层门	应设置层站层门。层门只能由司机启闭，吊笼门与层站边缘水平距离不大于50mm		
传动及导向	16	防护装置	转动零部件的外露部分应有防护罩等防护装置		
	17	制动器	制动性能良好，有手动松闸功能		
	18	卷扬驱动	钢丝绳缠绕层数应符合要求；卷筒两侧边，超出的最外层钢丝绳的高度应大于2倍的钢丝绳直径。当吊笼停止并完全压缩在缓冲器或地面上时，卷筒上应至少留有3圈钢丝绳		
传动及导向	19	曳引驱动	当吊笼或对重停止在被其重量压缩的缓冲器上时，提升钢丝绳不应松弛。当吊笼超载25%并以额定提升速度上、下运行和制动时，钢丝绳在曳引轮绳槽内不应产生滑动		
	20	齿条对接	相邻两齿条的对接处沿齿高方向的阶差应不大于0.3mm，沿长度方向的阶差应不大于0.6mm		
	21	齿轮齿条啮合	齿条应有90%以上的计算宽度参与啮合，且与齿轮的啮合侧隙应为0.2～0.5mm		
	22	导向轮及背轮	连接及润滑应良好，导向灵活，无明显倾侧现象		
附着装置	23	附着装置	应采用配套标准产品		
	24	附着间距	应符合使用说明书要求或设计要求		
	25	自由端高度	应符合使用说明书要求		
	26	与构筑物连接	应牢固可靠		
安全装置	27	防坠安全器	只能在有效标定期限内使用（应提供检测合格证）		
	28	防松绳开关	对重应设置防松绳开关		
	29	安全钩	安装位置及结构应能防止吊笼脱离导轨架或安全器的输出齿轮脱离齿条		
	30	上限位	安装位置：提升速度 $v<0.8$m/s时，留有上部安全距离应≥1.8m；$v\geq0.8$m/s时，留有上部安全距离（m）应 $\geq1.8+0.1v^2$		
	31	上极限开关	极限开关应为非自动复位型，动作时能切断总电源，动作后须手动复位才能使吊笼启动		
	32	越程距离	上限位和上极限开关之间的越程距离应不小于0.15m		
	33	下限位	安装位置：应在吊笼制停时，距下极限开关一定距离		
	34	下极限开关	在正常工作状态下，吊笼碰到缓冲器之前，下极限开关应首先动作		
	35	急停开关	应在便于操纵处装设非自行复位的急停开关		

续表

名称	序号	检查项目	要求	检查结果	备注
电气系统	36	绝缘电阻	电动机及电气元件（电子元器件部分除外）的对地绝缘电阻应不小于0.5MΩ，电气线路的对地绝缘电阻应不小于1MΩ		
	37	接地保护	电动机和电气设备金属外壳均应接地，接地电阻应不大于4Ω		
	38	失压、零位保护	灵敏、正确		
	39	电气线路	排列整齐，接地，零线分开		
	40	相序保护装置	应设置		
	41	通信联络装置	应设置		
	42	电缆与电缆导向	电缆完好无破损，电缆导向架按规定设置		
对重和钢丝绳	43	钢丝绳	应规格正确，且未达到报废标准		
	44	对重安装	应按使用说明书要求设置		
	45	对重导轨	接缝平整，导向良好		
	46	钢丝绳端部固结	应固结可靠。绳卡规格应与绳径匹配，其数量不得少于3个，间距不小于绳径的6倍，滑鞍应放在受力一侧		

自检结论：

检查人签字： 检查日期： 年 月 日

注：对不符合要求的项目应在备注栏具体说明，对要求量化的参数应填实测值。

7.3.2 施工升降机的调试

施工升降机的调试是安装工作的重要组成部分和不可缺少的程序，也是安全使用的保证措施。调试包括调整和试验两方面内容。调整须在反复试验中进行，试验后一般也要进行多次调整，直至符合要求。施工升降机的调试主要有以下几项：

1. 制动器的调试

吊笼在额定载荷运行制动时如有下滑现象，就应调整制动器。调整间隙应根据产品不同型号及说明书要求进行。调整后必须进行额定载荷下的制动试验。

2. 导轨架垂直度的调整

吊笼空载降至最低点，从垂直于吊笼长度方向与平行于吊笼长度方向分别使用经纬仪测量导轨架的安装垂直度，重复三次取平均值。如垂直度偏差超过规定值，可通过调整附墙架的调节杆，使导轨架的垂直度符合标准要求。

3. 导向滚轮与导轨架的间隙调试

用塞尺检查滚轮与导轨架的间隙，不符合要求的，应予以调整。松开滚轮的固定螺栓，用专用扳手转动偏心轴，调整后滚轮与导轨架立柱管的间隙为 0.5mm，调整完毕务必将螺栓紧固好。

4. 齿轮与齿条啮合间隙调试

用压铅法测量齿轮与齿条的啮合间隙，不符合要求的，应予以调整。松开传动板及安全板上的靠背轮螺母，用专用扳手转动偏心套调整齿轮与齿条的啮合间隙、背轮与齿轮背面的间隙。调整后齿轮与齿条的侧向间隙应为 0.2～0.5mm，靠背轮与齿条背面的间隙为 0.5mm，调整后将螺母拧紧。

5. 上限位挡块、下限位挡块及减速限位挡块调试调整

（1）上限位挡块

在笼顶操作，将吊笼向上提升，当上限位触发时，上部安全距离应不小于 1.8m。如位置出现偏差，应调整上限位挡块，并用钩头螺栓固定挡块。

（2）减速限位挡块

在吊笼内操作，将吊笼下降到吊笼底与外笼门槛平齐时（满载），减速限位挡块应与减速限位接触并有效。如位置出现偏差，应重新安装减速限位挡块，并用螺栓固定减速限位挡块。

（3）下限位挡块

使吊笼继续下降，下限位应与下限位挡块有效接触，使吊笼制停。如位置出现偏差，应调下限位挡块位置，并用螺栓固定。

（4）上、下极限限位挡块

1）SC 型施工升降机上极限开关的安装位置应保证上极限开关与上限位开关之间的越程距离为 0.15m，SS 型不小于 0.5m。

2）下极限开关的安装位置应保证吊笼在碰到缓冲器之前下极限开关先动作。

（5）限位调整时，对于双吊笼施工升降机，一吊笼进行调整作业，另一吊笼必须停止运行。

6. 断绳保护装置调试

对渐进式（楔块抱闸式）的安全装置，可进行坠落试验。试验时将吊笼降至地面，先检查安全装置的间隙和摩擦面清洁情况，符合要求后按额定载重量在吊笼内均匀放置；将吊笼升至 3m 左右，利用停靠装置将吊笼挂在架体上，放松提升钢丝绳 1.5m 左右，松开停靠装置，模拟吊笼坠落，吊笼应在 1m 距离内可靠停住。超过 1m 时，应在吊笼降地后调整楔块间隙，重复上述过程，直至符合要求。

7. 超载限制器调试

将吊笼降至离地面 200mm 处，逐步加载，当载荷达到额定载荷 90％时应能报警；

继续加载，在超过额定载荷时，即自动切断电源，吊笼不能启动。如不符合上述要求，对拉力环式超载保护装置应通过调节螺栓螺母改变弹簧钢片的预压缩量来进行调整。

8. 电气装置调试

升降按钮、急停开关应可靠有效，漏电保护器应灵敏，接地防雷装置应可靠。

9. 变频调速施工升降机的快速运行调试

变频调速施工升降机，必须在生产厂方指导下，调整变频器的参数，直到施工升降机运行速度达到规定值。

在完成上述所有内容及调试项目后，即可使施工升降机进行快速运行和整机性能试验。

7.3.3 施工升降机的整机性能试验

施工升降机在进行性能试验时应具备以下条件：环境温度为－20～40 ℃，现场风速不应大于 13m/s，电源电压值偏差不超过±5%，荷载的质量允许偏差不超过±1%。

1. 安装试验

安装试验也就是安装工况不少于 2 个标准节的接高试验。实验时首先将吊笼离地 1m，向吊笼平稳、均布地加载荷至额定安装载重量的 125%，然后切断动力电源，进行静态试验 10min，吊笼不应下滑，也不应出现其他异常现象。如若滑动距离超过标准，则说明制动器的制动力矩不够，应压紧其电机尾部的制动弹簧。有对重的施工升降机，应当在不安装对重的安装工况下进行试验。

2. 空载试验

(1) 全行程进行不少于 3 个工作循环的空载试验，每一工作循环的升、降过程中应进行不少于 2 次的制动，其中在半行程应至少进行一次吊笼上升和下降的制动试验，观察有无制动瞬时滑移现象。若滑动距离超过标准，则说明制动器的制动力矩不够，应压紧其电机尾部的制动弹簧。

(2) 在进行上述试验的同时，应对各安全装置进行灵敏度试验。

(3) 双吊笼提升机，应对各单吊笼升降和双吊笼同时升降，分别进行试验。

(4) 空载试验过程中，应检查各机构动作是否平稳、准确，不允许有震颤、冲击等现象。

3. 额定载荷试验

在吊笼内装额定载重量，载荷重心位置按吊笼宽度方向均向远离导轨架方向偏 1/6 宽度，长度方向均向附墙架方向偏 1/6 长度的内偏以及反向偏移 1/6 长度的外偏，按所选电动机的工作制，各做全行程连续运行 30min 的试验，每一工作循环的升、降过程应进行不少于一次制动。

额定载荷试验中，吊笼应运行平稳，启动、制动正常，无异常响声，吊笼停止时，不应出现下滑现象，在中途再启动上升时，不允许出现瞬时下滑现象。额定载荷试验后，应测量减速器和液压系统的温升，蜗轮蜗杆减速器油液温升不得超过 60 ℃，其他减速器油液温升不得超过 45 ℃。

双吊笼施工升降机应按左、右吊笼分别进行额定载荷试验。

4. 超载试验

在施工升降机吊笼内均匀布置125％额定载重量的载荷，工作行程为全行程，工作循环不应少于 3 个，每一工作循环的升、降过程中应进行不少于一次制动。吊笼应运行平稳，启动、制动正常，无异常响声，吊笼停止时不应出现下滑现象。金属结构不得出现永久变形、可见裂纹、油漆脱落以及连接损坏、松动等现象。

5. 坠落试验

首次使用的施工升降机，或转移工地后重新安装的施工升降机，必须在投入使用前进行额定载荷坠落试验。施工升降机投入正常运行后，还需每隔三个月定期进行一次坠落试验。以确保施工升降机的使用安全。坠落试验一般程序如下：

（1）在吊笼中加载额定载重量。

（2）切断地面电源箱的总电源。

（3）将坠落试验按钮盒的电缆插头插入吊笼电气控制箱底部的坠落试验专用插座中。

（4）把试验按钮盒的电缆固定在吊笼上电气控制箱附近，将按钮盒设置在地面。坠落试验时，应确保电缆不会被挤压或卡住。

（5）撤离吊笼内所有人员，关上全部吊笼门和围栏门。

（6）合上地面电源箱中的主电源开关。

（7）按下试验按钮盒标有上升符号的按钮（↑），驱动吊笼上升至离地面约 3～10m 的高度。

（8）按下试验按钮盒标有下降符号的按钮（↓），并保持按住这按钮。这时，电机制动器松闸，吊笼下坠。当吊笼下坠速度达到临界速度，防坠安全器将动作，把吊笼刹住。

（9）当防坠安全器未能按规定要求动作而刹住吊笼时，必须将吊笼上电气控制箱上的坠落试验插头拔下，操纵吊笼下降至地面后，查明防坠安全器不动作的原因，排除故障后，才能再次进行试验。必要时须送生产厂校验。

（10）拆除试验电缆。此时，吊笼应无法启动。这是因为当防坠安全器动作时，其内部的电控开关已动作，以防止吊笼在试验电缆被拆除而防坠安全器尚未按规定要求复位的情况下被启动。

6. 防坠安全器动作后的复位

坠落试验后或防坠安全器每发生一次动作，均须对防坠安全器进行复位工作。在正常操作中发生动作后，须查明发生动作的原因，并采取相应的措施。在检查确认完好后或查清原因、排除故障后，才可对安全器进行复位。防坠安全器未复位前，严禁继续向下操作施工升降机。安全器在复位前应检查电动机、制动器、蜗轮减速器、联轴器、吊笼滚轮、对重滚轮、驱动小齿轮、安全器齿轮、齿条、背轮和安全器的安全开关等零部件是否完好，联接是否牢固，安装位置是否符合规定。

目前常用的渐进式防坠安全器从外观构造上区分有两种，一种是后端只有后盖（安全器Ⅰ），另一种在后盖上有一个小罩盖（安全器Ⅱ）。两种安全器的复位方法有所不同。

（1）后端只有后盖的安全器复位操作，如图 7-22 所示：

1）断开主电源。

2）旋出螺钉 1，拆下后盖 2，旋出螺钉 3。

3）用专用工具 4 和扳手 5，旋出铜螺母 6 直至弹簧销 7 的端部和安全器外壳后端面平齐为止，这时安全器的安全开关已复位。

4）安装螺钉 3。

5）接通主电源，驱动吊笼向上运行 300mm 以上，使离心块复位。

6）用锤子通过铜棒，敲击安全器后螺杆。

7）装上后盖 2，旋紧螺钉 1。

8）若复位后，外锥体摩擦片未脱开，可用锤子通过铜棒，敲击安全器后螺杆，迫使其脱离达到复位作用。

（2）带罩盖安全器的复位操作，如图 7-23 所示：

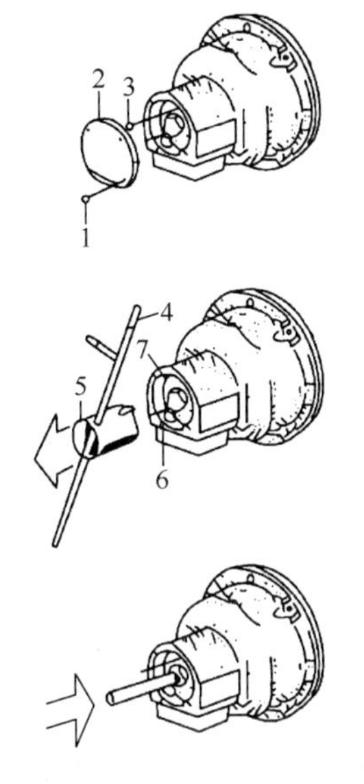

图 7-22　安全器Ⅰ复位操作过程

1—螺钉；2—后盖；3—螺钉；
4—专用工具；5—扳手；
6—铜螺母；7—弹簧销

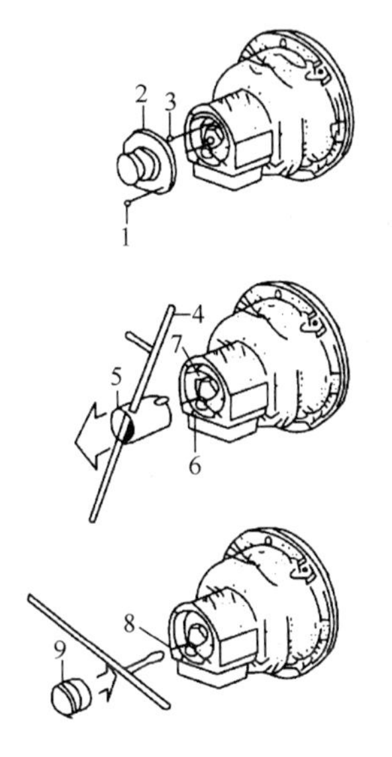

图 7-23　安全器Ⅱ复位操作过程

1—螺钉；2—后盖；3—螺钉；
4—专用工具；5—扳手；6—铜螺母；
7—弹簧销；8—螺栓；9—罩盖

1）断开主电源。

2）旋出螺钉1，拆下后盖2，旋出螺钉3。

3）用专用工具4和扳手5，旋出铜螺母6直至弹簧销7的端部和安全器外壳后端面平齐为止，这时安全器的安全开关已复位。

4）安装螺钉3。

5）接通主电源，驱动吊笼向上运行300mm以上，使离心块复位。

6）装上后盖2，旋紧螺钉1，旋下罩盖9，用手旋紧螺栓8。

7）用扳手5把螺栓8再旋紧30°左右，然后立即反向退至上一步的初始位置。

8）装上罩盖9。

7.3.4 检测机构的监督检验

安装单位自检合格后，应经有相应资质的检验检测机构监督检验合格。

7.4 施工升降机的验收（联合验收）

施工升降机经安装单位自检合格交付使用前，应当经有相应资质的检验检测机构监督检验合格。监督检验合格后，使用单位应当组织产权（出租）、安装、监理等有关单位进行综合验收。实行施工总承包的，应由施工总承包单位组织验收。验收合格后方可投入使用，严禁使用未经验收或验收不合格的施工升降机。

施工升降机安装验收参照表7-5进行。安装自检表、检测报告和验收记录等应纳入设备档案，并且使用单位应自施工升降机安装验收合格之日起30日内，将施工升降机安装验收资料、施工升降机安全管理制度、特种作业人员名单等，向工程所在地县级以上建设行政主管部门办理使用登记备案。

施工升降机安装验收表 **表7-5**

工程名称			工程地址	
设备型号			备案登记号	
设备生产厂			出厂编号	
出厂年月			安装高度	
安装负责人			安装日期	
检查结果代号说明		√=合格　O=整改后合格　×=不合格　无=无此项		
检查项目	序号	内容和要求	检查结果	备注
主要部件	1	导轨架、附墙架连接安装齐全、牢固、位置正确		
	2	螺栓拧紧力矩达到技术要求，开口销完全撬开		
	3	导轨架安装垂直度满足要求		
	4	结构无变形、开焊、裂纹		
	5	对重导轨符合使用说明书要求		

续表

检查项目	序号	内容和要求		检查结果	备注
传动系统	6	钢丝绳规格正确，未达到报废标准			
	7	钢丝绳固定和编结符合标准要求			
	8	各部位滑轮转动灵活、可靠，无卡阻现象			
	9	齿条、齿轮、曳引轮符合标准要求，保险装置可靠			
	10	各机构转动平稳、无异常响声			
	11	各润滑点润滑良好、润滑油牌号正确			
	12	制动器、离合器动作灵活可靠			
电气系统	13	供电系统正常，额定电压值偏差不超过±5%			
	14	接触器、继电器触点良好			
	15	仪表、照明、报警系统完好可靠			
	16	控制、操纵装置动作灵活、可靠			
	17	各种电气安全保护装置齐全、可靠			
	18	电气系统对导轨架的绝缘电阻应不小于0.5MΩ			
	19	接地电阻应不大于4Ω			
安全系统	20	防坠安全器在有效标定期限内			
	21	防坠安全器灵敏可靠			
	22	超载保护装置灵敏可靠			
	23	上、下限位开关灵敏可靠			
	24	上、下极限开关灵敏可靠			
	25	急停开关灵敏可靠			
	26	安全钩完好			
	27	额定载重量标牌牢固清晰			
	28	地面防护围栏门、吊笼门机电联锁灵敏可靠			
试运行	29	空载	双吊笼施工升降机应分别对两个吊笼进行试运行。试运行中吊笼应起动、制动正常，运行平稳，无异常现象		
	30	额定载重量			
	31	125%额定载重量			
坠落试验	32	吊笼制动后，结构及连接件应无任何损坏或永久变形，且制动距离应符合要求			

验收结论：

总承包单位（盖章）：　　　　　　　　　　验收日期：　　年　　月　　日

总承包单位		参加人员签字	
使用单位		参加人员签字	
安装单位		参加人员签字	
监理单位		参加人员签字	
监理单位		参加人员签字	

注：1. 新安装的施工升降机及在用的施工升降机应至少每3个月进行一次额定载重量的坠落试验；新安装及大修后的施工升降机应做125%额定载重量试运行。

2. 对不符合要求的项目应在备注栏具体说明，对要求量化的参数应填实测值。

7.5 施工升降机的拆卸

7.5.1 拆卸作业前的准备

（1）拆卸前，应制定拆卸方案，确定指挥和起重工，安排参加作业人员，划定危险作业区域，设置警戒线和醒目的安全警示标志，并应派专人监护。

（2）察看拆卸现场周边环境，如架空线路位置、脚手架及地面设施情况、各种障碍物情况等，确保作业现场无障碍物，有足够的工作面，场地路面平整、坚实。

（3）对施工升降机的关键部件进行检查，当发现问题时，应在问题解决后方能进行拆卸作业。

7.5.2 拆卸作业注意事项

（1）施工升降机拆卸过程中，应认真检查各就位部件的连接与紧固情况，发现问题及时整改，确保拆卸时施工升降机工作安全可靠。

（2）施工升降机拆卸作业应符合拆卸工程专项施工方案的要求。

（3）拆卸施工升降机时，不得在拆卸作业区域内进行与拆卸无关的其他作业。

（4）夜间不得进行施工升降机的拆卸作业，大雨、大风等恶劣天气应停止拆卸。

（5）拆卸导轨架时，要确保吊笼的最高导向滚轮的位置始终处于被拆卸的导轨架接头之下，且吊具和安装吊杆都已到位，然后才能卸去连接螺栓。

（6）拆卸导轨架，先将导轨架连接螺栓拆下，然后用吊杆将导轨架放至吊笼顶部，吊笼落到底层卸下导轨架。注意吊笼顶部的导轨架不得超过 3 节。

（7）在拆卸附墙架前，确保架体的自由高度始终不大于 8m 或满足使用说明书的要求。

（8）应确保与基础相连的导轨架在最后一个附墙架拆除后，仍能保持各方向的稳定性。

（9）施工升降机拆卸应连续作业。当拆卸作业不能连续完成时，应根据拆卸状态采取相应的安全措施。

（10）吊笼未拆除之前，非拆卸作业人员不得在地面防护围栏内、施工升降机运行通道内、导轨架内和附墙架上等区域活动。

（11）拆卸两柱式导轨架的天梁前，应先分别对两立柱采取稳固措施，保证单个立柱的稳定。

（12）拆卸两柱式导轨架时，应先挂好吊具，拉紧起吊绳，使架体呈起吊状态，再解除地脚螺栓。

（13）拆卸作业中，严禁从高处向下抛掷物件。

（14）拆卸作业其他注意事项应符合 7.1.3 安装拆卸工操作规程要求。

7.5.3　一般拆卸作业程序

施工升降机的拆卸程序是安装程序的逆程序，一般按照先装后拆、自上而下的步骤进行。

1. SC 型施工升降机拆卸一般程序

（1）对施工升降机进行全面检查，确定各部件完好，运转正常。

（2）将操纵盒置于吊笼顶部

1）对有驾驶室的施工升降机，须将加节按钮盒接线插头插至驾驶室操纵箱的相应插座上，并将操纵箱上的控制旋钮旋至“加节”位置，再将加节按钮盒置于吊笼顶部。

2）对无驾驶室的施工升降机，须将吊笼内的操纵盒移至吊笼顶部。

（3）在吊笼顶部安装好吊杆。

（4）使吊笼提升到导轨架顶部，拆卸上极限开关挡块和上限位开关挡板。

（5）拆除对重的缓冲弹簧，并在对重下垫上足够高度的枕木。

（6）使吊笼缓缓上升适当距离，让对重平稳地停在所垫的枕木上，使钢丝绳卸载。

（7）从对重上和偏心绳具上卸下钢丝绳，用吊笼顶的钢丝绳盘收起所有的钢丝绳。

（8）拆卸天轮架。

（9）拆卸导轨架、附墙架，同时拆卸电缆导向装置。

（10）保留三节导轨架组成的最下部导轨架，然后拆除吊杆，吊笼停至缓冲弹簧上。

（11）切断地面电源箱的总电源，拆卸连接至吊笼的电缆。

（12）将吊笼吊离导轨架。

（13）拆卸吊笼的缓冲弹簧。

（14）将对重吊离导轨架。

（15）拆卸围栏和底架。

2. SS 型施工升降机拆卸一般程序

（1）对施工升降机进行全面检查，确定各部件完好，运转正常。

（2）安装吊杆。

（3）将吊笼吊落到地面。

（4）解下钢丝绳。

（5）拆卸天梁。

（6）拆卸标准节和附着架。

（7）拆到只有三节标准节时，拆卸吊杆。

（8）吊走吊笼。

（9）拆除剩余的标准节、底架和围栏。

8　施工升降机的安全使用

8.1　施工升降机的使用管理

8.1.1　施工升降机使用的技术条件

施工升降机在施工中要保证安全使用和正常运行，必须具备一定的安全技术条件。一般来说安全技术条件包括操作人员条件、设备技术条件和环境设施条件等。

1. 操作人员条件

操作司机必须取得省建筑主管部门发放的特种作业人员操作资格证书，并具备良好的身体素质。

2. 施工升降机的技术条件

（1）施工升降机生产厂必须持有国家颁发的特种设备制造许可证。

（2）施工升降机应当有监督检验证明、出厂合格证和产品设计文件、安装及使用维修说明、有关型式试验合格证明等文件，并已在产权单位工商注册所在地县级以上建设主管部门备案登记。

（3）应有配件目录及必要的专用随机工具。

（4）对于购入的旧施工升降机应有两年内完整运行记录及维修、改造资料。

（5）对改造、大修的施工升降机要有出厂检验合格证、监督检验证明。

（6）施工升降机的各种安全装置、仪器仪表必须齐全和灵敏可靠。

（7）有下列情形之一的施工升降机，不得使用：

1）属国家明令淘汰或者禁止使用的。

2）超过安全技术标准或者制造厂家规定的使用年限的。

3）经检验达不到安全技术标准规定的。

4）没有完整安全技术档案的。

5）没有齐全有效的安全保护装置的。

3. 环境设施条件

（1）环境温度应当为－20～40℃。

（2）顶部风速不得大于20m/s。

（3）电源电压值偏差应当不超过±5%。

（4）基础周围应有排水设施，基础四周5m内不得开挖沟槽，30m范围内不得进行对基础有较大振动的施工。

（5）在吊笼地面出入口处应搭设防护隔离棚，其纵距必须大于出入口的宽度，其横距应满足高处作业物体坠落规定半径范围要求。

8.1.2 施工升降机使用的管理制度

1. 交接班制度

为使施工升降机在多班作业或多人轮班操作时，能相互了解情况、交代问题，分清责任，防止机械损坏和附件丢失，保证施工生产的连续进行，必须建立交接班制度，作为岗位责任制的组成部分。

交接班时，双方都要全面检查，做到不漏项目，交接清楚，由交方负责填写交接班记录，接方核对相符，经签收后交方才能下班。

（1）交班司机职责

1）检查施工升降机的机械、电气部分是否完好。

2）操作手柄置于零位，切断电源。

3）本班施工升降机运转情况、保养情况及有无异常情况。

4）交接随机工具、附件等情况。

5）清扫卫生，保持清洁。

6）认真填写好设备运转记录和交接班记录。

（2）接班司机职责

1）认真听取上一班司机工作情况介绍。

2）仔细检查施工升降机各部件完好情况。

3）使用前必须进行空载试验运转，检查限位开关、紧急开关等是否灵敏可靠，如有问题应及时修复后方可使用，并做好记录。

（3）交接班记录内容

交接班记录具体内容和格式，见表 8-1。交接记录簿由机械管理部门于月末更换，收回的记录簿是设备使用的原始记录，应保存备查。机长应经常检查交接班制度的执行情况，并作为司机日常考核的依据。

2. 三定制度

施工升降机的使用必须贯彻“管、用、养结合”和“人机固定”的原则，实行定人、定机、定岗位的“三定”岗位责任制，也就是每台施工升降机有专人操作、维护与保管。实行岗位责任制，根据施工升降机使用类型的不同，可采取下列两种形式：

（1）施工升降机由单人驾驶的，应明确其为机械使用负责人，承担机长职责。

（2）多班作业或多人驾驶的施工升降机，应任命一人为机长，其余为机员。机长选定后，应由施工升降机的使用或所有单位任命，并保持相对稳定，一般不轻易作变动。在设备内部调动时，最好随机随人。

施工升降机交接班记录表 **表 8-1**

工程名称		使用单位	
设备型号		备案登记号	
时　　间	年　　月　　日　　时　　分		
检查结果代号说明	√＝合格　○＝整改后合格　×＝不合格　无＝无此项		
序号	检 查 项 目	检查结果	备注
1	施工升降机通道无障碍物		
2	地面防护围栏门、吊笼门机电联锁完好		
3	各限位挡板位置无移动		
4	各限位器灵敏可靠		
5	各制动器灵敏可靠		
6	清洁良好		
7	润滑充足		
8	各部件紧固无松动		
9	其他		
故障及维修记录：			
交班司机签名：		接班司机签名：	

3. 岗位责任制

（1）机长职责

机长是机组的负责人和组织者，其主要职责是：

1）指导机组人员正确使用施工升降机，充分发挥机械效能，努力完成施工生产任务等各项技术经济指标，确保安全作业。

2）带领机组人员坚持业务学习，不断提高业务水平，模范地遵守操作规程和有关安全生产的规章制度。

3）检查、督促机组人员共同做好施工升降机的维护保养，保证机械和附属装置及随机工具整洁、完好，延长设备的使用寿命。

4）督促机组人员认真落实交接班制度。

（2）施工升降机司机职责

司机在机长带领下除协助机长工作和完成施工生产任务外，还应做好下列工作：

1）严格遵守施工升降机安全操作规程，严禁违章作业。

2）认真做好施工升降机作业前的检查、试运转工作。

3）及时做好班后整理工作，认真填写试车检查记录、设备运转记录。

4）严格遵守施工现场的安全管理的相关规定。

5）做好施工升降机的调整、紧固、清洁、润滑、防腐等维护保养工作。

6）及时处理和报告施工升降机的故障及安全隐患。

（3）指导司机、实习司机的岗位职责

1）指导司机的职责

① 实习司机开车时，指导司机必须在旁监护。

② 指导实习司机按规定程序操作。

③ 及时提醒实习司机减速、制动和停车等。

④ 监护观察实习司机的精神状态，出现紧急情况而实习司机未操作时，指导司机应及时采取措施，对施工升降机进行安全操作。

2）实习司机的职责

① 尊敬师傅，接受分配的工作，未经师傅许可，不准擅自操作和启动施工升降机。

② 遵守安全操作规程，在师傅指导下，努力学习操作和保养等技术技能。

③ 协助机长和师傅填写使用记录。

4. 施工升降机安全技术检查制度

（1）日常检查

设备日常检查为每日强制检修制项目，时间为每日交接班时或上、下班时。

设备日常检查应做好设备的清洁、润滑、调整、紧固工作。检查设备零部件是否完整、设备运转是否正常，有无异常声响、漏油、漏电等现象。维护和保持设备状态良好，保证设备正常运转。施工升降机司机应按使用说明书及表 8-2 的要求对施工升降机进行检查，并对检查结果进行记录，发现问题应向使用单位报告。

（2）月检查

月检查由维修工人或设备管理技术人员按规定的检查周期对设备进行检查，检查除对日常检查的部位进行检查外，着重对设备的机械性能和安全状况进行检查。使用单位应每月组织专业技术人员按表 8-3 对施工升降机进行检查，并对检查结果进行记录。

（3）不定期检查

不定期检查主要指季节性及节假日前后的检查。针对气候特点（如冬季、夏季、雨季等）可能给设备带来的危害和节假日（主要指元旦、劳动节、国庆节、春节）前后职工纪律松懈、思想麻痹的特点，进行季节性及节假日前后针对性的专项检查。当遇到可能影响施工升降机安全技术性能的自然灾害、发生设备事故或停工 6 个月以上时，应对施工升降机重新组织检查验收。

施工升降机每日使用前检查表 **表 8-2**

工程名称		工程地址	
使用单位		设备型号	
租赁单位		备案登记号	
检查日期	年　月　日		
检查结果代号说明	√＝合格　○＝整改后合格　×＝不合格　无＝无此项		

序号	检　查　项　目	检查结果	备注
1	外电源箱总开关、总接触器正常		
2	地面防护围栏门及机电联锁正常		
3	吊笼、吊笼门和机电联锁操作正常		
4	吊笼顶紧急逃生门正常		
5	吊笼及对重通道无障碍物		
6	钢丝绳连接、固定情况正常，各曳引钢丝绳松紧一致		
7	导轨架连接螺栓无松动、缺失		
8	导轨架及附墙架无异常移动		
9	齿轮、齿条啮合正常		
10	上、下限位开关正常		
11	极限限位开关正常		
12	电缆导向架正常		
13	制动器正常		
14	电机和变速箱无异常发热及噪声		
15	急停开关正常		
16	润滑油无泄漏		
17	警报系统正常		
18	地面防护围栏内及吊笼顶无杂物		
发现问题：		维修详情：	
司机签名：			

施工升降机每月检查表 **表 8-3**

设备型号		备案登记号	
工程名称		工程地址	
设备生产厂		出厂编号	
出厂日期		安装高度	
安装负责人		安装日期	

检查结果代号说明	√＝合格 ○＝整改后合格 ×＝不合格 无＝无此项

<table>
<tr><th>名称</th><th>序号</th><th>检查项目</th><th colspan="2">要求</th><th>检查结果</th><th>备注</th></tr>
<tr><td rowspan="2">标志</td><td>1</td><td>统一编号牌</td><td colspan="2">应设置在规定位置</td><td></td><td></td></tr>
<tr><td>2</td><td>警示标志</td><td colspan="2">吊笼内应有安全操作规程，操纵按钮及其他危险处应有醒目的警示标志，施工升降机应设限载和楼层标志</td><td></td><td></td></tr>
<tr><td rowspan="5">基础和围护设施</td><td>3</td><td>地面防护围栏门联锁保护装置</td><td colspan="2">应装机电联锁装置。吊笼位于底部规定位置时，地面防护围栏门才能打开。地面防护围栏门开启后吊笼不能启动</td><td></td><td></td></tr>
<tr><td>4</td><td>地面防护围栏</td><td colspan="2">基础上吊笼和对重升降通道周围应设置地面防护围栏，高度不小于 1.8m</td><td></td><td></td></tr>
<tr><td>5</td><td>安全防护区</td><td colspan="2">当施工升降机基础下方有施工作业区时，应加设对重坠落伤人的安全防护区及其安全防护措施</td><td></td><td></td></tr>
<tr><td>6</td><td>电缆收集筒</td><td colspan="2">固定可靠、电缆能正确导入</td><td></td><td></td></tr>
<tr><td>7</td><td>缓冲弹簧</td><td colspan="2">应完好</td><td></td><td></td></tr>
<tr><td rowspan="10">金属结构件</td><td>8</td><td>金属结构件外观</td><td colspan="2">无明显变形、脱焊、开裂和锈蚀</td><td></td><td></td></tr>
<tr><td>9</td><td>螺栓连接</td><td colspan="2">紧固件安装准确、紧固可靠</td><td></td><td></td></tr>
<tr><td>10</td><td>销轴连接</td><td colspan="2">销轴连接定位可靠</td><td></td><td></td></tr>
<tr><td rowspan="7">11</td><td rowspan="7">导轨架垂直度</td><td>架设高度 h（m）</td><td>垂直度偏差（mm）</td><td rowspan="7"></td><td rowspan="7"></td></tr>
<tr><td>≤70</td><td>≤（1/1000）h</td></tr>
<tr><td>70<h≤100</td><td>≤70</td></tr>
<tr><td>100<h≤150</td><td>≤90</td></tr>
<tr><td>150<h≤200</td><td>≤110</td></tr>
<tr><td>>200</td><td>≤130</td></tr>
<tr><td colspan="2">对钢丝绳式施工升降机，垂直度偏差不大于（1.5/1000）h</td></tr>
<tr><td rowspan="4">吊笼及层门</td><td>12</td><td>紧急逃离门</td><td colspan="2">应完好</td><td></td><td></td></tr>
<tr><td>13</td><td>吊笼顶部护栏</td><td colspan="2">应完好</td><td></td><td></td></tr>
<tr><td>14</td><td>吊笼门</td><td colspan="2">开启正常，机电联锁有效</td><td></td><td></td></tr>
<tr><td>15</td><td>层门</td><td colspan="2">应完好</td><td></td><td></td></tr>
</table>

续表

名称	序号	检查项目	要求	检查结果	备注
传动及导向	16	防护装置	转动零部件的外露部分应有防护罩等防护装置		
	17	制动器	制动性能良好，有手动松闸功能		
	18	齿轮齿条啮合	齿条应有90%以上的计算宽度参与啮合，且与齿轮的啮合侧隙应为0.2～0.5mm		
	19	导向轮及背轮	连接及润滑应良好，导向灵活，无明显倾侧现象		
	20	润滑	无漏油现象		
附着装置	21	附墙架	应采用配套标准产品		
	22	附着间距	应符合使用说明书要求		
	23	自由端高度	应符合使用说明书要求		
	24	与构筑物连接	应牢固可靠		
安全装置	25	防坠安全器	应在有效标定期限内使用		
	26	防松绳开关	应有效		
	27	安全钩	应完好有效		
	28	上限位	安装位置：提升速度 $v<0.8$m/s时，留有上部安全距离应≥1.8m；$v\geq0.8$m/s时，留有上部安全距离（m）应≥$1.8+0.1v^2$		
	29	上极限开关	极限开关应为非自动复位型，动作时能切断总电源，动作后须手动复位才能使吊笼启动		
	30	越程距离	上限位和上极限开关之间的越程距离应不小于0.15m		
	31	下限位	应完好有效		
	32	下极限开关	应完好有效		
	33	紧急逃离门安全开关	应有效		
	34	急停开关	应有效		
电气系统	35	绝缘电阻	电动机及电气元件（电子元器件部分除外）的对地绝缘电阻应不小于0.5MΩ，电气线路的对地绝缘电阻应不小于1MΩ		
	36	接地保护	电动机和电气设备金属外壳均应接地，接地电阻应不大于4Ω		
	37	失压、零位保护	应有效		
	38	电气线路	排列整齐，接地，零线分开		
	39	相序保护装置	应有效		
	40	通讯联络装置	应有效		
	41	电缆与电缆导向	电缆完好无破损，电缆导向架按规定设置		

续表

名称	序号	检查项目	要求	检查结果	备注
对重和钢丝绳	42	钢丝绳	应规格正确，且未达到报废标准		
	43	对重导轨	接缝平整，导向良好		
	44	钢丝绳端部固结	应固结可靠。绳卡规格应与绳径匹配，其数量不得少于3个，间距不小于绳径的6倍，滑鞍应放在受力一侧		

检查结论：

租赁单位检查人签字：

使用单位检查人签字：

日期：　　年　　月　　日

注：对不符合要求的项目应在备注栏具体说明，对要求量化的参数应填实测值。

（4）年度检审

根据国家有关规定，特种设备使用超过一定年限，每年必须经有相应资质的检验检测机构监督检验合格，才可以正常使用。

8.2　施工升降机的安全操作

8.2.1　操作前的安全检查

1. 作业前检查事项

（1）检查导轨架等金属结构有无变形，连接螺栓有无松动，节点有无裂缝、开焊等情况。

（2）检查附墙是否牢固，接料平台是否平整，各层接料口的栏杆和安全门是否完好，联锁装置是否有效，安全防护设施是否符合要求。

（3）检查钢丝绳固定是否良好，对断股断丝是否超标进行检查。

（4）查看吊笼和对重运行范围内有无障碍物等，司机的视线应清晰良好。

（5）对于SS型施工升降机，检查钢丝绳、滑轮组的固结情况；检查卷筒的绕绳情况，发现斜绕或叠绕时，应松绳后重绕。

2. 启动前检查事项

（1）电源接通前，检查地线、电缆是否完整无损，操纵开关是否置于零位。

（2）电源接通后，检查电压是否正常、机件有无漏电、电器仪表是否灵敏有效。

（3）进行以下操作，检查安全开关是否有效，应当确保此时吊笼等均不能启动：

1）打开围栏门。

2）打开吊笼单开门。

3）打开吊笼双开门。

4）打开顶盖紧急出口门。

5）触动防断绳安全开关。

6）按下紧急制动按钮。

（4）信号及通信装置的使用效果是否良好。

3. 空载运行

检查上、下限位开关，极限开关及其碰铁是否有效、可靠、灵敏。

4. 负载运行

检查制动器的可靠性和架体的稳定性。

5. 润滑情况检查

检查各润滑部位，应润滑良好。如润滑情况差，应及时进行润滑；油液不足应及时补充润滑油。

8.2.2 定期检查

施工升降机的定期检查应每月进行一次，主要检查以下内容：

（1）金属结构有无开焊、锈蚀、永久变形。

（2）架体及附墙架各节点的螺栓紧固情况。

（3）驱动机构（SS型的卷扬机、曳引机）制动器、联轴器磨损情况，减速机和卷筒的运行情况。

（4）钢丝绳、滑轮的完好性及润滑情况。

（5）附墙架、电缆架有无松动。

（6）安全装置和防护设施有无缺损、失灵。

（7）电机及减速机有无异常发热及噪声。

（8）电缆线有无破损或老化。

（9）电气设备的接零保护和接地情况是否完好。

（10）进行断绳保护装置的可靠性、灵敏度试验。

8.2.3 施工升降机的安全使用要求

（1）施工升降机司机必须经过有关部门专业培训，考核合格后取得特种作业人员操作资格证书，持证上岗，不得无证操作。使用单位应对施工升降机司机进行书面安全技术交底，交底资料应留存备查。

（2）施工升降机额定载重量、额定乘员数标牌应置于吊笼醒目位置。严禁在超过额定载重量或额定乘员数的情况下使用施工升降机。

（3）当电源电压值与施工升降机额定电压的偏差超过±5%，或供电总功率小于施工升降机的规定值时，不得使用施工升降机。

（4）应在施工升降机作业范围内设置明显的安全警示标志，应在集中作业区做好安全防护。

（5）当建筑物超过2层时，施工升降机地面通道上方应搭设防护棚。当建筑物高度超过24m时，应设置双层防护棚。

（6）使用单位应根据不同的施工阶段、周围环境、季节和气候，对施工升降机采取相应的安全防护措施。

（7）使用单位应在现场设置相应的设备管理机构或配备专职的设备管理人员，并指定专职设备管理人员、专职安全生产管理人员进行监督检查。

（8）当遇大雨、大雪、大雾、施工升降机顶部风速大于20m/s及导轨架、电缆表面结有冰层时，不得使用施工升降机。

（9）严禁用行程限位开关作为停止运行的控制开关。

（10）使用期间，使用单位应按使用说明书的要求对施工升降机定期进行保养。

（11）在施工升降机基础周边水平距离5m以内，不得开挖井沟，不得堆放易燃易爆物品及其他杂物。

（12）施工升降机运行通道内不得有障碍物。不得利用施工升降机的导轨架、横竖支承、层站等牵拉或悬挂脚手架、施工管道、绳缆标语、旗帜等。

（13）施工升降机安装在建筑物内部井道中时，应在运行通道四周搭设封闭屏障。

（14）安装在阴暗处或夜班作业的施工升降机，应在全行程装设明亮的楼层编号标志灯。夜间施工时作业区应有足够的照明，照明应满足现行行业标准《施工现场临时用电安全技术规范（附条文说明）》JGJ 46—2005的要求。

（15）施工升降机不得使用脱皮、裸露的电线、电缆。

（16）施工升降机吊笼底板应保持干燥整洁。各层站通道区域不得有物品长期堆放。

（17）施工升降机司机严禁酒后作业。工作时间内司机不应与其他人员闲谈，不应有妨碍施工升降机运行的行为。

（18）施工升降机司机应遵守安全操作规程和安全管理制度。

（19）实行多班作业的施工升降机，应执行交接班制度，交班司机应按表8-1填写交接班记录表。接班司机应进行班前检查，确认无误后，方可开机作业。不得使用有故障的施工升降机。

（20）施工升降机每天第一次使用前，司机应将吊笼升离地面1～2m，停车试验制动器的可靠性。当发现问题，应经修复合格后方可运行。严禁施工升降机使用超过有效标定期的防坠安全器。

（21）施工升降机每3个月应进行一次1.25倍额定载重量的超载试验，确保制动器性能安全可靠。

（22）工作时间内司机不得擅自离开施工升降机。当有特殊情况需离开时，应将施工升降机停到最底层，关闭电源，锁好吊笼门，并挂上有关告示牌。

（23）操作手动开关的施工升降机时，不得利用机电联锁开动或停止施工升降机。

（24）层门门栓宜设置在靠施工升降机一侧，且层门应处于常闭状态。未经施工升降机司机许可，不得启闭层门。

（25）施工升降机专用开关箱应设置在导轨架附近便于操作的位置，配电容量应满足施工升降机直接启动的要求。

（26）散状物料运载时应装入容器、进行捆绑或使用织物袋包装，堆放时应使荷载分布均匀。

（27）运载熔化沥青、强酸、强碱、溶液、易燃物品或其他特殊物料时，应由相关技术部门做好风险评估和采取安全措施，且应向施工升降机司机、相关作业人员书面交底后方能载运。

（28）当使用搬运机械向施工升降机吊笼内搬运物料时，搬运机械不得碰撞施工升降机。卸料时，物料放置速度应缓慢。

（29）当运料小车进入吊笼时，车轮处的集中荷载不应大于吊笼底板和层站底板的允许承载力。

（30）吊笼上的各类安全装置应保持完好有效。经过大雨、大雪、台风等恶劣天气以后应对各安全装置进行全面检查，确认安全有效后方能使用。

（31）当在施工升降机运行中发现异常情况时，应立即停机，直到排除故障后方能继续运行。

（32）当在施工升降机运行中由于断电或其他原因中途停止时，可进行手动下降。吊笼手动下降速度不得超过额定运行速度。

（33）司机应监督施工升降机的负荷情况，当超载、超重时，应当停止施工升降机的运行。

（34）当物件装入吊笼后，首先应检查物件有无伸出吊笼外情况，应特别注意装载位置，确保堆放稳妥，防止物件倾倒。

（35）物体不得伸出、阻挡吊笼上的紧急出口，平时正常行驶时应将紧急出口关闭。

（36）施工升降机运行时，人员的头、手等身体任何部位严禁伸出吊笼。

（37）在等候载物或人员时，应当监督他人不得站在吊笼和卸料平台之间，应站在吊笼内，或在卸料平台等候。

（38）如有人在导轨架上或附墙架上作业时，不得开动施工升降机，当吊笼升起时严禁有人进入地面防护围栏内。

（39）吊笼启动前必须鸣铃示意。

（40）在施工升降机未切断电源前，司机不得离开工作岗位。

（41）施工升降机在正常运行时，严禁把极限开关手柄脱离挡铁，使其失效。

（42）驾驶施工升降机时，必须用手操纵手柄开关或按钮开关，不得用身体其他部位代替手来操纵。严禁利用物品吊在操纵开关上或塞住控制开关，开动施工升降机上下行驶。

（43）施工升降机在运行时，禁止揩拭、清洁、润滑和修理机件。

（44）施工升降机向上行驶至最上层站时，应注意及时停止行驶，以防吊笼冲顶。满载向下行驶至最底层站时，也应注意及时停止行驶，以防吊笼下冲底座。

（45）施工升降机在行驶中停层时，应注意层站位置，不能将上下限位块作为停层开关，不能用打开单行门和双行门来停机。在转换运行方向时，应先把开关打到停止位置，待施工升降机停稳后，再换反向位置，不能换向太快，以防损坏电气、机械部件，造成危险。

（46）在施工升降机运行中或吊笼未停妥前，不可开启单行门和双行门。对于SS型货用施工升降机，当安全停靠装置没有固定好吊笼时，严禁任何人员进入吊笼；吊笼安全门未关好或人未走出吊笼时，不得升降吊笼。

（47）吊笼内应配置灭火器，放置平稳，便于取用。

（48）作业中无论任何人发出紧急停车信号，均应立即执行。

（49）司机发现施工升降机在行驶中出现故障时，不得随意对施工升降机进行检修，应当及时通知维修人员进行维修。维修时应协助维修人员工作，不能随便离开工作岗位。

（50）闭合电源前或作业中突然停电时，应将所有开关扳回零位。在重新恢复作业前，应在确认升降机动作正常后方可继续使用。

（51）发生故障或维修保养必须停机，切断电源后方可进行，并在醒目处挂“正在检修，禁止合闸”的标志，现场须有人监护。

（52）作业结束后应将施工升降机返回最底层停放，将各控制开关拨到零位，切断电源，锁好开关箱、吊笼门和地面防护围栏门。

（53）钢丝绳式施工升降机的使用还应符合下列规定：

1）钢丝绳应符合现行国家标准《起重机钢丝绳 保养、维护、检验和报废》GB/T 5972—2016的规定。

2）施工升降机吊笼运行时钢丝绳不得与遮掩物或其他物件发生碰触或摩擦。

3）当吊笼位于地面时，最后缠绕在卷扬机卷筒上的钢丝绳不应少于3圈，且卷扬机卷筒上钢丝绳应无乱绳现象；当重叠或叠绕时，应停机重新排列，严禁在转动中手拉、脚踩钢丝绳。

4）卷扬机工作时，卷扬机上部不得放置任何物件。

5）不得在卷扬机、曳引机运转时进行清理或加油。

6）提升钢丝绳运行中不得拖地和被水浸泡；必须穿越主要干道时，应挖沟槽并加保护措施；严禁在钢丝绳穿行的区域内堆放物料。

8.2.4 施工升降机操作的一般步骤

1. 熟悉使用说明书

当接管从未操作过的施工升降机或新出厂第一次使用的施工升降机，首先须认真阅读该机的使用说明书，了解施工升降机的结构特点，熟悉使用性能和技术参数，掌握操作程序、安全使用规定和维护保养要求。

2. 熟悉操作台面板

如图 8-1 所示，通常情况下施工升降机的操纵台面板上配有启动、急停、警铃等按

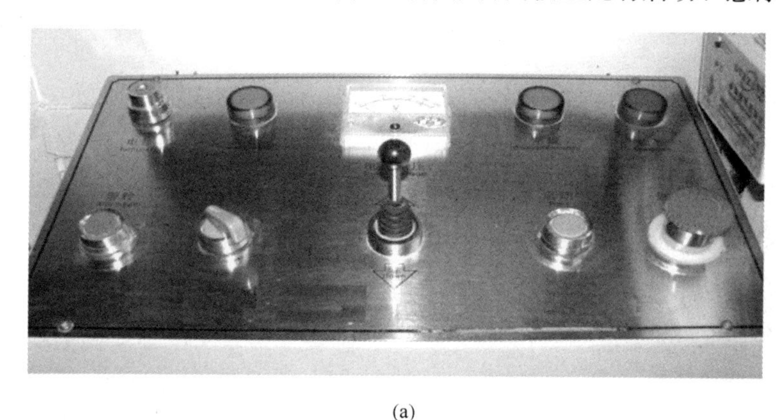

(a)

电锁 电源 电源电压指示表 常规 加节

升

降

警铃 照明 启动 急停

(b)

图 8-1 操作台面板

(a) 操纵台面板实物图；(b) 操纵台面板示意图

钮，安装了操作手柄，可操作吊笼上升、下降，并配有电压表、电源锁、照明开关以及电源、常规、加节指示灯等。施工升降机司机应当按说明书的内容逐项熟悉并掌握施工升降机的部件、机构、安全装置和操纵台以及操作面板上各类按钮、仪表、指示灯的作用。

（1）电源锁，打开后控制系统将通电。

（2）电压表，供查看供电电压是否稳定。

（3）启动按钮，按下后主回路供电。

（4）操作手柄，控制吊笼向上或向下运行。

（5）电铃按钮，按下后发出警示铃声信号。

（6）急停按钮，按下后切断控制系统电源。

（7）照明开关，控制驾驶室照明。

（8）电源指示灯，显示控制电路通断情况。

（9）常规指示灯，显示设备处于正常工作状态。

（10）加节指示灯，显示施工升降机正处于加节安装工作状态。

3. SC型施工升降机正常驾驶的步骤

（1）依次打开防护围栏门、吊笼门，进入吊笼。

（2）确认吊笼内的极限开关手柄置于中间位置，确认操纵台上的紧急制动按钮处于打开状态，升降操纵手柄置于中间位置。

（3）把围栏门上电源箱的电源开关置于“合”或“ON”位置，接通电源。

（4）依次关闭围栏门、吊笼单行门、双行门等。

（5）观察电压表，确认电源电压正常稳定。

（6）用钥匙打开控制电源。

（7）按下启动按钮，使控制电路通电。

（8）在运行前先按电铃按钮开关发出开车信号，然后操纵手柄，使施工升降机吊笼向上或向下运行。

（9）进行空载试运转，确认制动器、安全限位装置灵敏有效。

（10）吊笼行至接近停层站时，按下停止按钮开关，吊笼即停该层。如出现平层不准确时，可继续开动吊笼调整位置，使吊笼达到准确的平层。

（11）在运行中如果发生电气失控或遇异常情况时，立即按下急停按钮开关，切断控制电路电源，吊笼则立即停止运行。故障排除后，将急停按钮开关复位，按下总电源按钮，即可正常运行。

（12）安装拆卸施工升降机或对其进行维护保养时，应把笼顶操纵盒上的“加节/运行”开关拧到“加节”位置，并在吊笼顶上进行操作。

（13）当操作变频高速施工升降机经过变速碰块而不变速时，必须马上人工变速，即将操作手柄置于低速挡或零位，直至停车检查限位开关正常，变速碰块安装位置正确。正常操作也应注意控制运行速度，只有行程足够远时才可开到高速，即手柄打到较大角度位置。当吊笼将要达到目的地时，将手柄打到低速挡，使速度降下来之后再停车，保证就位准确。当楼层不高、行程不远时，司机必须根据实际情况把运行速度控制在低速或中速，以保证安全和就位准确。

(14) 司机离开驾驶室时，应将钥匙开关锁上，切断总电源开关，并将吊笼门锁死。

4. SS 型货用施工升降机正常驾驶步骤

(1) 在操作前，司机应首先按要求进行班前检查。

(2) 送电后，进行空载试运转，无异常后，方可正常作业。

(3) 物料进入吊笼内，笼门关闭后，发出音响信号示意，按下上升按钮使吊笼向上运行。

(4) 运行到某一指定接料平台处，按下停止按钮，吊笼停止。

(5) 待物料推出吊笼外，笼门关闭后，发出音响信号示意，按下下降按钮使吊笼向下运行，运行到地面，按下停止按钮，吊笼停止，完成一个操作过程。

5. 施工升降机的使用记录

施工升降机在使用过程中必须认真做好使用记录，使用记录一般包括运行记录、维护保养记录、交接记录和其他内容。

8.2.5 作业结束后的安全要求

(1) 施工升降机工作完毕后停驶时，司机应将吊笼停靠至地面层站。

(2) 司机应将控制开关置于零位，切断电源开关。

(3) 司机在离开吊笼前应检查一下吊笼内外情况，做好清洁保养工作，熄灯并切断控制电源。

(4) 司机离开吊笼后，应将吊笼门和防护围栏门关闭严实，并上锁。

(5) 切断施工升降机专用电箱电源和开关箱电源。

(6) 如装有空中障碍灯时，夜间应打开障碍灯。

(7) 当班司机要写好交接班记录，进行交接班。

8.2.6 出现异常情况的操作要求

(1) 当施工升降机的吊笼门和防护围栏门关闭后，如吊笼不能正常起动时，应随即将操纵开关复位，防止电动机缺相或制动器失效，而造成电动机损坏。

(2) 在吊笼门和防护围栏门没有关闭情况下，吊笼仍能起动运行，应立即停止使用，进行检修。

(3) 施工升降机在运行中，如果电源突然中断，应使所有操纵开关恢复停止的原始位置。电源恢复后，应检查所有操纵开关位置后方可重新驾驶。

（4）吊笼在行驶中或停层时，出现失去控制的现象时，应立即按下急停开关，切断控制回路电源，使吊笼停止运行，由专业人员进行检修。

（5）当施工升降机在运行时，如果发现有异常的噪声、振动和冲击等现象，应立即停止使用，通知维修人员查明原因。

（6）吊笼在正常载荷下，停层时出现明显下滑现象时，应停用检修。

（7）当接触到施工升降机的任何金属部件时，如有漏电现象，应立即切断施工升降机的电源进行检修。

（8）施工升降机在正常运载条件、正常行驶速度下，防坠安全器发生动作而使吊笼制动时，应由专业维修人员及时检修。

（9）当发现电气零件及接线发出焦热的异味时，施工升降机应立即停止使用，进行检修。

8.2.7　紧急情况下的操作要求

在施工升降机使用过程中，有时会发生一些紧急情况，此时司机首先要保持镇静，维持好吊笼内乘员的秩序，迅速采取一些合理有效的应急措施，等待维修人员排除故障，尽可能地避免事故，减少损失。

1. 吊笼在运行中突然断电

吊笼在运行中突然断电时，司机应立即关闭吊笼内控制箱的电源开关，切断电源。紧急情况下可立即拉下极限开关臂杆切断电源，防止突然来电时发生意外，然后与地面或楼层上有关人员联系，判明断电原因，按照以下方法处置，千万不能图省事，与乘员一起攀爬导轨架、附墙架或防护栏杆等进入楼层，以防坠落造成人身伤害事故。

（1）若短时间停电，可让乘员在吊笼内等待，待接到来电通知后，合上电源开关，经检查机械正常后才可启动吊笼。

（2）若停电时间较长且在层站上时，应及时撤离乘员，等待来电；若不在层站上时，应由专业维修人员进行手动下降到最近层站撤离乘员，然后下降到地面等待来电。

（3）若因故障造成断电且在层站上时，应及时撤离乘员，等待维修人员检修；若不在层站上时，应由专业维修人员进行手动下降到最近层站撤离乘员，然后下降到地面进行维修。

（4）若因电缆扯断而断电，应当关注电缆断头，防止有人触电。若吊笼停在层站上时，应及时撤离乘员，等待维修人员检修；若不在层站上时，应由专业维修人员进行手动下降到最近层站撤离乘员，然后下降到地面进行维修。

2. 吊笼失火

当吊笼在运行中途突然遇到电气设备或货物发生燃烧，司机应立即停止施工升降机的运行，及时切断电源，并用随机备用的灭火器来灭火。然后，报告有关部门和抢救受伤人员，撤离所有乘员。

使用灭火器时应注意，在电源未切断之前，应用1211、干粉、二氧化碳等灭火器来灭火；待电源切断后，方可用酸碱、泡沫等灭火器及水来灭火。

3. 发生坠落事故

当施工升降机在运行中发生吊笼坠落事故时，司机应保持镇静，及时稳定乘员的情绪。同时，应告诉乘员，将脚跟提起，使全身重量由脚尖支持，身体下蹲，并用手扶住吊笼，或抱住头部，以防吊笼因坠落而发生伤亡事故。如吊笼内载有货物，应将货物扶稳，以防倒下伤人。

若安全器动作并把吊笼制停在导轨架上，应及时与地面或楼层上有关人员联系，由专业维修人员登机检查原因。

（1）若因货物超载造成坠落，则由维修人员对安全器进行复位，然后由司机合上电源，启动吊笼上升约30～40cm使安全器完全复位，然后让吊笼停在距离最近的层站上，卸去超载的货物后，施工升降机可继续使用。

（2）如因机械故障造成坠落，而一时又不能修复的，应在采取安全措施的情况下，有组织地向最近楼层撤离乘员，然后交维修人员修理。

在安全器进行机械复位后，一定要启动吊笼上升一段行程使安全器脱挡，进行完全复位，因为马上下降吊笼易发生机械故障；另外，在不能及时修复时，撤离乘员的安全措施必须由工地负责制订和实施。

4. 吊笼越程冲顶

所谓吊笼冲顶是指施工升降机在运行过程中吊笼越过上限位、上极限限位，冲击天轮架，甚至击毁天轮架，使吊笼脱离导轨架从高处坠落。

施工升降机使用过程中若发生吊笼冲顶事故，司机一定要镇静应对，防止乘员慌乱而造成更大的事故后果。

（1）在吊笼的上限位开关碰到限位挡铁时，该位置的上部导轨架应有1.8m的安全距离，当发现吊笼越程时，司机应及时按下红色急停按钮，让吊笼停止上升；如不起作用吊笼继续上升，则应立即关闭极限开关，切断控制箱内电源，使吊笼停止上升。吊笼停止后，用手动下降方法，使吊笼下降，让乘员在最近层站撤离，然后下降吊笼到地面站，交由专业维修人员进行修理。

（2）当吊笼冲击天轮架后停住不动，司机应及时切断电源，稳住乘员的情绪，然后与地面或楼层上有关人员联系，等候维修人员上机检查；如施工升降机无重大损坏即可用手动下降方法，使吊笼下降，让乘员在最近层站撤离，然后下降到地面站进行维修。

（3）当吊笼冲顶后，仅靠安全钩悬挂在导轨架上，此种情况最危险，司机和乘员一定要镇静，严禁在吊笼内乱动、乱攀爬，以免吊笼翻出导轨架而造成坠落事故。此时要及时向临近的其他人员发出求救信号，等待救援人员施救。救援人员应根据现场情况，尽快采取最安全和有效的应急方案，在有关方面统一指挥下，有序地进行施救。

救援过程中一定要先固定住吊笼，然后撤离人员。救援人员动作一定要轻，尽量保持吊笼的平稳，避免受到过度冲击或振动，使救援工作稳步有序进行。

5. SS型施工升降机钢丝绳故障

吊笼在运行中钢丝绳突然被卡住时，司机应及时按下紧急断电开关，使卷扬机停止运行，向周围人员发出示警，把各控制开关置于零位，关闭控制箱内电源开关，并启动安全停靠装置，然后通知专业维修人员，交由专业维修人员对施工升降机进行维修。专业维修人员到达前，司机不得离开现场。

8.3　施工升降机作业过程中的检查

施工升降机在使用过程中，司机可以通过听、看、试等方法及早发现施工升降机的各类故障和隐患，通过及时检修和维护保养，可以避免施工升降机零部件的损坏或损坏程度的扩大，避免事故的发生。

8.3.1　防护围栏及基础的检查

施工升降机作业过程中对防护围栏及基础检查的内容、方法和要求见表8-4。

防护围栏及基础检查表　　**表8-4**

序号	检查项目	存在的问题	检查方法和要求
1	防护围栏内杂物和建筑垃圾	防护围栏内常有木条、砖块、短钢筋等杂物；楼层清理垃圾时大量垃圾堆积在防护围栏内，埋没缓冲弹簧，甚至堆积到吊笼无法停层到位	（1）每天启动吊笼前检查防护围栏内有无杂物。 （2）在使用过程中经常检查围栏内有无杂物，发现杂物必须及时清理，尤其是较大物件，必须清理后才能使用
2	基础内积水	下雨或施工过程造成积水	（1）下雨后或施工中，检查基础是否积水，如有积水应及时扫除。 （2）如由于无排水沟造成积水，应及时向有关部门反映设置排水沟等出水系统

8.3.2　吊笼顶部的检查

施工升降机作业过程中对吊笼顶部检查的内容、方法和要求见表8-5。

吊笼顶部检查表　　**表8-5**

检查项目	存在的问题	检查方法和要求
吊笼顶部杂物和栏杆	吊笼顶部堆积建筑垃圾、安装加节时遗留的零件等；防护栏杆缺少、弯曲变形或固定不可靠等	（1）每天下班前应做好检查和清洁工作，把吊笼停靠地面站后，通过爬梯登上笼顶，清扫顶部，尤其在加节后或顶部有人操作、使用后，应及时做好清扫工作；同时检查栏杆固定是否可靠。 （2）每天上班前应检查吊笼顶部的防护栏杆是否缺少、损坏变形，检查栏杆是否固定牢靠

8.3.3 层门与卸料平台的检查

司机在驾驶施工升降机时，要养成随手关闭吊笼层门的良好习惯，经常观察卸料平台及通道围挡的情况，关注层门与吊笼门的间隙距离，防止高空坠落。施工升降机作业过程中对层门与卸料平台检查的内容、方法和要求见表 8-6。

层门与卸料平台检查表 **表 8-6**

序号	检查项目	存在的问题	检查方法和要求
1	层门	层门未关闭，层门外开并进入吊笼运行通道内	（1）在地面观察层楼上有无未关闭的层门，在操纵吊笼运行时观察有无未关闭的层门，一旦发现必须立即设法关闭。 （2）在开关层门时观察层门是否会与吊笼运行相干涉，一旦发现必须立即进行整改
2	卸料平台和防护设施	卸料平台未固定或固定不牢靠，卸料平台防护设施不符合安全要求	（1）吊笼停层后，乘员和物料通过卸料平台时，观察卸料平台是否有松动、滑移。 （2）发现卸料平台端头搁置过短或未进行固定等现象，应立即进行整改。 （3）吊笼停层后，观察卸料平台临边的防护栏杆是否达到 1.2m 高度并符合安全要求，临边部位是否用密目式安全网或竹笆等进行围挡。 （4）观察卸料平台是否与附墙架连接或者，严禁卸料平台载荷直接传递到附墙架上
3	层门与吊笼的间隙	层门的净宽度大于吊笼进出口宽度 120mm	吊笼停层时，用卷尺测量层门净宽是否大于吊笼门净宽度 120mm，如大于应及时进行整改

8.3.4 安全装置的检查

施工升降机的安全限位保险装置较多，包括围栏门及吊笼门机械联锁装置，吊笼上、下限位开关、极限开关，防松（断）绳限位开关，安全钩，防坠安全器，紧急制动按钮以及超载保护装置等，其是否灵敏可靠直接关系到施工升降机是否能够安全运行。施工升降机司机应当经常检查或在相关人员配合下检查安全装置是否灵敏、可靠、有效。施工升降机作业过程中对安全保险限位装置检查的内容、方法和要求见表 8-7。

安全装置检查表 **表 8-7**

序号	检查项目	存在的问题	检查方法和要求
1	围栏门及吊笼门机械联锁装置和电气安全开关	无联锁装置、装置失效或损坏	（1）在地面检查有无机械联锁装置。 （2）把吊笼升至离地面 2m 左右停止起升，检查围栏门的机械联锁装置是否有效地扣着围栏门；如吊笼门也有机械联锁装置，则试图打开吊笼门，检查能否被打开。 （3）地面人员试图打开围栏门，检查门能否被打开。 （4）检查围栏门的电气安全开关是否有效

续表

序号	检查项目	存在的问题	检查方法和要求
2	上、下限位开关	限位开关紧固螺栓松动或脱落，限位开关臂杆弯曲变形及限位开关失效	（1）在吊笼内观察限位开关的臂杆有无弯曲变形。 （2）观察限位开关螺栓有无脱落，用手摇动限位开关观察有无松动。 （3）启动吊笼，在上升过程中按压上限位臂杆，测试吊笼是否能够停止上升，同样在下降中测试下限位开关是否有效
3	极限开关	极限开关手柄脱离挡铁位置、极限开关失效或某一方向失效	（1）吊笼停靠地面站或继续下行碰撞下限位开关，吊笼停止运行后观察极限开关手柄是否脱离挡铁位置。 （2）启动吊笼，在上升或下降运行中扳动极限开关手柄，看吊笼是否能停止运行，同时观察手柄在上、下位置定位是否准确
4	防松（断）绳限位开关	限位开关未接入控制电路、限位开关脱落或松动、限位开关损坏失效	（1）打开顶盖门登上吊笼顶，检查防松（断）绳限位开关有无脱落、松动、倾斜等现象。 （2）观察限位开关导线是否接入控制电路。 （3）按下限位开关臂杆或触头，检查吊笼运行是否停止
5	安全钩	安全钩松动，安全钩变形、开裂，上安全钩位置高于最低驱动齿轮	（1）在地面站台观察左右两侧的安全钩，有无松动、变形和开裂等现象。 （2）从围栏外或另一只吊笼内观察安全钩是否在最低驱动齿轮的下方
6	防坠安全器	紧固螺孔有裂纹，透气孔向上，安全开关控制线腐蚀，超过标定期限	（1）在吊笼内观察安全器的紧固螺孔周围有无裂纹。 （2）观察安全器壳体上的透气孔是否向下。 （3）检查安全开关引线的绝缘层上有无油污、绝缘层是否腐朽。 （4）察看安全器壳体上的检测标牌是否在有效期内
7	紧急制动按钮	控制线接反或未接，按钮失效或损坏	（1）检查按钮有无损坏，向下按压检查能否顺利按下和自行锁定，然后反向旋转检查能否复位。 （2）在吊笼上升至离地面站1～2m左右时按下紧急制动按钮，观察吊笼能否停止运行
8	超载保护装置	误差超过规定要求；未设置	（1）检查超载保护装置是否已设置，是否对吊笼内载荷及笼顶载荷均有效。 （2）对吊笼进行加载，当载荷达到90%额定载重量时是否有报警信号，当达到110%时能否中止吊笼启动

8.3.5 传动机构的检查

施工升降机传动机构主要由电动机、制动器、联轴节、蜗轮减速箱、驱动齿轮等组成。施工升降机作业过程中对传动机构检查的内容、方法和要求见表8-8。

传动机构检查表 **表8-8**

序号	检查项目	存在的问题	检查方法和要求
1	电动机	电动机过热；进线罩壳松动	（1）用手触摸电动机外壳，估计温度值，如遇过热，尽量加长停机时间。 （2）要求派检修人员检查热继电器是否失效。 （3）检查电动机进线罩有无松动、紧固螺栓有无缺少等，否则应及时完善
2	机-电制动器	制动器缺罩壳或罩壳松动；制动块（片）磨损超标	（1）检查制动器有无罩壳或罩壳是否固定可靠。 （2）在地面起升吊笼到1～2m高处停机，检查吊笼有无明显下滑
3	卷扬机卷筒（SS型）	不转或达不到额定转速	（1）检查是否超载，如果超载，卸下部分载荷。 （2）检查制动器间隙是否过小，如果是调整间隙。 （3）检查机-电制动器是否脱开，否则检查电源电压或线路系统，排除故障。 （4）检查卷筒轴承是否缺油，如果是应加注润滑油
4	卷扬机减速器（SS型）	温升过高或有噪声	（1）检查齿轮是否有损坏或啮合间隙是否正常。 （2）检查轴承的磨损程度或是否损坏。 （3）检查是否超载作业。 （4）检查润滑油油面，看是否过多或过少。 （5）检查制动器间隙是否符合要求
5	蜗轮减速器	漏油，缺油及过热	（1）进入吊笼内检查蜗轮减速箱是否有滴油现象，吊笼底板、蜗轮箱壳、电缆上有无油污，如有漏油应及时维修。 （2）检查蜗轮箱壳上的油仓，查看油液是否低于油面线，否则应及时加注专用蜗轮油。 （3）吊笼运行一段时间后应检查蜗轮箱的发热情况，一般温升不应超过60℃。如使用不频繁又无长距离运行，而温度很高，应考虑是否缺油或蜗轮副效率降低、失效。前者应及时加油，后者应由机修人员检查维修

8.3.6　齿轮齿条的检查

齿轮齿条式施工升降机靠齿轮齿条的啮合，使吊笼挂在导轨架上，并沿导轨架升降，故齿轮的磨损量和齿轮齿条是否正确啮合是确保安全的重要因素。施工升降机作业过程中对齿轮齿条检查的内容、方法和要求见表8-9。

齿轮齿条检查表　　　　表8-9

序号	检查项目	存在的问题	检查方法和要求
1	驱动齿轮	齿形磨损严重	（1）在防护围栏外、在对面吊笼内或进入吊笼顶部观察驱动齿轮齿形是否变尖。 （2）根据经验：有对重的吊笼在正常使用情况下，一般三到四个月该换齿轮；无对重的吊笼，一般一到二个月需更换小齿轮。 （3）用公法线千分尺测量齿轮
2	齿轮齿条间杂物	齿轮齿条间常有较硬的建筑垃圾，会加剧齿面的磨损	（1）每天第一次启动吊笼时，必须检查所有齿轮与齿条间有无杂物。 （2）在使用过程中，应经常检查齿轮齿条间有无杂物，尤其是较长时间停用后更要检查
3	齿轮齿条间的啮合	由于安装时未调试好，使用中吊笼变形、滚轮移位等造成齿轮齿条的啮合过松、过紧或接触面积变化	观察齿条上润滑油被小齿轮啮合后的印痕，判断啮合情况，如图8-2所示，其中（a）为正确，（b）为中心距过大（过松），（c）为中心距过小（过紧），（d）为轴线不平行。中心距过大，吊笼运行时易跳动；中心距过小，吊笼运行时有阻滞现象；轴线不平行，吊笼位置可能会远离导轨架，或吊笼向某一方向倾斜。这些现象都可能造成齿轮和齿条过度磨损，或局部受力后局部磨损，造成齿根裂纹或折断等情况

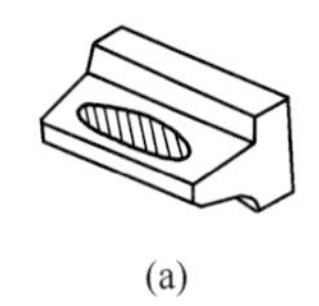
(a)

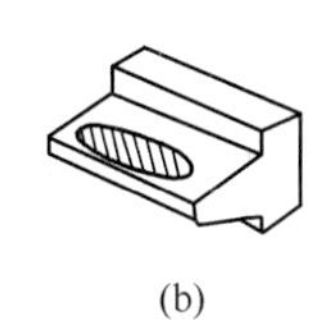
(b)

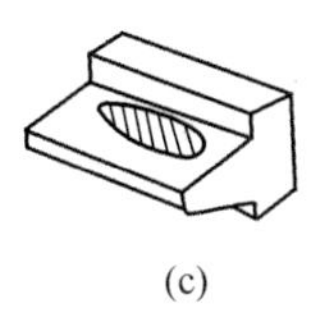
(c)

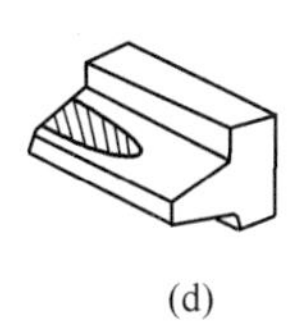
(d)

图8-2　齿条上的印痕

（a）正确；（b）中心距过大（过松）；（c）中心距过小（过紧）；（d）轴线不平行

8.3.7　对重装置的检查

施工升降机的对重装置主要由对重、导向轮、防脱导板、钢丝绳等组成。施工升降机作业过程中对对重装置检查的内容、方法和要求见表8-10。

对重装置检查表　　表 8-10

序号	检查项目	存在的问题	检查方法和要求
1	对重导轨	固定式导轨脱焊；装配式导轨松动；导轨上下对接处阶差超标	在吊笼升降过程中观察导轨有无脱焊、松动，以及导轨上下对接处阶差是否过大。如对重运行时由于导轨阶差过大造成跳动等现象应立即停机整改维修
2	对重滚轮、防脱导板	滚轮或导向轮缺损、不转动造成局部磨损；防脱导板局部磨损、扭曲变形	（1）吊笼上升至导轨架高度的中部，使对重上部停在吊笼的下半部，在吊笼内检查滚轮或导向轮有无缺损，有无局部严重磨损；检查防脱导板有无扭曲变形和严重磨损的现象。 （2）将吊笼下降，使对重的下端部停在吊笼的上半部，在吊笼内检查下滚轮或导向轮是否缺损，有无局部磨损；检查防脱导板有无严重磨损和扭曲变形的现象
3	钢丝绳及钢丝绳夹	钢丝绳缺油，外部磨损严重，钢丝绳断丝断股，钢丝绳夹正反混轧，绳夹数量不足或不匹配等	（1）将吊笼上升至导轨架高度的中部，使对重上部停在吊笼下部，在吊笼内检查安全弯有无被拉成小弯或拉直，钢丝绳绳夹有无正反混轧；绳夹数量规格是否符合规定。 （2）继续上升吊笼，到最上部停靠点，运行中检查钢丝绳有无缺油、外部磨损、断丝断股等现象（该项应有人员配合）。 （3）吊笼停靠地面站，使用专用扶梯从顶门进入吊笼顶部，检查连接防松（断）绳保护装置上的钢丝绳、绳夹等有无不安全现象（该项应有人员配合）

8.3.8　电缆及电缆导向架的检查

施工升降机作业过程中对电缆及电缆导向架检查的内容、方法和要求见表 8-11。

电缆及电缆导向架检查表　　表 8-11

序号	检查项目	存在的问题	检查方法和要求
1	电缆	电缆盘落到了储存筒外；电缆绝缘外皮被破损；电缆与防护设施干涉	（1）吊笼在升降过程中检查电缆绝缘外皮有无破损，电缆与脚手架等设施是否有干涉。 （2）吊笼下降过程中经常检查电缆有无盘落在电缆储存筒之外的现象
2	电缆导向架	电缆导向架变形、移位；电缆导向架橡皮缺损；电缆导向架安装位置不规范	（1）吊笼升降过程中检查电缆导向架有无变形移位，电缆导向架橡皮有无缺损。 （2）在地面检查电缆导向架是否按规定安装： 1）第一只电缆导向架离电缆储存筒上口约 1.5m。 2）第二只电缆导向架距第一只电缆导向架约 3m。 3）第三只电缆导向架距第二只电缆导向架约 4.5m。 4）从第四只电缆导向架开始每只电缆导向架距前一只电缆导向架 6m

8.3.9 吊笼运行异常检查

发现施工升降机吊笼在运行中出现跳动、晃动等异常现象，应当按照表8-12所列内容、方法和要求进行检查。

吊笼运行跳动情况检查表 **表 8-12**

序号	检查项目	存在的问题	检查方法和要求
1	制动时吊笼下滑	制动时吊笼有下滑现象	检查制动器的制动力矩是否不足，制动块磨损是否超标，如出现上述情况应调整制动力矩或更换制动片（块）
2	运行时吊笼晃动	运行时吊笼左右晃动	检查吊笼滚轮是否松动，滚轮槽内的油脂印痕有无单边受力、磨损等情况，滚轮间隙是否符合要求
3	吊笼跳动	运行时出现跳动	（1）出现有节奏性的跳动现象，应检查驱动齿轮是否断齿，齿轮齿条是否磨损超标，检查蜗轮轴是否弯曲变形。 （2）吊笼运行到某一部位时跳动，应检查以下方面： 1）吊笼所在位置的导轨架的阶差是否超标。 2）对重所在位置的导轨阶差是否超标。 3）齿条对接阶差是否超标。 4）导轨架的标准节对接紧固螺栓是否松动或脱落

8.3.10 运动部件安全距离的检查

施工升降机的运动部件主要包括：吊笼、对重、对重钢丝绳和电缆（电缆小车）等，周围一般有脚手架、防护棚、模板和主体结构等，施工升降机应与周围的固定设施保持一定的安全距离。施工升降机作业过程中对运动部件安全距离检查的内容、方法和要求见表8-13。

运动部件的安全距离检查表 **表 8-13**

检查项目	存在的问题	检查方法和要求
安全距离	吊笼尤其是驾驶室与脚手架杆件、地面站防护棚的架体的距离小于安全要求；电缆通道与脚手钢管及地面站防护棚的距离过小	（1）在地面台站检查吊笼运行通道内，查看脚手架杆件等是否与吊笼、电缆和对重等运行存在干涉。 （2）把吊笼从地面台站上升2～3m，检查进料口防护棚设施是否会碰擦吊笼、驾驶室、电缆、对重等。 （3）在吊笼运行过程中，检查靠近吊笼、电缆、对重运行的部位，检查是否会发生碰擦现象或距离小于安全规定

9 施工升降机的维护保养与常见故障排除

9.1 施工升降机的维护保养

在机械设备投入使用后，对设备的检查、清洁、润滑、防腐以及对部件的更换、调试、紧固和位置、间隙的调整等工作，统称为设备的维护保养。

9.1.1 维护保养的意义

施工升降机工作状态中，经常遭受风吹雨打、日晒的侵蚀，灰尘、砂土的侵入和沉积，如不及时清除和保养，将会加快机械的锈蚀、磨损，使其寿命缩短。

9.1.2 维护保养的分类

1. 日常维护保养

日常维护保养，又称为例行保养，是指在设备运行的前、后和运行过程中的保养作业。日常维护保养由施工升降机司机完成。

2. 月检查保养

月检查保养，一般每月进行一次，由施工升降机司机和修理工负责完成。

3. 定期维护保养

季度及年度的维护保养，以专业维修人员为主，施工升降机司机配合进行。

4. 大修

大修，一般运转不超过 8000h 进行一次，由具有相应资质的单位完成。

5. 特殊维护保养

施工升降机除日常维护保养和定期维护保养外，在转场、闲置等特殊情况下还须进行维护保养。

（1）转场保养。在施工升降机转移到新工程，安装使用前，须进行一次全面的维护保养，保证施工升降机状况完好，确保安装、使用安全。

（2）闲置保养。施工升降机在停置或封存期内，至少每月进行一次保养，重点是润滑和防腐，由专业维修人员进行。

（3）润滑保养。为保证施工升降机的正常运行，应经常检查施工升降机的各部位的润滑情况，按时添加或更换润滑剂；应确保油质符合要求；油壶、油枪、油杯、油毡、油线应清洁齐全，油标明亮，油路畅通。

9.1.3　维护保养的方法

维护保养一般采用“清洁、紧固、调整、润滑、防腐”等方法，通常简称为“十字作业”法。

1. 清洁

所谓清洁，是指对机械各部位的油泥、污垢、尘土等进行清除等工作，目的是为了减少部件的锈蚀、运动零件的磨损，保证良好的散热和为检查提供良好的观察效果等。

2. 紧固

所谓紧固，是指对连接件进行检查紧固等工作。机械运转中产生的如振动，容易使连接件松动，如不及时紧固，不仅可能产生漏油、漏电等。有些关键部位的连接松动，轻者导致零件变形，重者导致零件断裂、分离，甚至引发机械事故。

3. 调整

所谓调整，是指对机械零部件的间隙、行程、角度、压力、松紧、速度等及时进行检查调整，以保证机械的正常运行。尤其是要对制动器、减速机等关键机构进行适当调整，确保其灵活可靠。

4. 润滑

所谓润滑，是指按照规定和要求，定期加注或更换润滑油，以保持机械运动零件间的良好运动，减少零件磨损。

5. 防腐

所谓防腐，是指对机械设备和部件进行防潮、防锈、防酸等处理，防止机械零部件和电气设备被腐蚀损坏。最常见的防腐保养是对机械外表进行补漆或涂上油脂等防腐涂料。

9.1.4　维护保养的注意事项

在进行施工升降机的维护保养和维修时，应注意以下事项：

（1）应按使用说明书的规定对施工升降机进行保养、维修。保养、维修的时间间隔应根据使用频率、操作环境和施工升降机状况等因素确定。使用单位应在施工升降机使用期间安排足够的设备保养、维修时间。

（2）施工升降机保养过程中，对磨损、破坏程度超过规定的部件，应及时进行维修或更换，并由专业技术人员检查验收。

（3）对施工升降机进行检修时应切断电源，拉下吊笼内的极限开关，防止吊笼被意外启动或发生触电事故，并设置醒目的警示标志。当需通电检修时，应做好防护措施。

（4）在维护保养和维修过程中，不得承载无关人员或装载物料，同时悬挂检修停用警示牌，禁止无关人员进入检修区域内。

（5）所用的照明行灯必须采用 36V 以下的安全电压，并检查行灯导线、防护罩，确保照明灯具使用安全。

（6）应设置监护人员，随时注意维修现场的工作状况，防止生产安全事故发生。

（7）检查基础或吊笼底部时，应首先检查制动器是否可靠，同时切断电动机电源，采用将吊笼用木方支起等措施，防止吊笼或对重突然下降伤害维修人员。

（8）保养和维修人员必须佩戴安全帽；高处作业时，应穿防滑鞋，佩戴安全带。

（9）保养和维修后的施工升降机，经检测确认各部件状态良好后，宜对施工升降机进行额定载荷试验。双吊笼施工升降机应对左右吊笼分别进行额定载荷试验。试验范围应包括施工升降机正常运行的所有方面，确认一切正常后方可投入使用，不得使用未排除安全隐患的施工升降机。

（10）严禁在施工升降机运行中进行保养、维修作业。

（11）应将各种与施工升降机检查、保养和维修相关的记录纳入安全技术档案，并在施工升降机使用期间内在工地存档。

9.1.5 施工升降机维护保养的内容

1. 日常维护保养

每班开始工作前，应当进行检查和维护保养，包括目测检查和功能测试，有严重情况的应当报告有关人员进行停用、维修，检查和维护保养情况应当及时记入交接班记录。检查一般应包括以下内容：

（1）电气系统与安全装置。检查线路电压是否符合额定值及其偏差范围，机件有无漏电，限位装置及机械电气联锁装置是否工作正常、灵敏可靠。

（2）制动器。检查制动器性能是否良好、能否可靠制动。

（3）标牌。检查机器上所有标牌是否清晰、完整。

（4）金属结构。检查施工升降机金属结构的焊接点有无脱焊及开裂；附墙架固定是否牢靠，停层过道是否平整，防护栏杆是否齐全；各部件连接螺栓有无松动。

（5）导向滚轮装置。检查侧滚轮、背轮、上下滚轮部件的定位螺钉和紧固螺栓有无松动；滚轮是否能转动灵活，与导轨的间隙是否符合规定值。

（6）对重及其悬挂钢丝绳。检查对重运行区内有无障碍物，对重导轨及其防护装置是否正常完好；钢丝绳有无损坏，其连接点是否牢固可靠。

（7）地面防护围栏和吊笼。检查围栏门和吊笼门是否启闭自如；通道区有无其他杂物堆放；吊笼运行区间有无障碍物，笼内是否保持清洁。

（8）电缆和电缆导向架。检查电缆是否完好无破损，电缆导向架是否可靠有效。

（9）传动、变速机构。检查各传动、变速机构有无异响；蜗轮箱油位是否正常，有无渗漏现象。

（10）检查润滑系统有无泄漏。

2. 月度维护保养

月度维护保养除按日常维护保养的内容和要求进行外，还要按照以下内容和要求进行。

（1）导向滚轮装置。检查滚轮轴支撑架紧固螺栓是否可靠紧固。

（2）对重及其悬挂钢丝绳。检查对重导向滚轮的紧固情况是否良好，天轮装置工作是否正常可靠，钢丝绳有无严重磨损和断丝。

（3）电缆和电缆导向装置。检查电缆支承臂和电缆导向装置之间的相对位置是否正确，导向装置弹簧功能是否正常，电缆有无扭曲、破坏。

（4）传动、减速机构。检查机械传动装置安装紧固螺栓有无松动，特别是提升齿轮副的紧固螺钉是否松动；电动机散热片是否清洁，散热功能是否良好；减速器箱内油位是否降低。

（5）制动器。检查试验制动器的制动力矩是否符合要求。

（6）电气系统与安全装置。检查吊笼门与围栏门的电气机械联锁装置，上、下限位装置，吊笼单行门、双行门联锁等装置性能是否良好；导轨架上的限位挡铁位置是否正确。

（7）金属结构。重点查看导轨架标准节之间的连接螺栓是否牢固；附墙结构是否稳固，螺栓有无松动；表面防护是否良好，有无脱漆和锈蚀，构架有无变形。

3. 季度维护保养

季度维护保养除按月度维护保养的内容和要求进行外，还要按照以下内容和要求进行。

（1）导向滚轮装置。检查导向滚轮的磨损情况，确认滚珠轴承是否良好，是否有严重磨损，调整与导轨之间的间隙。

（2）检查齿条及齿轮的磨损情况。检查提升齿轮副的磨损情况，检测其磨损量是否大于规定的最大允许值；用塞尺检查蜗轮减速器的蜗轮磨损情况，检测其磨损量是否大于规定的最大允许值。

（3）电气系统与安全装置。在额定负载下进行坠落试验，检测防坠安全器的性能是否可靠。

4. 年度维护保养

年度维护保养应全面检查各零部件，除按季度维护保养的内容和要求进行外，还要按照以下内容和要求进行。

（1）传动、减速机构。检查驱动电机和蜗轮减速器、联轴器结合是否良好，传动是否安全可靠。

（2）对重及其悬挂钢丝绳。检查悬挂对重的天轮装置是否牢固可靠，检查天轮轴承磨损程度，必要时应调换轴承。

（3）电气系统与安全装置。复核防坠安全器的出厂日期，对超过标定年限的，应通过具有相应资质的检测机构进行重新标定，合格后方可使用。此外，在进入新的施工现场使用前，应按规定进行坠落试验。

5. 大修

施工升降机经过一段长时间的运转后应进行大修，大修间隔最长不应超过 8000h。大修应按以下要求进行：

（1）施工升降机的所有可拆零件应全部拆卸、清洗、修理或更换（生产厂有特殊要求的除外）。

（2）应更换润滑油。

（3）所有电动机应拆卸、解体、维修。

（4）更换老化的电线和损坏的电气元件。

（5）除锈、涂漆。

（6）对标准节、附着架等进行磨损和锈蚀检查。

（7）施工升降机上所用的仪表应按有关规定维修、校验和更换。

（8）大修出厂时，施工升降机应达到产品出厂时的工作性能，并应有监督检验证明。

6. 特殊维护保养

（1）转场保养。在施工升降机转移到新工程安装使用前，需进行一次全面的维护保养，保证施工升降机状况完好，确保安装、使用安全。

（2）闲置保养。施工升降机在停置或封存期内，应当对施工升降机各部位做好润滑、防腐、防雨处理，至少每季度进行一次保养检查，重点是润滑和防腐，由专业维修人员进行。

（3）润滑保养。施工升降机在安装后，应当按照产品说明书要求进行润滑，说明书没有明确规定的，使用满 40h 应清洗并更换蜗轮减速箱内的润滑油，以后每隔半年更换一次。蜗轮减速箱的润滑油应按照铭牌上的标注进行润滑。对于其他零部件的润滑，当生产厂无特殊要求时，可参照以下说明进行：

1）SC 型施工升降机主要零部件的润滑周期、部位和润滑方法，见表 9-1。

SC 型施工升降机润滑表 **表 9-1**

周期	润滑部位	润 滑 剂	润滑方法
每月	减速箱	N320 蜗轮润滑油	检查油位，不足时加注
	齿条	2 号钙基润滑脂	上润滑脂时升降机降下并停止使用 2～3h，使润滑脂凝结
	安全器	2 号钙基润滑脂	油嘴加注
	对重绳轮	钙基脂	加注
	导轨架导轨	钙基脂	刷涂
	门滑道、门对重滑道	钙基脂	刷涂

续表

周期	润滑部位	润滑剂	润滑方法
每月	对重导向轮、滑道	钙基脂	刷涂
	滚轮	2号钙基润滑脂	油嘴加注
	背轮	2号钙基润滑脂	油嘴加注
	门导轮	20号齿轮油	滴注
每季度	电机制动器锥套	20号齿轮油	滴注，切勿滴到摩擦盘上
	钢丝绳	沥青润滑脂	刷涂
	天轮	钙基脂	油嘴加注
每年	减速箱	N320蜗轮润滑油	清洗、换油

2）SS型施工升降机主要零部件的润滑周期、部位和润滑方法，见表9-2。

SS型施工升降机润滑表　　表9-2

周期	润滑部位	润滑剂	润滑方法
每周	滚轮	润滑脂	涂抹
	导轨架导轨	润滑脂	涂抹
每月	减速箱	30号机油（夏季）；20号机油（冬季）	检查油位，不足时加注
	轴承	ZC-4润滑脂	加注
	钢丝绳	润滑脂	涂抹
每年	减速箱	30号机油（夏季）；20号机油（冬季）	清洗，更换
	轴承	ZC-4润滑脂	清洗，更换

9.1.6　主要零部件的维护保养

1. 零部件磨损的测量

以SC型施工升降机为例，说明滚轮、齿条等零部件磨损程度的测量方法。

（1）滚轮的磨损极限

1）测量方法：用游标卡尺测量，如图9-1所示。

2）滚轮的极限磨损量要求见表9-3。

滚轮的极限磨损量　　表9-3

测量尺寸	新滚轮（mm）	磨损的滚轮（mm）
A	$\phi 80$	最小 $\phi 78$
B	79±3	最小76
C	*R*40	最大 *R*42

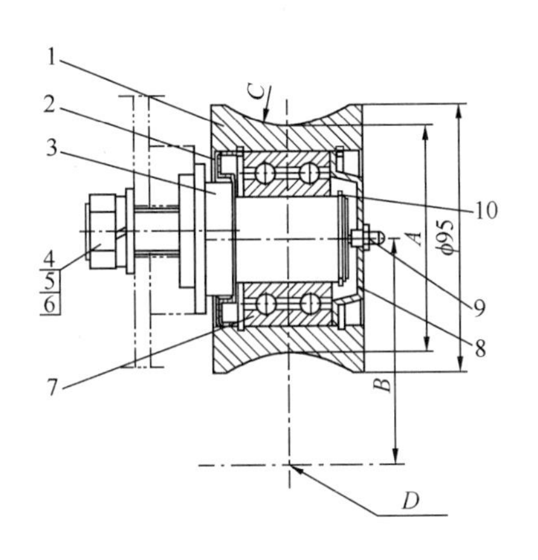

图9-1　滚轮磨损量的测量

1—滚轮；2—油封；3—滚轮轴；4—螺栓；5，6—垫圈 7—轴承；8—端盖；9—油杯；10—挡圈；*A*—滚轮直径；*B*—滚轮与导轨架主弦杆的中心距；*C*—导轮凹面弧度半径；*D*—导轨中心线

（2）齿轮的磨损极限

齿轮的磨损极限的测量可用公法线千分尺跨二齿测公法线长度，如图 9-2（a）所示。当新齿轮相邻齿公法线长度 $L=37.1$mm 时，磨损后相邻齿公法线长度 $L \geqslant 35.8$mm。

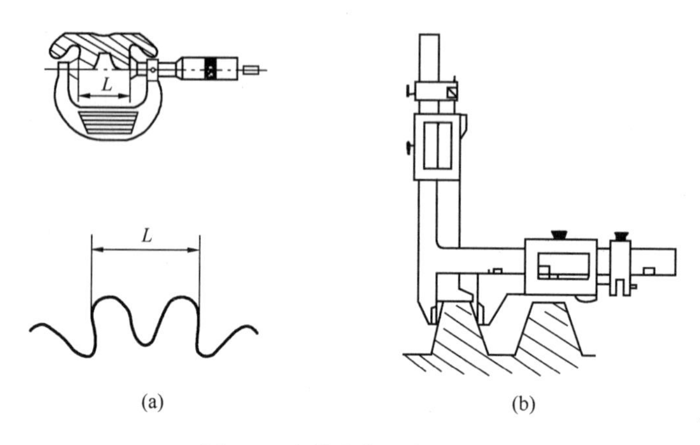

图 9-2　齿轮齿条的磨损测量

（a）齿轮的磨损测量；（b）齿条的磨损测量

（3）齿条的磨损极限

齿条的磨损极限量可用游标卡尺测量，如图 9-2（b）所示。当新齿条齿宽为 12.566mm 时，磨损后齿宽应不小于 10.6mm。

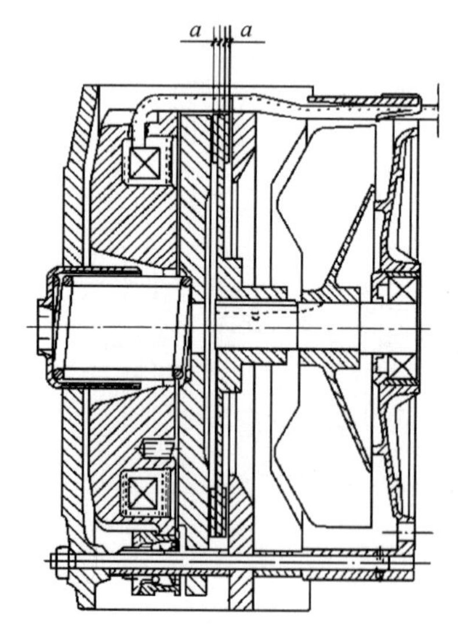

图 9-3　电动机旋转制动盘磨损量的测量

（4）背轮的磨损极限

背轮的磨损极限量可用游标卡尺测量背轮外圈的方法确定。当新背轮外圈直径为 124mm 时，磨损后不得小于 120mm。

（5）电动机旋转制动盘的磨损极限

电动机旋转制动盘磨损极限量可用塞尺进行测量，如图 9-3 所示。当旋转制动盘摩擦材料单面厚度 a 磨损到接近 1mm 时，必须更换制动盘。

（6）减速器蜗轮的磨损极限

减速器蜗轮的磨损极限量可通过减速器上的检查孔用塞尺测量，如图 9-4 所示。允许的最大磨损量为 $L=1$mm。

（7）防坠安全器转轴的径向间隙

防坠安全器转轴的径向间隙的测量，如图 9-5 所示：

1）用 C 形夹具将测量支架紧固在安全器的齿轮上方约 1.0mm 处。

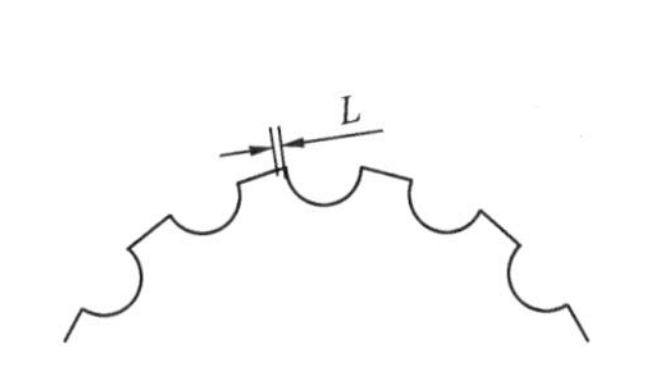

图 9-4　蜗轮磨损量的测量

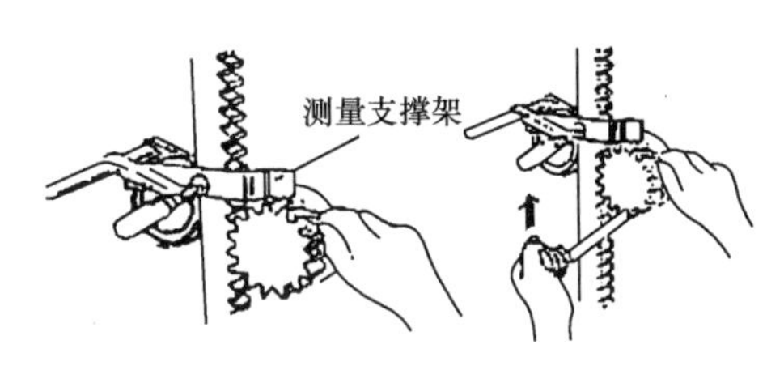

图 9-5　防坠安全器转轴的径向间隙测量

2）利用塞尺测量齿顶与支架下沿的间隙。

3）用杠杆提升齿轮，然后再次测量此间隙。

4）以上测得的两个间隙值之差即为安全器转轴的径向间隙。

5）若测得的径向间隙大于 0.3mm 时，则应更换安全器。

2. SC 型施工升降机零部件的维护保养

以 SC 系列某型号施工升降机的零部件为例，说明滚轮、齿条等零部件的更换方法。

（1）滚轮的更换

当滚轮轴承损坏或滚轮磨损超差时必须更换。更换步骤为：

1）将吊笼降至地面，用木块垫稳。

2）用扳手松开并取下滚轮连接螺栓，取下滚轮。

3）装上新滚轮，调整好滚轮与导轨之间的间隙，使用扭力扳手紧固好滚轮连接螺栓，拧紧力矩应达到 200N・m。

（2）背轮的更换

当背轮轴承损坏或背轮外圈磨损超差时，必须进行更换。更换步骤为：

1）将吊笼降至地面，用木块垫稳。

2）将背轮连接螺栓松开，取下背轮。

3）装上新背轮并调整好齿条与齿轮的啮合间隙，使用扭力扳手紧固好背轮连接螺栓，拧紧力矩应达到 300N・m。

（3）减速器驱动齿轮的更换

当减速器驱动齿轮齿形磨损达到极限时，必须进行更换，方法如图 9-6 所示。

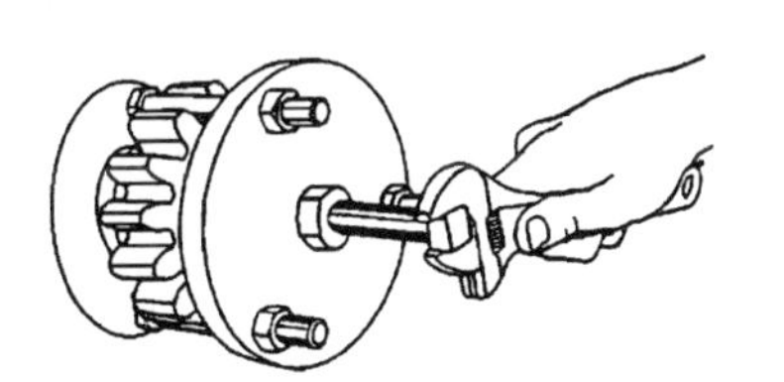

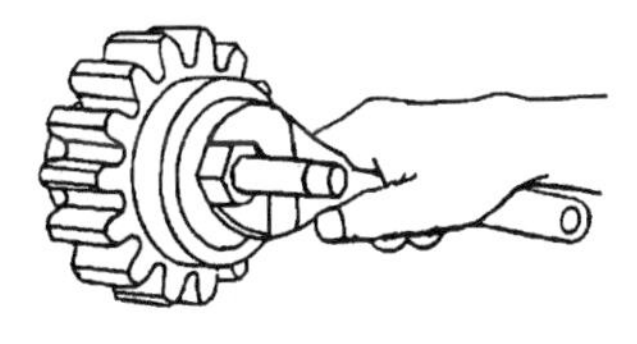

图 9-6　更换减速器驱动齿轮

1）将吊笼降至地面，用木块垫稳。

2）拆掉电机接线，松开电动机制动器，拆下背轮。

3）松开驱动板连接螺栓，将驱动板从驱动架上取下。

4）拆下减速机驱动齿轮外轴端圆螺母及锁片，拔出小齿轮。

5）将轴径表面擦洗干净并涂上黄油。

6）将新齿轮装到轴上，上好圆螺母及锁片。

7）将驱动板重新装回驱动架上，穿好连接螺栓（先不要拧紧）并安装好背轮。

8）调整好齿轮啮合间隙，使用扭力扳手将背轮连接螺栓、驱动板连接螺栓拧紧，拧紧力矩应分别达到300N·m和200N·m。

9）恢复电机制动并接好电机及制动器接线。

10）通电试运行。

（4）减速器的更换

当吊笼在运行过程中减速器出现异常发热、漏油、梅花形弹性橡胶块损坏等情况而使机器出现振动或减速机由于吊笼撞底而使齿轮轴发生弯曲等故障时，须对减速机或其零部件进行更换，步骤如下：

1）将吊笼降至地面，用木块垫稳。

2）拆掉电动机线，松开电动机制动器，拆下背轮，松开驱动板连接螺栓，将驱动板从驱动架上取下。

3）取下电机箍，松开减速器与驱动板间的连接螺栓，取下驱动单元。

4）松开电动机与减速器之间的法兰盘连接螺栓，将减速器与电动机分开。

5）将减速箱内剩余油放掉，取下减速器输入轴的半联轴器。

6）将新减速箱输入轴擦洗干净并涂油，装好半联轴器。如联轴器装入时较紧，切勿用锤重击，以免损坏减速器。

7）将新减速箱与电机联好，正确装配橡胶缓冲块，拧好连接螺栓。

8）将新驱动单元装在驱动板上，用螺栓紧固，装好电机箍。

9）安装驱动板，以200N·m力矩拧紧驱动板连接螺栓，安装背轮，以300N·m力矩拧紧背轮连接螺栓。

10）重新调整好齿轮与齿条之间的啮合间隙，给电机重新接线。

11）恢复电动机制动，接电试运行。

（5）齿条的更换

当齿条损坏或已达到磨损极限时应予以更换，步骤如下：

1）松开齿条连接螺栓，拆卸磨损或损坏了的齿条，必要时允许用气割等工艺手段拆除齿条及其固定螺栓，清洁导轨架上的齿条安装螺孔，并用特制液体涂定液做标记。

2）按标定位置安装新齿条，其位置偏差、齿条距离导轨架立柱管中心线的尺寸，如图 9-7 所示。螺栓预紧力距为 200N·m。

（6）防坠安全器的更换

防坠安全器达到报废标准的应更换，更换步骤如下：

1）拆下安全器上部开关罩，拆下微动开关接线。

2）松开安全器与驱动板之间的连接螺栓，取下安全器。

3）装上新安全器，以 200N·m 力矩拧紧连接螺栓，调整安全器齿轮与齿条之间的啮合间隙。

4）接好微动开关线，装好上开关罩。

5）进行坠落实验，检查安全器的制动情况。

6）按安全器复位说明进行复位。

7）润滑安全器。

3. SS 型施工升降机零部件的维护保养

（1）断绳保护和安全停靠装置制动块的更换

对 SS 型施工升降机楔块式保护装置来讲，当长时间使用施工升降机后，断绳保护和安全停靠装置的制动块会磨损，当制动块磨损不很严重时，可不更换制动块，直接调节弹簧的预紧力，使制动状态时制动块制动灵敏，非制动状态时两制动块离开导轨。如图 9-8 所示为防断绳保护装置示意图。

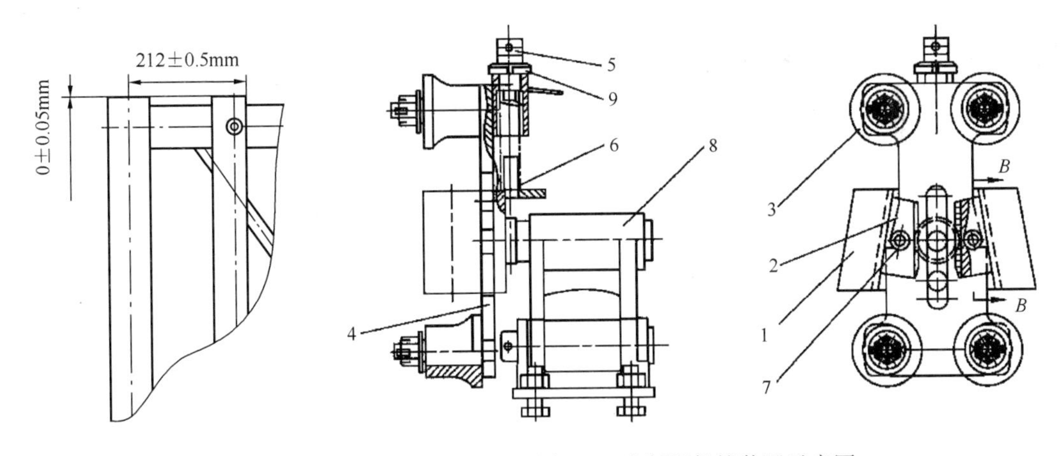

图 9-7　齿条安装位置偏差

图 9-8　防断绳保护装置示意图

1—托架；2—制动滑块；3—导轮；4—导轮架；5—调节螺丝；6—制动滑块弹簧；7—内六角螺丝；8—防坠器连接架；9—圆螺母

当制动块磨损严重时，应当将断绳保护和安全停靠装置从吊笼上拆下，更换制动块，更换方法和步骤如下：

1）将钢丝绳楔形接头的销轴拔出，卸下防坠连接架 8 的连接螺栓，将断绳保护和安全停靠装置从吊笼托架 1 上取下。

2）将内六角螺丝 7 松开取下，卸下旧制动块更换上新的制动块，然后将更换好制动块的保护器再安装在吊笼托架 1 上。

3）调整制动滑块弹簧 6 的预紧力，通过旋动调节螺丝 5，使制动滑块 2 既不与导轨碰擦卡阻，又要使停层制动和断绳制动灵敏正常。

4）在制动滑块 2 的滑槽内加入适量的油脂，起到润滑和防锈作用。

5）清洁制动滑块的齿槽摩擦面。

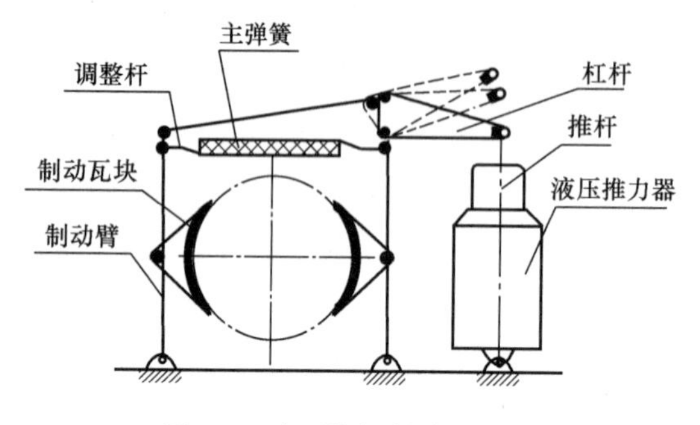

图 9-9　液压推杆制动器简图

（2）液压推杆制动器的维护保养

液压推杆制动器是 SS 型施工升降机中常用制动器，如图 9-9 所示。当制动瓦块磨损过度而使铆钉露头，或瓦块磨损量超过原厚度 1/3 时，应及时更换；制动器心轴磨损量超过标准直径 5％和椭圆度超过 0.5mm 时，应更换心轴；杆系弯曲时应校直，有裂纹时应更换，弹簧弹力不足或有裂纹时应更换；各铰链处有卡滞及磨损现象应及时调整和更换，各处紧固螺钉松动时应及时紧固；制动臂与制动瓦块的连接松紧度不符合要求时，应及时调整。

液压推杆制动器的维修与保养主要是检查液压推力器、调节主弹簧长度、调整瓦块与制动轮间隙等，一般可按如下步骤进行：

1）液压推力器的维护和保养

① 使用液压油严格按说明书中的规定进行加油或换油，并清洗油缸内部。

② 制动压力调整后，不得随意更动，每次进行顶升之前，应检查其压力是否正常，推杆与油缸调整时必须留有 5～10mm 间隙。

③ 制动器使用后，经常检查调整丝杆是否变动，并及时调整到位，使制动力矩稳定。

④ 油缸如果发现渗漏应及时检修。

⑤ 回转液压制动在初次起动油泵时，应先检查总泵液压油是否加满，油管接头是否正确，管路是否漏气，必须先排尽管内空气，然后在调整制动，直至达到最佳状态，经常检查各部接头是否坚固严密，不准有漏油现象。

⑥ 在冬季起动时，要开开停停往复数次，待油温上升和控制动作灵活后再正式使用。

2）调节主弹簧长度。先用扳手夹紧推杆的外端方头和旋松螺母的锁紧螺母，然后旋松或夹住调整螺母，转动推杆的方头，因螺母的轴向移动改变了主弹簧的工作长度，随着弹簧的伸长或缩短，制动力矩随之减小或增大，调整完毕后，把右面锁紧螺母旋回锁紧，以防松动。

3）调整制动瓦块与制动轮间隙。把衔铁推压在铁芯上，使制动器松开，然后调整背帽螺母，使左右瓦块制动轮间隙相等。

（3）曳引机曳引轮的维护保养

1）应保证曳引轮绳槽的清洁，不允许在绳槽中加油润滑。

2）当发现绳槽间的磨损深度差距最大达到曳引绳直径 d_0 的 1/10 以上时，要修理车削至深度一致，或更换轮缘，如图 9-10 所示。

3）对于带切口半圆槽，当绳槽磨损至切口深度小于 2mm 时，应重新车削绳槽，但经修理车削后切口下面的轮缘厚度应大于曳引绳直径 d_0，如图 9-11 所示，否则应当进行更换。

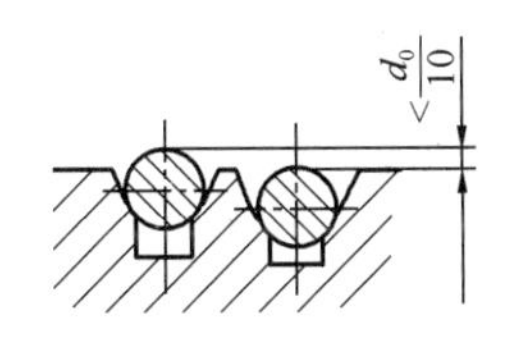

图 9-10　绳槽磨损差

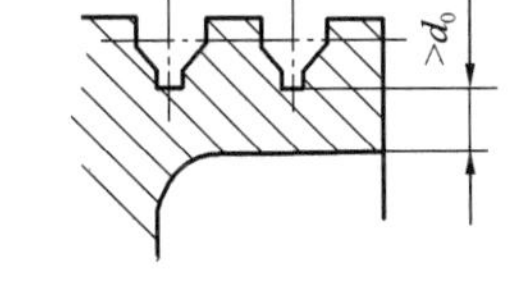

图 9-11　最小轮缘厚度

（4）减速器的维护保养

1）箱体内的油量应保持在油针或油镜的标定范围，油的规格应符合要求。

2）润滑部位，应按产品说明书规定进行润滑。

3）应保证箱体内润滑油的清洁，当发现杂质明显时，应换新油。对新使用的减速机，在使用一周后，应清洗减速机并更换新油液；以后应每年清洗和更换新油。

4）轴承的温升不应高于 60℃；箱体内的油液温升不超过 60℃，否则应停机检查原因。

5）当轴承在工作中出现撞击、摩擦等异常噪声，并通过调整也无法排除时，应考虑更换轴承。

（5）电动机的维护保养

1）应保证电动机各部分的清洁，不应让水或油浸入电动机内部。应经常吹净电动机内部和换向器、电刷等部分的灰尘。

2）对使用滑动轴承的电动机，应注意油槽内的油量是否达到油线，同时应保持油的清洁。

3）当电动机转子轴承磨损过大，出现电动机运转不平稳，噪声增大时，应更换轴承。

（6）钢丝绳的维护和保养

钢丝绳是施工升降机的重要部件之一，工作时弯曲频繁，又由于升降机经常启动、制动及偶然急停等情况，钢丝绳不但要承受静载荷，同时还要承受动载荷。在日常使用中，要加强维护和保养，以确保钢丝绳的功能正常，保证使用安全。

钢丝绳的维护保养，应根据钢丝绳的用途、工作环境和种类而定。在可能的情况下，应对钢丝绳进行适时清洗并涂以润滑油或润滑脂，以降低钢丝之间的摩擦损耗，同时保持表面不锈蚀。钢丝绳的润滑应根据生产厂家的要求进行，润滑油或润滑脂应根据生产厂家的说明书选用。

钢丝绳内原有油浸麻芯或其他油浸绳芯，使用时油逐渐外渗，一般不需在表面涂油，如果使用日久和使用场合条件较差，有腐蚀气体，温湿度高，则容易引起钢丝绳锈蚀腐烂，必须定时上油。但油质宜薄，用量不可太多，使润滑油在钢丝绳表面能有渗透进绳芯的能力即可。如果润滑过度，将会造成摩擦因数显著下降而产生在滑轮中打滑现象。

润滑前，应将钢丝绳表面上积存的污垢和铁锈清除干净，最好是用镀锌钢丝刷清理。钢丝绳表面越干净，润滑油脂就越容易渗透到钢丝绳内部去，润滑效果就越好。

钢丝绳润滑的方法有刷涂法和浸涂法：刷涂法就是人工使用专用的刷子，把加热的润滑脂涂刷在钢丝绳的表面上；浸涂法就是将润滑脂加热到60℃，然后使钢丝绳通过一组导辊装置被张紧，同时使之缓慢地从容器里熔融的润滑脂中通过。

9.2 施工升降机常见故障及排除方法

施工升降机在使用过程中发生故障的原因很多，主要有工作环境恶劣、维护保养不及时、操作人员违章作业、零部件的自然磨损等多方面。施工升降机发生异常时，操作人员应立即停止作业，及时向有关部门报告，以便及时处理，消除隐患，恢复正常工作。

施工升降机常见的故障一般分为电气故障和机械故障两大类。

9.2.1 施工升降机电气故障的查找和排除

由于电气线路、元器件、电气设备以及电源系统等发生故障，造成用电系统不能正常运行的情况，统称为电气故障。

1. 电气故障的查找基本程序

维修人员在对施工升降机进行检查维修时，一般应当遵循以下基本程序，以便于尽快查找故障，确保检修人员安全。

（1）在诊断电气系统故障前，维修人员应当认真熟悉电气原理图，了解电气元器件的结构与功能。

（2）熟悉电气原理图后，应当对以下事项进行确认：

1）确认吊笼处于停机状态，但控制电路未被断开。

2）确认防坠安全器微动开关、吊笼门开关、围栏门开关等安全装置的触头处于闭合状态。

3）确认紧急停机按钮及停机开关和加节转换开关未被按下。

4）确认上、下限位开关完好，动作无误。

（3）确认地面电源箱内主开关闭合，箱内主接触已经接通。

（4）检查输出电缆并确认已通电，确认从配电箱至施工升降机电气控制箱的电缆完好。

（5）确认吊笼内电气控制箱电源被接通。

（6）将电压表连接在零位端子和电气原理图上所标明的端子之间，检查须通电的部位，应确认已有电，分端子逐步测试，以排除法找到故障位置。

（7）检查操纵按钮和控制装置发出的“上”“下”指令（电压），确认已被正确地送到电气控制箱。

（8）试运行吊笼，确保上、下运行主接触器的电磁线圈通电启动，确认制动接触器被启动，制动器动作。

在上述过程中查找存在的问题和故障。针对照明等其他辅助电路时，也可按上述程序进行故障检查。

2. 施工升降机常见电气故障及排除方法

（1）SC 型施工升降机常见电气故障现象、故障原因及排除方法见表 9-4。

SC 型施工升降机常见电气系统故障及排除方法 **表 9-4**

序号	故障现象	故障原因	故障诊断与排除
1	总电源开关合闸即跳	电路内部损伤、短路或相线对地短接	找出电路短路或接地的位置，修复或更换
2	断路器跳闸	电缆、限位开关损坏。 电路短路或对地短接	更换损坏电缆、限位开关
3	施工升降机突然停机或不能启动	停机电路及限位开关被启动。 断路器启动	释放“紧急按钮”。 恢复热继电器功能。 恢复其他安全装置
4	启动后吊笼不运行	联锁电路开路（参见电气原理图）	关闭吊笼门或释放“紧急按钮”。 查 220V 联锁控制电路
5	电源正常，主接触器不吸合	（1）有个别限位开关没复位。 （2）相序接错。 （3）元件损坏或线路开路断路	（1）复位限位开关。 （2）相序重新连接。 （3）更换元件或修复线路

续表

序号	故障现象	故障原因	故障诊断与排除
6	电机启动困难，并有异常响声	（1）电机制动器未打开或无直流电压（整流元件损坏）。 （2）严重超载。 （3）供电电压远低于380V	（1）恢复制动器功能（调整工作间隙）或恢复直流电压（更换整流元件）。 （2）减少吊笼载荷。 （3）待供电电压恢复至380V再工作
7	运行时，上、下限位开关失灵	（1）上、下限位开关损坏。 （2）上、下限位碰块移位	（1）更换上、下限位开关。 （2）恢复上、下限位碰块位置
8	操作时，动作不稳定	（1）线路接触不好或端子接线松动。 （2）接触器粘连或复位受阻	（1）恢复线路接触性能，紧固端子接线。 （2）修复或更换接触器
9	吊笼停机后，可重新启动，但随后再次停机	（1）控制装置（按钮、手柄）接触不良。 （2）门限位开关与挡板错位	（1）修复或更换控制装置（按钮、手柄）。 （2）恢复门限位开关挡板位置
10	吊笼上、下运行时有自停现象	（1）上、下限位开关接触不良或损坏。 （2）严重超载。 （3）控制装置（按钮、手柄）接触不良或损坏	（1）修复或更换上、下限位开关。 （2）减少吊笼载荷。 （3）修复或更换控制装置（按钮、手柄）
11	接触器易烧毁	供电电源压降太大，启动电流过大	（1）缩短供电电源与施工升降机的距离。 （2）加大供电电缆截面
12	电机过热	（1）制动器工作不同步。 （2）长时间超载运行。 （3）启、制动过于频繁。 （4）供电电压过低	（1）调整或更换制动器。 （2）减少吊笼载荷。 （3）动作频率适当调整。 （4）调整供电电压

（2）SS型施工升降机常见电气系统故障现象、故障原因及排除方法见表9-5。

SS型施工升降机常见电气系统故障及排除方法　　表9-5

序号	故障现象	故障原因	故障诊断与排除
1	总电源合闸即跳	电路内部损伤，短路或相线接地	查明原因，修复线路
2	电压正常，但主交流接触器不吸合	（1）限位开关未复位。 （2）相序接错。 （3）电气元件损坏或线路开路断路	（1）限位开关复位。 （2）正确接线。 （3）更换电气元件或修复线路

续表

序号	故障现象	故障原因	故障诊断与排除
3	操作按钮置于上、下运行位置，但交流接触器不动作	（1）限位开关未复位。 （2）操作按钮线路断路	（1）限位开关复位。 （2）修复操作按钮线路
4	电机启动困难，并有异常响声	（1）电机制动器未打开或无直流电压（整流元件损坏）。 （2）严重超载。 （3）供电电压远低于380V	（1）恢复制动器功能（调整工作间隙）或恢复直流电压（更换整流元件）。 （2）减少吊笼载荷。 （3）待供电电压恢复至380V再工作
5	上下限位开关不起作用	（1）上、下限位损坏。 （2）限位架和限位碰块移位。 （3）交流接触器触点粘连	（1）更换限位。 （2）恢复限位架和限位位置。 （3）修复或更换接触器
6	电路正常，但操作时有时动作正常，有时动作不正常	（1）线路接触不好或虚接。 （2）制动器未彻底分离	（1）修复线路。 （2）调整制动器间隙
7	吊笼不能正常起升	（1）供电电压低于380V或供电阻抗过大。 （2）超载或超高	（1）暂停作业，恢复供电电压至380V。 （2）减少吊笼载荷，下降吊笼
8	制动器失效	电气线路损坏	修复电气线路
9	制动器制动臂不能张开	（1）电源电压低或电气线路出现故障。 （2）衔铁之间连接定位件损坏或位置变化，造成衔铁运动受阻，推不开制动弹簧。 （3）电磁铁衔铁芯之间间隙过大，造成吸力不足。 （4）电磁铁衔铁芯之间间隙过小，造成铁芯吸合行程过小，不能打开制动	（1）恢复供电电压至380V，修复电气线路。 （2）调整电磁铁衔铁芯之间间隙
10	制动器电磁铁合闸功率迟缓	（1）继电器常开触点有粘连现象。 （2）卷扬机制动器没有调好	（1）更换触点。 （2）调整制动器

（3）变频器常见故障及排除方法

当发生故障时，变频器故障保护继电器动作，变频器检测出故障事项，并在数字操作器上显示该故障内容，可根据产品使用说明对照相应内容和处置方法进行检查维修。

9.2.2 施工升降机常见机械故障及排除方法

由于机械零部件磨损、变形、断裂、卡塞，润滑不良以及相对位置不正确等造成机械系统不能正常运行，统称为机械故障。机械故障一般比较明显、直观，容易判断。

（1）SC 型施工升降机常见机械故障现象、故障原因及排除方法见表 9-6。

SC 型施工升降机常见机械故障及排除方法 **表 9-6**

序号	故障现象	故障原因	故障诊断与排除
1	吊笼运行时振动过大	（1）导向滚轮连接螺栓松动。 （2）齿轮、齿条啮合间隙过大或缺少润滑油。 （3）导向滚轮与背轮间隙过大	（1）紧固导向滚轮螺栓。 （2）调整齿轮、齿条啮合间隙或添注润滑油。 （3）调整导向滚轮与背轮的间隙
2	吊笼启动或停止运行时有跳动	（1）电机制动力矩过大。 （2）电机与减速箱联轴节内橡胶块损坏	（1）重新调整电机制动力矩。 （2）更换联轴节内橡胶块
3	吊笼运行时有电机跳动现象	（1）电机固定装置松动。 （2）电机橡胶垫损坏或失落。 （3）减速箱与传动板连接螺栓松动	（1）紧固电机固定装置。 （2）更换电机橡胶垫。 （3）紧固减速箱与传动板连接螺栓
4	吊笼运行时有跳动现象	（1）导轨架对接阶差过大。 （2）齿条螺栓松动，对接阶差过大。 （3）齿轮严重磨损	（1）调整导轨架对接。 （2）紧固齿条螺栓，调整对接阶差。 （3）更换齿轮
5	吊笼运行时有摆动现象	（1）导向滚轮连接螺栓松动。 （2）支撑板螺栓松动	（1）紧固导向滚轮连接螺栓。 （2）紧固支撑板螺栓
6	吊笼启、制动时振动过大	（1）电机制动力矩过大。 （2）齿轮、齿条啮合间隙不当	（1）调整电机制动力矩。 （2）调整齿轮、齿条啮合间隙
7	制动块磨损过快	制动器止退轴承内润滑不良，不能同步工作	润滑或更换轴承
8	制动器噪声过大	（1）制动器止退轴承损坏。 （2）制动器转动盘摆动	（1）更换制动器止退轴承。 （2）调整或更换制动器转动盘
9	减速箱蜗轮磨损过快	（1）润滑油品型号不正确或未按时更换。 （2）蜗轮、蜗杆中心距偏移	（1）更换润滑油品。 （2）调整蜗轮、蜗杆中心距

(2) SS型施工升降机常见机械故障现象、故障原因及排除方法见表9-7。

SS型施工升降机常见机械故障及排除方法 **表9-7**

序号	故障现象	故障原因	故障诊断与排除
1	上下限位开关不起作用	(1) 上、下限位损坏。 (2) 限位架和限位碰块移位	(1) 更换限位。 (2) 恢复限位架和限位位置
2	吊笼不能正常起升	(1) 冬季减速箱润滑油太稠太多。 (2) 制动器未彻底分离。 (3) 超载或超高。 (4) 停靠装置插销伸出挂在架体上	(1) 更换润滑油。 (2) 调整制动器间隙。 (3) 减少吊笼载荷，下降吊笼。 (4) 恢复插销位置
3	吊笼不能正常下降	(1) 断绳保护装置误动作。 (2) 摩擦副损坏	(1) 修复断绳保护装置。 (2) 更换摩擦副
4	制动器失效	(1) 制动器各运动部件调整不到位；机构损坏，使运动受阻。 (2) 制动衬料或制动轮磨损严重，制动衬料或制动块连接铆钉露头	(1) 修复或更换制动器。 (2) 更换制动衬料或制动轮
5	制动器制动力矩不足	(1) 制动衬料和制动轮之间有油垢。 (2) 制动弹簧过松。 (3) 活动铰链处有卡滞地方或有磨损过甚的零件。 (4) 锁紧螺母松动，引起调整用的横杆松脱。 (5) 制动衬料与制动轮之间的间隙过大	(1) 清理油垢。 (2) 更换弹簧。 (3) 更换失效零件。 (4) 紧固锁紧螺母。 (5) 调整制动衬料与制动轮之间的间隙
6	制动器制动轮温度过高，制动块冒烟	(1) 制动轮径向跳动严重超差。 (2) 制动弹簧过紧，电磁松闸器存在故障而不能松闸或松闸不到位。 (3) 制动器机件磨损，造成制动衬料与制动轮之间位置错误。 (4) 铰链卡死	(1) 修复制动轮与轴的配合。 (2) 调整松紧螺帽。 (3) 更换制动器机件。 (4) 修复
7	制动器制动臂不能张开	(1) 制动弹簧过紧，造成制动力矩过大。 (2) 制动块和制动轮之间有污垢而形成粘边现象	(1) 调整松紧螺帽。 (2) 清理污垢
8	吊笼停靠时有下滑现象	(1) 卷扬机制动器摩擦片磨损过大。 (2) 卷扬机制动器摩擦片、制动轮沾油	(1) 更换摩擦片。 (2) 清理油垢
9	正常动作时断绳保护装置动作	制动块（钳）压得太紧	调整制动块滑动间隙
10	吊笼运行时有抖动现象	(1) 导轨上有杂物。 (2) 导向滚轮（导靴）和导轨间隙过大	(1) 清除杂物。 (2) 调整间隙

10 施工升降机事故危险源及排除治理

近年来，国家和地方管理部门针对特种设备的管理颁布了一系列的管理办法，其中涉及风险分级管控和隐患排查治理两个体系建设，即对机械安装、使用、拆除过程中存在的各类危险源进行提前辨识，确定不同危险级别，有针对性进行预防或排除，确保机械及操作人员安全。

10.1 施工升降机常见事故危险源

10.1.1 施工升降机常见的事故类型

施工升降机作为施工现场垂直运输的大型施工设备，也是危险性较大的机械设备，每年都有因管理不善或操作不当而引发事故。虽然引发原因不尽相同，但仔细加以归纳总结，可将施工升降机事故类型大致分为以下几种：

（1）高处坠落。在施工升降机安装、使用、维修和拆卸过程中，安装、拆卸、维修人员及乘员从吊笼顶部、导轨架等高处坠落的事故。

（2）冒顶。吊笼、对重从导轨上方冲出导轨造成的事故。

（3）脱轨。吊笼从导轨中脱出或安全钩脱落、断裂等造成的事故。

（4）断绳。起升或对重钢丝绳破断等造成的事故。

（5）安全设施失灵。防坠安全器、限位开关、极限开关机械联锁装置等失效造成的事故。

（6）物体打击。吊笼装载物品散落、吊笼顶部物体、电缆导圈坠落等发生物体打击的事故。

（7）其他危险源。吊笼、对重运行过程中发生挤压的事故等。

10.1.2 施工升降机危险源诱发事故的主要原因

1. 违章作业

（1）安装、指挥、操作人员未经培训、无证上岗。

（2）不遵守施工现场的安全管理制度，高处作业不系安全带和不正确使用个人防护用品。

（3）安装拆卸前未进行安全技术交底，作业人员未按照安装、拆卸工艺流程装拆。

（4）临时组织装拆队伍，工种不配套，多人作业配合不默契、不协调。

（5）违章指挥。

（6）安装现场无专人监护。

（7）擅自拆、改、挪动机电设备或安全设施等。

2. 超载使用

超载作业，在超载限制器失效的情况下，极易引发事故。超载限制器是施工升降机关键的安全装置，超载限制器的损坏、恶意调整、调整不当或失灵等均能造成限制失效。因施工现场工况复杂，应定期保养、校核超载限制器，不能擅自调整，严禁拆除。

3. 基础不符合要求

（1）未按说明书要求进行地耐力测试，因地基承载力不够造成施工升降机倾翻。

（2）未按说明书要求施工，地基不能满足施工升降机的稳定性要求。

（3）基础尺寸、混凝土强度不符合设计要求。

（4）基础表面平整度不符合要求，预埋件布置不正确，影响了架体的垂直度和联结强度。

4. 未经验收私自启用

（1）未加锁，无禁止他人随意操作启用措施。

（2）安装过程中，标准节连接螺栓未一次性配置齐全和拧紧固牢。

（3）未经允许，随意开启运行，或笼内物料运载超限。

5. 附着达不到要求

（1）超过独立高度没有安装附着。

（2）附着点以上施工升降机最大自由高度超出说明书要求。

（3）附着杆、附着间距不符合说明书要求。

（4）擅自使用非原厂生产制造的不合格附墙装置。

（5）附着装置的联结、固定不牢。

（6）附墙铁固定位置不当，导致运行坡道斜度偏大。

6. 施工升降机位置不当

（1）与外电线路安全距离不足。

（2）与边坡外沿距离不足，造成基础不稳固。

7. 钢结构磨损、疲劳

施工升降机使用多年，导轨架磨损、锈蚀严重或者焊缝易产生疲劳裂纹，引发事故。

8. 钢丝绳断裂

（1）钢丝绳断丝、断股超过规定标准。

（2）未设置滑轮防脱绳装置或装置损坏，钢丝绳脱槽被挤断。

（3）防断（松）绳安全装置失效。

9. 高强螺栓达不到要求

（1）连接螺栓松动。

（2）未按照规定使用高强度螺栓。

（3）连接螺栓缺少垫圈。

（4）螺栓、螺母损伤、变形。

10. 安全装置失效

如各种安全器、制动器、超载限制器、机械联锁装置、行程限位开关、防松绳装置、急停开关等损坏、拆除或失灵。

10.1.3 危险源消除及预防环节

1. 施工升降机购置和租赁

在购买或租赁施工升降机时，用户要选择具有制造许可证、产品合格证和制造监督检验证明，技术资料齐全的正规厂家生产的合格产品。材料、元器件应符合设计要求，各种限位、保险等安全装置应齐全有效，设备完好，性能优良，不得购置、租赁国家淘汰、存在严重事故隐患、技术资料不齐全以及不符合国家技术标准或检验不合格的产品。

2. 施工升降机安拆队伍

施工升降机的安装、拆卸必须由具备起重设备安装工程专业承包资质、取得安全生产许可证的专业队伍施工，作业人员应相对固定，工种应匹配，作业中应遵守纪律、服从指挥、配合默契，严格遵守操作规程；辅助起重设备、机具应配备齐全、性能可靠；在拆装现场应服从施工总承包单位、建设单位和监理单位的管理。

3. 作业人员培训考核

严格加强特种作业人员资格管理。施工升降机的安装拆卸工、施工升降机司机、起重司索信号工及电工等特种作业人员必须接受专门的安全操作知识培训，经建设主管部门考核合格，取得“建筑施工特种作业操作资格证书”；每年还应参加安全生产教育。

4. 技术管理

（1）施工升降机在安装拆卸前，必须制定安全专项施工方案，并按照规定程序进行审核审批，确保方案的可行性。

（2）安装队伍技术人员要详细地对拆装作业人员进行安全技术交底，作业时工程监理单位应当旁站监理，确保安全专项施工方案得到有效执行。

（3）技术人员应根据工程实际情况和设备性能状况对施工升降机司机进行安全技术

交底。

（4）施工升降机司机应遵守劳动纪律，听从指挥、严格按照操作规程操作，认真履行交接班制度，做好日常检查和维护保养工作。

5. 检查验收

（1）施工升降机在安装后，安装单位应当按照规定的内容对施工升降机进行严格的自检，并出具自检报告。

（2）自检合格后，使用单位应当委托具有相应资质的检测检验单位对施工升降机进行检验。

（3）施工升降机使用前，施工总承包单位应当组织使用、安装、出租和工程监理等单位进行共同验收，合格后方可投入使用。

（4）使用期间，有关单位应当按照规定的时间、项目和要求做好施工升降机的检查和日常、定期维护保养，尤其要注重对各种安全器、机械联锁装置、行程限位开关、螺栓、钢丝绳、安全钩、随行电缆等部位的检查和维修保养，确保使用安全。

10.2　常见施工升降机重大危险源控制与消除

10.2.1　驾驶室底框开焊、固定不牢易引发坠落事故

1. 相关因素

（1）驾驶室底框与吊笼底架之间的焊缝开裂很长，未及时焊补。

（2）驾驶室底部与吊笼连接的螺栓日久腐蚀，截面变小，不能有效固定驾驶室。

（3）驾驶室内随意放置物料，增加荷载。

2. 消除及预防措施

（1）使用、拆卸前，检查驾驶室与吊笼固定连接可靠程度，其栓接、焊接部位有无异常。

（2）驾驶室座椅、风扇等设施勿随意改动，不能随意增加其他荷载。

（3）检查人员应具有专业安全意识及业务知识，能及时发现和消除危险源。

10.2.2　违规使用施工升降机引发物体打击

1. 相关因素

（1）装运超长物料，人为弃用笼门限位开关。

（2）向笼内装料或卸料时随意抛掷，无预防物料坠落伤人措施。

（3）所卸物料堆积在卸料平台不能及时运走、堆料过多或无预防物料散落措施。

（4）施工升降机电缆导圈等设备附件固定不牢。

2. 消除及预防措施

（1）施工升降机的吊笼内外侧门均应处于关闭状态方可正常启动运行。

（2）施工现场搬运任何器具材料不得采用抛掷的方式，尤其钢管等易弹飞物料装运严禁采用丢抛方式。

（3）当司机发现作业人员违章、野蛮作业时，有责任当即制止。

（4）防护棚防砸措施应到位有效。

（5）升降机运行过程中，非防护棚内严禁其他人员在坠落半径范围逗留。必须作业时要有隔离或防止物体打击措施。

10.2.3 吊笼冒顶

1. 相关因素

（1）每次加节或安装完毕时未及时安装顶部安全节。

（2）使用时施工升降机上限位和上极限限位撞块均未安装。

（3）吊笼未设置安全钩，或作用失效。

（4）临时替换无证且未培训交底的操作司机。

（5）操作司机擅离职守，且未关锁笼门。

2. 消除及预防措施

（1）安装单位制定施工升降机安装方案和安全技术措施，进行技术交底，落实严格的安装验收手续。

（2）安装单位应具备拆装资质，且安排有效资格证件人员安装设备。

（3）设备使用单位履行施工升降机安装后交接验收手续，方可启用施工升降机。

（4）设备使用单位必须使用持有有效资格证件的人员操作，并在上岗前做好安全使用交底。

（5）操作人员离开机械必须锁门，且严禁临时利用无证、无专业培训人员替代。

（6）设备租赁、租用厂家必须全面履行合同协议约定。

10.2.4 制动失灵吊笼坠落事故

1. 相关因素

（1）电磁制动器的制动力矩不足，制动下滑距离过大。

（2）产品设计制造不符合规范标准要求，传动板上未设置齿轮防脱轨挡块。

（3）安全防坠器未及时检测或失效。

2. 消除及预防措施

（1）及时更换吊笼电磁制动器的制动片，检查制动器轴向串动距离。

（2）涉及更换部件应符合原设计要求。

（3）吊笼的传动板上设置防脱轨挡块，且有效可靠。

（4）防坠安全器在有效检测期内，并保证可靠。

（5）应按照规定对设备进行日常检查和定期检查，并应留下记录，对维修情况也必须进行详细记录。

（6）必须按规定进行维护保养，对存在安全隐患的部件应及时维修或更换。

10.2.5 导轨架折断吊笼坠落

1. 相关因素

（1）安装单位未按说明书要求安装附着装置。

（2）顶部安全装置未一次安装完毕。

（3）未经验收擅自启用。

2. 消除及预防措施

（1）安装过程中，附墙架应严格按设计说明固定和确定彼此间距，顶部导轨架自由端高度不允许超说明规定。

（2）无论是新安装还是在使用中进行加节，作业完毕交付使用前，均须进行联合验收，合格后才能使用。

（3）司机在每天正式运行前，必须查看交接班记录并进行例行检查，只有例行检查合格后才能使用。

10.2.6 违规操作管理发生吊笼坠落

1. 相关因素

（1）吊笼内载人上下运行。

（2）钢丝绳与滑轮磨损。

（3）吊笼导靴与轨道不滑畅。

（4）卷筒防脱绳装置、断绳保护装置不全或失效。

（5）钢丝绳端部固定不牢，钢丝绳锈蚀严重。

（6）维修人员检修保养时无个人安全保障措施。

（7）笼内物料散落无约束措施。

2. 消除及预防措施

（1）施工单位在选用施工升降机等起重机械设备时应查验制造许可证、产品合格证、制造监督检验证明、产权备案证明，技术资料不齐全的不得使用。

（2）施工单位应加强起重机械管理，起重机械安装前应制订方案，安装过程应严格按方案规定的工艺和顺序进行安装作业，安装完毕应按规定进行调试、检验和验收。

（3）严格遵守特种作业人员持证上岗的规定，杜绝违章指挥、违章作业。

（4）严禁货运升降机吊笼内载人。

（5）设备各种安全防护装置保证齐全有效。

（6）定期检查部件完好情况，及时更换钢丝绳等易损件、材料等。

（7）履行设备检查制度，发现问题及时落实三定整改制度。

10.2.7 违反操作规程拆卸吊笼引发坠落

1. 相关因素

（1）设备在拆卸标准节作业中，平衡重已拆除，吊笼下降，依靠制动器制动、防坠安全器保证安全，然而防坠安全器发生动作后，操作人员未按规定对防坠安全器进行复位，擅自将防坠安全器整体拆除，使吊笼失掉了安全保证。

（2）防坠安全器被拆除后，施工升降机已处于无安全保障的情况，电磁制动器的制动力矩只能增加，绝不允许减少，但违章调松电磁制动器，减少了制动力矩，吊笼坠落缺少控制保障。

（3）保险钢丝绳挂设不当又未进行验算，钢丝绳在吊笼失控坠落时，抵不住巨大冲击力，易被导轨架上角铁切断。

2. 消除及预防措施

（1）施工升降机在拆除过程中，防坠安全器必须始终有效地啮合在齿条上。如果发生施工升降机下滑，防坠安全器制动时，必须在查找和排除下滑过快的原因后，才能对防坠安全器进行复位操作。注意严禁将防坠安全器拆除，从而失去安全保障。

（2）拆卸作业时，必须对制动器进行检查，存在问题时应当进行调整，使制动力矩达到规定值，确保施工升降机可靠地制停在导轨架上，绝对不允许调松制动器。

10.2.8 施工升降机未关闭层门、笼门等导致高处坠落

1. 相关因素

（1）施工升降机卸料平台防护门关闭不严、不及时。

（2）吊笼门关闭不严即上下运行。

（3）吊笼门刚度不足。

（4）吊笼内载运动力车辆。

2. 消除及预防措施

（1）所有楼层卸料平台防护门处于常闭状态，即开即闭，且开启门锁在吊笼侧。

（2）吊笼运行前外笼、吊笼应处于关闭状态，禁止人为改变、关闭或随意调整笼门行程开关。

（3）保障笼门具备阻止笼内物料、机具坠落条件。

（4）合理选用运输工具，避免使用动力机具通过施工升降机运输物料，以防机具

失灵或误操作造成事故。

10.2.9 施工升降机违章检修、保养造成人员伤亡

1. 相关因素

（1）违章操作，在未停机的情况下进行检修作业。

（2）搭乘施工升降机时在运行中加注油料。

（3）检修保养人员未在吊笼上方允许范围内活动。

（4）无证操作施工升降机，操作不当，配合不力，停机不及时。

2. 消除及预防措施

（1）电梯运行中发现机械有异常情况应立即停机检查，排除故障后，方可继续运行。

（2）机械出现故障，须由专业维修人员进行检查维修，且必须有安全稳定操作环境平台。

（3）必须利用吊笼做平台检修保养时，人员必须在划定位置进行，严禁身体任何部位跨越界线。

（4）施工升降机司机必须经专业培训合格并取得特种作业资格证书，并严格按照操作规程配合维修保养人员作业。

10.2.10 施工升降机违规拆除、操作导致吊笼坠落

1. 相关因素

（1）施工单位将拆除任务发包给不具拆装资质的队伍。

（2）拆除前，未全面检查待拆机械关键部件、固定牢靠情况。

（3）先行拆除多道附墙架。

（4）未检查承重钢丝绳锈蚀、固定、完好状况。

2. 消除及预防措施

（1）拆除前严格履行申报程序，由具备拆装资质队伍完成。

（2）拆除前全面检查承重、固定部件的可靠、牢固情况。

（3）明确拆除工艺方案要求，严格按方案要求进行拆除。

（4）拆除过程中，落实严禁他人进出拆除场地的要求。

模 拟 练 习

一、判断题

1. 液压泵一般有齿轮泵、叶片泵和斜盘式柱塞泵等几个种类。

【答案】错误

【解析】液压泵一般有齿轮泵、叶片泵和柱塞泵等几个种类。其中柱塞泵是靠柱塞在液压缸中往复运动造成容积变化来完成吸油与压油的。轴向柱塞泵是柱塞中心线互相平行于缸体轴线的一种泵，有斜盘式和斜轴式两类。

2. 轴向柱塞泵具有结构紧凑、径向尺寸小、惯性小、容积效率高、压力高等优点，然而轴向尺寸大，结构也比较复杂。

【答案】正确

3. 液压锁主要用于油管破损等原因导致系统压力急速下降时，锁定液压缸，防止事故发生。

【答案】正确

4. 钢结构存在抗腐蚀性能和耐火性能较差、低温条件下易发生脆性断裂等缺点。

【答案】正确

5. 普通碳素钢 Q235 系列钢，强度、塑性、韧性及可焊性都比较好，是建筑起重机械使用的主要钢材。

【答案】正确

6. 钢材具有明显的弹性阶段、弹塑性阶段、塑性阶段及应变硬化阶段。

【答案】正确

7. 物体的重心可能在物体的形体之内，也可能在物体的形体之外。

【答案】正确

8. 物体的重心相对物体的位置是一定的，它不会随物体放置的位置改变而改变。

【答案】正确

9. 钢丝绳的起重能力不仅与起吊钢丝绳之间的夹角有关，而且与捆绑时钢丝绳曲率半径有关。

【答案】正确

10. 钢丝绳的公称抗拉强度，是衡量钢丝绳承载能力的重要指标。

【答案】正确

11. 钢丝绳夹间的距离应等于钢丝绳直径的 3～4 倍。

【答案】错误

【解析】钢丝绳夹间的距离应等于钢丝绳直径的 6～7 倍。

12. 滑车组是由一定数量的定滑车和动滑车及绕过它们的绳索组成的简单起重工具。它能省力也能改变力的方向。

【答案】正确

13. 施工升降机按是否有对重，可分为对重式和无对重式。

【答案】正确

14. 施工升降机按用途可分为普通式、倾斜式和曲线式三种。

【答案】错误

【解析】施工升降机按用途可分为货用和人货两用两种。货用和人货两用施工升降机的安全等级要求不同，设计、制造、检验，使用、管理的要求不同，差别很大。

15. 导轨按滑道的数量和位置，可分为单滑道、双滑道及四角滑道。

【答案】正确

16. 当一台施工升降机使用的标准节有不同的立管壁厚时，标准节应有标识，并不得混用。

【答案】正确

17. 附墙架连接可以使用膨胀螺栓。

【答案】错误

【解析】附墙架连接不得使用膨胀螺栓；采用紧固件的，应保证有足够的连接强度；不得采用钢丝、铜线绑扎等非刚性连接方式；严禁与建筑脚手架相牵连。

18. 附墙架的安装距离大于设计距离，附墙架须重新设计，制作。

【答案】正确

19. 施工升降机的地面防护围栏设置高度不低于 1.8m，对于钢丝绳式货用施工升降机应不小于 1.5m，并应围成一周，围栏登机门的开启高度不应低于 1.8m。

【答案】正确

20. 层门不得向吊笼通道开启，封闭式层门上应设有视窗。

【答案】正确

21. 连接对重用的钢丝绳绳头应采用可靠的连接方式，绳接头的强度不低于钢丝绳强度的 75％。

【答案】错误

【解析】连接对重用的钢丝绳绳头应采用可靠的连接方式，绳接头的强度不低于钢丝绳强度的 80％。

22. 人货两用施工升降机的驱动卷筒节径与钢丝绳直径之比不应小于 30。

【答案】正确

23. 施工升降机的基础四周应设置排水设施，基础四周 5m 之内不准开挖深沟。

【答案】正确

24. 施工升降机的基础下土壤的承载力小于设计值时，应重新设计加宽基础或打桩。

【答案】正确

25. 施工升降机的基础下土壤的承载力小于设计值时，加深基础即可。

【答案】错误

【解析】施工升降机的基础下土壤的承载力小于设计值时，应找原生产单位或有设计资质的单位重新设计基础。

26. 齿条和所有驱动齿轮、防坠安全器齿轮正确啮合的条件是：齿条节线和与其平行的齿轮节圆切线重合或距离不超出模数的 1/3；当措施失效时，应进一步采取其他措施，保证其距离不超出模数的 2/3。

【答案】正确

27. 施工升降机传动机构的联轴器，其内部的弹性套损坏，必须停止使用，立即更换。

【答案】正确

28. 常闭式制动器是指制动器不通电的情况下，制动器处于制动状态。

【答案】正确

29. 减速机的作用是将电动机的旋转速度降低到所需要的转速，同时提高输出扭矩。

【答案】正确

30. 变频器在电控箱中的安装与周围设备必须保持一定距离，以利通风散热，一般上下间隔 120mm 以上，左右应有 30mm 的间隙，背部应留有足够间隙。夏季必要时可打开电控箱门散热。

【答案】正确

31. 当电机过热时，热继电器触点会断开，切断电机供电，电机停止工作，从而保护电机。

【答案】正确

32. 电梯工作时必须先按下电铃警示再运行。

【答案】正确

33. 防坠安全器是一种人为控制的，当吊笼或对重一旦出现失速、坠落情况时，能在设置的距离、速度内使吊笼安全停止的装置。

【答案】错误

【解析】防坠安全装置是非电气、气动和手动控制的防止吊笼或对重坠落的机械式安全保护装置。它是一种非人为控制的装置，一旦吊笼或对重出现失速、坠落情况，能在设置的距离、速度内使吊笼安全停止。

34. 防坠安全器安装在施工升降机吊笼的传动底板上。

【答案】正确

35. 防坠安全器的制动距离，与施工升降机的额定提升速度有关，安全制动距离须满足要求。

【答案】正确

36. 防坠安全器在任何时候都应该起作用，但不包括安装和拆卸工况。

【答案】错误

【解析】防坠安全器在任何时候都应该起作用，包括安装和拆卸工况。

37. 限位调整时，对于双吊笼施工升降机，一吊笼进行调整作业，另一吊笼必须停止运行。

【答案】正确

38. 在故障或危险情况未排除之前，不得继续安装作业。

【答案】正确

39. 当导轨架或附墙架上有人员作业时，严禁开动施工升降机。

【答案】正确

40. 安全器坠落试验时，吊笼内不允许载人。

【答案】正确

41. 一项目在施工升降机安装作业时发现加节按钮盒不起作用，为方便工作，安拆班组长要求施工升降机司机配合升降操作。

【答案】错误

【解析】安装作业时必须将加节按钮盒或操作盒移至吊笼顶部操作。当导轨架或附墙架上有人员作业时，严禁开动施工升降机。

42. 一工地的施工升降机安装位置处于在相邻建筑物的防雷装置保护范围以内，项目经理认为可以不安装防雷装置。

【答案】正确

43. 吊笼驱动升降时，安装吊杆上可以吊挂导轨架。

【答案】错误

【解析】在吊笼顶部操作安装吊杆，放下吊钩，吊起一节导轨架放置在吊笼顶部（每次在吊笼顶部最多仅允许放置3个导轨架），吊笼驱动升降时，安装吊杆上不准挂导轨架。

44. 某工地因资金问题停工7个月，资金到位后复工，此时经施工升降机试运行后便直接重新投入使用。

【答案】错误

【解析】当遇到可能影响施工升降机安全技术性能的自然灾害、发生设备事故或停工6个月以上时，应对施工升降机重新组织检查验收。

45. 施工升降机每天第一次使用前，司机应将吊笼升离地面1～2m，停车试验制动器的可靠性。

【答案】正确

46. 施工升降机司机工作中期间需要去厕所，关闭总电源及笼门后离开。

【答案】错误

【解析】工作时间内司机不得擅自离开施工升降机。当有特殊情况需离开时，应将施工升降机停到最底层，关闭电源，锁好吊笼门，并挂上有关告示牌。

47. 当在施工升降机运行中发现异常情况时，应立即停机，直到排除故障后方能继续运行。

【答案】正确

48. 运输地面砖时，为节省笼内空间，工人将50块地面砖集中码放在吊笼一侧。

【答案】错误

【解析】散状物料运载时应装入容器、进行捆绑或使用织物袋包装，堆放时应使荷载分布均匀。

49. 某司机因鸣铃系统故障为由，拒绝运输作业。

【答案】正确

50. 为保证施工升降机的正常运行，应经常检查施工升降机的各部位的润滑情况，按时添加或更换润滑剂。

【答案】正确

51. 某维修班组在施工升降机装半联轴器时，发现联轴器装入时较紧，用锤重击，以便于快速装入。

【答案】错误

【解析】将新减速箱输入轴擦洗干净并涂油，装好半联轴器。如联轴器装入时较紧，切勿用锤重击，以免损坏减速器。

52. 由于钢丝绳内原有油浸麻芯或其他油浸绳芯，使用时油逐渐外渗，所以某项目在使用中未考虑在钢丝绳表面涂油。

【答案】错误

【解析】钢丝绳内原有油浸麻芯或其他油浸绳芯，使用时油逐渐外渗，一般不需在表面涂油，如果使用日久和使用场合条件较差，有腐蚀气体，温湿度高，则容易引起钢丝绳锈蚀腐烂，必须定时上油。

53. 施工升降机每班开始前，应当进行检查和维护保养，包括目测检查和功能测试，有严重情况的应当报告有关人员进行停用。

【答案】正确

54. 施工升降机常见的故障一般分为电气故障和机械故障两大类。

【答案】正确

55. 在进入新的施工现场使用前，应按规定进行坠落试验，对防坠安全器进行测试。

【答案】正确

56. 两个体系建设（危险源识别与排除）有利于确定不同危险级别，有针对性进行预防或排除，确保机械及操作人员安全。

【答案】正确

57. 施工升降机位置不当，主要包括与外电线路安全距离不足和与边坡外沿距离不足。

【答案】正确

58. 一般情况下，施工现场搬运器具材料不得采用抛掷的方式，但有特殊情况除外。

【答案】错误

【解析】施工现场搬运任何器具材料不得采用抛掷的方式；尤其钢管等易弹飞物料装运严禁采用丢抛方式。

59. 设备使用单位使用的操作人员可以无资格证，但上岗前做好安全使用交底。

【答案】错误

【解析】设备使用单位必须使用有有效资格证件的人员操作，并上岗前做好安全使用交底。

60. 应按照规定对设备进行日常检查和定期检查，并应留下记录，维修情况也必须进行详细记录。

【答案】正确

61. 当机械出现故障时，某使用单位先制作了安全稳定的操作环境平台，后请专业维修人员进行维修。

【答案】正确

二、单选题（选项正确的或是最符合题意的选项的字母填入相应的空格中）

1. 常用的螺栓、键、销轴或铆钉等连接件产生的变形都是(　　)变形的实例。

A. 拉伸与压缩　　B. 剪切　　C. 扭转　　D. 弯曲

【答案】B

2. 液压系统利用(　　)将机械能转换为液体的压力能。

A. 液压马达　　B. 液压缸　　C. 液压泵　　D. 液压油箱

【答案】C

【解析】液压传动是指利用液压泵将机械能转换为液体的压力能，再通过各种控制阀和管路的传递，借助液压执行元件（缸或马达）把液体压力能转换为机械能，从而驱动工作机构，实现直线往复运动或回转运动的过程。

3. 双向液压锁广泛应用于工程机械及各种液压装置的保压油路中，双向液压锁是一种防止过载和液力冲击的安全溢流阀，安装在液压缸的(　　)。

A. 上端　　B. 下端　　C. 中部　　D. 侧面

【答案】A

4. 顺序阀是用来控制液压系统中两个或两个以上工作机构的先后顺序，它(　　)于油路上。

A. 并联　　B. 串联

【答案】B

【解析】顺序阀是用来控制液压系统中两个或两个以上工作机构动作先后顺序的阀。顺序阀串联于油路上，它是利用系统中的压力变化来控制油路通断的。

5. 在弹性阶段，钢材的应力与应变成正比，服从胡克定律，这时变形属(　　)。当应力释放后，钢材能够恢复原状。弹性阶段是钢材工作的主要阶段。

A. 塑性变形　　B. 弹性变形　　C. 弯曲变形　　D. 剪切变形

【答案】B

6. 如钢材存在缺陷，或者结构具有孔洞、开槽、凹角、厚度变化以及制造过程中带来的损伤，都会导致材料截面中的应力不再保持均匀分布，在这些缺陷、孔槽或损伤处，将产生局部的高峰应力，形成(　　)。

A. 塑性变形　　B. 应力集中　　C. 弹性变形　　D. 剪切变形

【答案】B

7. 普通螺栓材质一般采用 Q235 钢。普通螺栓的强度等级为 3.6～(　　)级。

A. 6.8　　B. 7.8　　C. 8.8　　D. 9.8

【答案】A

【解析】普通螺栓材质一般采用 Q235 钢。普通螺栓的强度等级为 3.6～6.8 级，直径为 3～64mm。

8. 一般白棕绳的抗拉强度仅为同直径钢丝绳的(　　)左右，易磨损。

A. 10%　　B. 20%　　C. 30%　　D. 50%

【答案】A

【解析】一般白棕绳的抗拉强度仅为同直径钢丝绳的 10%左右，易磨损。因此，白棕绳主要用于绑扎及起吊较轻的物件和起重量比较小的扒杆缆风绳索。

9. 白棕绳在不涂油干燥情况下，强度高、弹性好，但受潮后强度降低约(　　)。

A. 10%　　B. 20%　　C. 30%　　D. 50%

【答案】D

【解析】白棕绳有涂油和不涂油之分。涂油的白棕绳抗潮湿防腐性能较好，其强度比不涂油一般要低10%～20%；不涂油的在干燥情况下，强度高、弹性好，但受潮后强度降低约50%。

10. 为了提高钢丝绳的使用寿命，滑轮直径最小不得小于钢丝绳直径的(　　)倍。

A. 8　　B. 10　　C. 15　　D. 16

【答案】D

【解析】考察滑车及滑车组使用注意事项。为了提高钢丝绳的使用寿命，滑轮直径不得小于钢丝绳直径的16倍。

11. (　　)既能省力也能改变力的方向。

A. 定滑车　　B. 动滑车　　C. 滑车组　　D. 导向滑轮

【答案】C

【解析】滑车组是由一定数量的定滑车和动滑车及绕过它们的绳索组成的简单起重工具。它能省力也能改变力的方向。

12. 在卷扬机正前方应设置导向滑车，导向滑车至卷筒轴线的距离，带槽卷筒应不小于卷筒宽度的(　　)倍，无槽卷筒应大于卷筒宽度的(　　)倍，以免钢丝绳与导向滑车槽缘产生过度的磨损。

A. 10，15　　B. 15，20　　C. 20，25　　D. 15，25

【答案】B

【解析】在卷扬机正前方应设置导向滑车，导向滑车至卷筒轴线的距离，带槽卷筒应不小于卷筒宽度的15倍，即倾斜角α不大于2°，无槽卷筒应大于卷筒宽度的20倍，以免钢丝绳与导向滑车槽缘产生过度的磨损。

13. 人货两用施工升降机悬挂对重的钢丝绳不得少于(　　)根，且相互独立。

A. 2　　B. 3　　C. 4　　D. 5

【答案】A

14. 钢丝绳的选用应符合原厂说明书规定。卷筒上的钢丝绳全部放出时应留有不少于(　　)圈；钢丝绳的末端应固定牢靠；卷筒边缘外周至最外层钢丝绳的距离应不小于钢丝绳直径的1.5倍。

A. 3　　B. 5　　C. 7　　D. 10

【答案】A

15. 施工升降机的额定载重量是指(　　)。

A. 吊笼允许的最大载荷　　B. 吊笼允许的最大载荷的90%

C. 吊笼允许的最大载荷的80%　　D. 吊笼允许的最大载荷的120%

【答案】A

16. 施工升降机的额定提升速度是指(　　)。

A. 空载最大速度　　B. 额载最低速度

C. 额载平均速度　　D. 额载额定功率下的稳定提升速度

【答案】D

【解析】额定提升速度：吊笼装载额定载重量，在额定功率下稳定上升的设计速度。

17. 附墙架应能保证几何结构的稳定性，杆件不得少于(　　)根，形成稳定的三角形状态。

A. 2　　B. 3　　C. 4　　D. 5

【答案】B

【解析】附墙架应能保证几何结构的稳定性，杆件不得少于3根，形成稳定的几何不变体系。各杆件与建筑物连接面处须有适当的分开距离，使之受力良好。

18. 附墙架连接螺栓为不低于(　　)级的高强度螺栓，其紧固件的表面不得有锈斑、碰撞凹坑和裂纹等缺陷。

A. 6.8　　B. 8.8　　C. 9.8　　D. 10.9

【答案】B

【解析】附墙架的安全技术要求，附墙架的结构与零部件应完整和完好，连接螺栓为不低于8.8级的高强度螺栓，其紧固件的表面不得有锈斑、碰撞凹坑和裂纹等缺陷。

19. 载人吊笼门框的净高度至少为(　　)m，净宽度至少为0.6m。门应能完全遮蔽开口。

A. 0.6　　B. 1.5　　C. 1.6　　D. 2.0

【答案】D

【解析】吊笼门开口的净高度应不小于2.0m，净宽度应不小于0.6m。门应能完全遮蔽开口。门关闭时，除门下部间隙应不大于35mm外，门上的通孔及门周围的间隙或零件间的间隙，且不能穿过直径为25mm的球体。

20. 载人吊笼门框的净高度至少为2.0m，净宽度至少为0.6m。门应能完全遮蔽开口，其开启高度不应小于(　　)m。

A. 0.6　　B. 1.5　　C. 1.6　　D. 1.8

【答案】D

【解析】全高层门开口的净高度应不小于2.0m。在特殊情况下，当建筑物入口的净高度小于2.0m时，则允许降低层门开口的高度，但任何情况下层门开口的净高度均应不小于1.8m。

21. 吊杆提升钢丝绳的安全系数不应小于(　　)，直径不应小于5mm。

A. 5　　B. 6　　C. 8　　D. 12

【答案】C

22. 天轮架一般有固定式和(　　)两种。

A. 开启式　　B. 浮动式　　C. 可拆卸式　　D. 移动式

【答案】A

【解析】带对重的施工升降机因连接吊笼和对重的钢丝绳需要经过一个定滑轮而工作，故需要设置天轮架。天轮架一般有固定式和开启式两种。

23. 人货两用施工升降机悬挂对重的钢丝绳为单绳时，安全系数不应小于(　　)。

A. 7　　B. 6　　C. 9　　D. 12

【答案】B

【解析】悬挂钢丝绳的安全系数应：

(1) 卷筒驱动的，≥12。

(2) 间接液压驱动的，>12。

(3) 悬挂对重的，>6。

24. 当吊笼底部碰到缓冲弹簧时，对重上端离开天轮架的下端应有(　　)mm 的安全距离。

A. 50　　B. 250　　C. 500　　D. 1 000

【答案】C

25. 当悬挂对重使用两根或两根以上相互独立的钢丝绳时，应设置(　　)平衡钢丝绳张力装置。

A. 浮动　　B. 手动　　C. 机械　　D. 自动

【答案】D

【解析】悬挂用钢丝绳应不少于两根，且相互独立。若采用复绕法，应考虑钢丝绳的根数而不是其下垂的根数。应设置自动平衡悬挂钢丝绳张力的装置。任何弹簧都应在压缩的状态下工作。当单根钢丝绳过分拉长或破坏时，电气安全装置应停止升降机的运行。

26. 悬挂对重多余钢丝绳应卷绕在卷筒上，其弯曲直径不应小于钢丝绳直径的(　　)倍。

A. 3　　B. 5　　C. 15　　D. 20

【答案】C

27. 当施工升降机架设超过一定高度（一般 100～150m）时，受电缆的机械强度限制，应采用电缆(　　)来收放随行电缆。

A. 导向架　　B. 进线架　　C. 滑车　　D. 储筒

【答案】C

28. 卷扬机的安装位置应能使操作人员看清指挥人员和起吊或拖动的物件，操作者视线仰角应小于(　　)。

A. 30°　　B. 45°　　C. 60°　　D. 75°

【答案】B

【解析】卷扬机的安装位置应能使操作人员看清指挥人员和起吊或拖动的物件，操作者视线仰角应小于卷扬机的安装位置应能使操作人员看清指挥人员和起吊或拖动的物件，操作者视线仰角应小于45°。

29. 钢丝绳绕入卷筒的方向应与卷筒轴线垂直，其垂直度允许偏差为(　　)，这样能使钢丝绳圈排列整齐，不致斜绕和互相错叠挤压。

A. 6°　　B. 7°　　C. 2°　　D. 10°

【答案】A

【解析】钢丝绳绕入卷筒的方向应与卷筒轴线垂直，其垂直度允许偏差为6°，大于6°会导致乱绳加速磨损，引发事故。

30. 卷扬机必须有良好的接地或接零装置，接地电阻不得大于(　　)Ω；在一个供电网路上，接地或接零不混用。

A. 100　　B. 10　　C. 20　　D. 5

【答案】B

31. 当电动机启动电压偏差超过额定电压(　　)时，应停止使用。

A. ±5%　　B. ±10%　　C. ±15%　　D. ±20%

【答案】B

【解析】当电动机启动电压偏差超过额定电压±10%时，应停止使用。电压过高或过低会导致电机工作异常或者损坏。

32. 当制动器的制动盘摩擦材料单面厚度磨损到接近(　　)mm时，必须更换制动盘。

A. 0.02　　B. 0.05　　C. 1.5～2　　D. 2.5

【答案】C

【解析】随着使用时间的延续，制动块的摩擦衬垫会磨耗减薄，应经常检查和调整，当制动块摩擦衬垫磨损达原厚度的50%，或制动轮表面磨损达1.5～2mm时，应及时更换。

33. 电动机的电磁制动器的制动作用力应由压簧产生。压簧应被充分支撑，且其所受应力应不超过材料扭转弹性极限的(　　)。

A. 80%　　B. 90%　　C. 100%　　D. 120%

【答案】A

34. 蜗轮副的失效形式主要是(　　)，所以在使用中蜗轮减速箱内要按规定保持一定量的油液，防止缺油和发热。

A. 齿面胶合　　B. 齿面磨损　　C. 轮齿折断　　D. 齿面点蚀

【答案】A

35. 蜗轮减速器的油液温升不得超过(　　)℃，否则会造成油液的黏度急剧下降。

A. 45　　B. 50　　C. 60　　D. 80

【答案】C

【解析】使用中减速器的油液温升不得超过 60℃，否则会造成油液的黏度急剧下降，使减速器产生漏油和蜗轮、蜗杆啮合时不能很好地形成油膜，造成胶合，长时间会使蜗轮副失效。

36. 驱动卷筒的钢丝绳的安全系数不应小于(　　)，钢丝绳直径不应小于 8mm。

A. 6　　B. 8　　C. 9　　D. 12

【答案】D

【解析】悬挂钢丝绳的安全系数应：

(1) 卷筒驱动的，≥12。

(2) 间接液压驱动的，＞12。

(3) 悬挂对重的，＞6。

钢丝绳的安全系数是其最小破断载荷与最大静力之比。

37. 齿轮齿条式施工升降机至少有(　　)的齿条计算宽度参与啮合。

A. 80%　　B. 85%　　C. 90%　　D. 95%

【答案】C

38. 卷筒两侧边缘大于最外层钢丝绳的高度不应小于钢丝绳直径的(　　)倍。

A. 3　　B. 2　　C. 1　　D. 0.5

【答案】B

【解析】卷筒传动的安全技术要求，卷筒两端应有挡板，挡板边缘超出最上层钢丝绳的距离应大于钢丝绳直径的 2 倍。

39. 三相交流异步电动机变频调速原理是通过改变电动机电源的(　　)来进行调速的。

A. 电压　　B. 电流　　C. 电阻　　D. 频率

【答案】D

【解析】变频调速原理是通过改变电动机电源的频率来进行调速的，频率越低转速越低，频率越高转速越高。

40. 当电源发生断、错相时，(　　)就切断控制电路，施工升降机不能启动或停止运行。

A. 断路器　　B. 交流接触器

C. 断错相保护继电器　　　　　　　　D. 变压器

【答案】C

41. 安全装置应能使装有(　　)倍额定载重量的吊笼停止并保持停止状态。

A. 0.63　　　　　　B. 0.85　　　　　　C. 1　　　　　　D. 1.3

【答案】D

【解析】防坠安全装置的安全技术要求，安全装置应能使装有1.3倍额定载重量的吊笼停止并保持停止状态。

42. 防坠安全器的制动距离最大不得超过(　　)m。

A. 1.6　　　　　　B. 1.8　　　　　　C. 2　　　　　　D. 2.5

【答案】C

【解析】防坠安全器在施工升降运行速度不同时，其安全制动距离不同，任何速度下，不许超过2m。

43. 瞬时式防坠安全装置允许借助悬挂装置的断裂或借助一根(　　)来动作。

A. 安全绳　　　　　B. 钢丝绳　　　　C. 安全锁　　　　D. 杠杆

【答案】A

【解析】瞬时式防坠安全器一般由限速装置和断绳保护装置两部分组成。瞬时式防坠安全器允许借助悬挂装置的断裂或借助一根安全绳来动作。

44. (　　)施工升降机必须设置减速开关。

A. 齿轮齿条式　　　B. 钢丝绳式　　　C. 曳引式　　　　D. 变频调速

【答案】D

【解析】变频调速施工升降机必须设置减速开关，当吊笼下降时在触发下限位开关前，应先触发减速开关，使变频器切断加速电路，以避免吊笼下降时冲击底座。

45. 施工升降机驾驶室应配备符合消防电气火灾的(　　)。

A. 灭火器　　　　　B. 二氧化碳　　　C. 干冰　　　　　D. 水

【答案】A

【解析】施工升降机驾驶室应配备符合消防电气火灾的灭火器，一般为二氧化碳或干粉灭火器。

当施工升降机发生火灾时，应立即停止运行并切断电源，打开灭火器进行灭火。

46. 施工升降机安装作业前，(　　)应编制施工升降机安装、拆卸工程专项施工方案。

A. 产权单位　　　　B. 制造单位　　　C. 安装单位　　　D. 施工单位

【答案】C

【解析】进行施工升降机安装作业前，安装单位应编制施工升降机安装、拆卸工程专项施工方案，由安装单位技术负责人批准后，报送施工总承包单位或使用单位、监理单位审核，并告知工程所在地县级以上建设行政主管部门。

47. 安装、拆卸、加节或降节作业时，(　　)的风速不应大于 13m/s。

A. 最大安装高度处　　B. 地面　　C. 吊笼位置　　D. 所在地市最大风力

【答案】A

【解析】安装、拆卸、加节或降节作业时，最大安装高度处的风速不应大于13m/s，当有特殊要求时，按用户和制造厂的协议执行。

48. 一项目 SC 型施工升降机的安装高度为 90m，则该施工升降机的垂直度偏差不大于(　　)mm。

A. 70　　B. 80　　C. 90　　D. 100

【答案】A

【解析】当安装高度 h 满足 $70\text{m}<h\leqslant 100\text{m}$ 条件时，垂直偏差不大于 70mm。

49. 当发现故障或危及安全的情况时，应立刻(　　)。

A. 停止安装作业　　B. 采取必要的安全防护措施

C. 报告技术负责人

【答案】A

【解析】当发现故障或危及安全的情况时，应立刻停止安装作业，采取必要的安全防护措施，应设置警示标志并报告技术负责人。在故障或危险情况未排除之前，不得继续安装作业。

50. SC 型施工升降机安装活动包括：①安装基础底架、②安装吊笼、③安装围栏、④加高至 5～6 节导轨架并安装第一道附墙装置、⑤安装电气系统、⑥安装 3～4 节导轨架，其活动顺序为(　　)。

A. ①②③⑥④⑤　　B. ①②⑥③④⑤

C. ①⑥②③④⑤　　D. ①⑥②③⑤④

【答案】C

【解析】SC 型施工升降机安装的一般工艺流程：基础施工→安装基础底架→安装 3～4 节导轨架→安装吊笼→安装吊杆→安装对重→安装围栏→安装电气系统→加高至 5～6 节导轨架并安装第一道附墙装置→试车→安装导轨架、附墙装置和电缆导向装置→安装天轮和对重钢丝绳→调试、自检、验收。

51. 新安装的施工升降机及在用的施工升降机应至少每(　　)月进行一次额定载重量的坠落试验。

A. 1　　B. 2　　C. 3　　D. 6

【答案】C

【解析】新安装的施工升降机及在用的施工升降机应至少每 3 个月进行一次额定载重量的坠落试验；新安装及大修后的施工升降机应做 125%额定载重量试运行。

52. 吊笼在额定载荷运行制动时如有下滑现象，就应调整制动器，下列说法正确的是(　　)。

A. 调整后可不进行试验　　B. 调整后进行空载试验

C. 调整后进行额定载荷试验　　D. 调整间隙根据经验判断

【答案】C

【解析】吊笼在额定载荷运行制动时如有下滑现象，就应调整制动器。调整间隙应根据产品不同型号及说明书要求进行。调整后必须进行额定载荷下的制动试验。

53. 附墙架位置尽可能保持水平，若由于建筑物条件影响，其倾角不得超过说明书规定值，无规定的一般允许最大倾角为(　　)。

A. ±5°　　B. ±8°　　C. ±10°　　D. ±15°

【答案】B

【解析】附墙架位置尽可能保持水平，若由于建筑物条件影响，其倾角不得超过说明书规定值（一般允许最大倾角为±8°）。

54. 在办理交接班手续时，不属于交班司机职责的是(　　)。

A. 检查施工升降机的机械、电气是否完好

B. 操作手柄置于零位，切断电源

C. 本班运转、保养及有无异常情况

D. 进行空载试验运转

【答案】D

【解析】交班司机职责：检查施工升降机的机械、电气部分是否完好；操作手柄置于零位，切断电源；本班施工升降机运转情况、保养情况及有无异常情况；交接随机工具、附件等情况；清扫卫生，保持清洁；认真填写好设备运转记录和交接班记录。

55. 在施工升降机基础周边水平距离(　　)m以内，不得开挖井沟，不得堆放易燃易爆物品及其他杂物。

A. 2　　B. 5　　C. 10　　D. 无要求

【答案】B

56. 一工地使用的施工升降机为变频高速施工升降机，某日在工作中吊笼在经过变速碰块而不变速，此时司机应该(　　)。

A. 必须马上人工变速　　B. 关闭电源　　C. 按急停按钮　　D. 不做处理

【答案】A

【解析】当操作变频高速施工升降机经过变速碰块而不变速时，必须马上人工变速，即将操作手柄置于低速挡或零位，直至停车检查限位开关正常，变速碰块安装位置正确。

57. 施工升降机使用的三定制度不包括(　　)。

A. 定人　　B. 定机　　C. 定岗　　D. 定时间

【答案】D

【解析】施工升降机的使用实行定人、定机、定岗位的“三定”岗位责任制，也就是每台施工升降机有专人操作、维护与保管。

58. 施工升降机在施工中，必须具备一定的安全技术条件，但不包括(　　)。

A. 操作人员　　B. 设备技术　　C. 环境设施　　D. 企业文化氛围

【答案】D

【解析】一般来说安全技术条件包括操作人员条件、设备技术条件和环境设施条件等。

59. (　　)应每月组织专业技术人员对施工升降机进行检查，并对检查结果进行记录。

A. 使用单位　　B. 产权单位　　C. 建设单位　　D. 监理单位

【答案】A

60. 安装施工升降机时吊笼双门一侧应朝向(　　)。

A. 安全通道　　B. 层站平台　　C. 导轨架　　D 无特殊要求

【答案】B

61. 在吊笼门和防护围栏门没有关闭情况下，吊笼仍能起动运行，应(　　)。

A. 正常使用　　B. 降速使用

C. 立即停止使用并检修　　D. 关闭围栏门后使用

【答案】C

62. 为保持机械运动零件间的良好运动，减少零件磨损，要定期进行(　　)。

A. 紧固　　B. 清洁　　C. 润滑　　D. 防腐

【答案】C

【解析】所谓润滑，是指按照规定和要求，选用并定期加注或更换润滑油，以保持机械运动零件间的良好运动，减少零件磨损。

63. 施工升降机保养过程中，对磨损、破坏程度超过规定的部件，更换后由(　　)检查验收。

A. 专业维修人员　　B. 专业技术人员

C. 修理工　　D. 施工升降机司机

【答案】B

【解析】施工升降机保养过程中，对磨损、破坏程度超过规定的部件，应及时进行维修或更换，并由专业技术人员检查验收。

64. 日常维护保养中，在对对重及其悬挂钢丝绳的检查不包括(　　)。

A. 运行区内有无障碍物

B. 导轨及其防护装置是否正常完好

C. 天轮装置是否正常、可靠

D. 有无损坏，是否牢固可靠

【答案】C

【解析】日常维护保养对对重及其悬挂钢丝绳。检查对重运行区内有无障碍物，对重导轨及其防护装置是否正常完好；钢丝绳有无损坏，其连接点是否牢固可靠。

65. 某施工升降机使用方在设备安装后，在说明书没有明确规定，在使用满(　　)h，应清洗并更换蜗轮减速箱内的润滑油。

A. 30　　B. 35　　C. 40　　D. 45

【答案】C

【解析】施工升降机在安装后，应当按照产品说明书要求进行润滑，说明书没有明确规定的，使用满 40h 应清洗并更换蜗轮减速箱内的润滑油，以后每隔半年更换一次。

66. SC 型施工升降机测量滚轮的磨损极限，宜采用(　　)测量。

A. 直尺　　B. 游标卡尺　　C. 千分尺　　D. 塞尺

【答案】B

67. SC 型施工升降机当防坠安全器转轴的径向间隙大于(　　)mm 时，则应更换安全器。

A. 0.1　　B. 0.2　　C. 0.3　　D. 0.4

【答案】C

68. 在日常施工使用过程中，发现防坠安全器超过检测使用期限，要对其进行更换，其步骤不包含下列哪项(　　)。

A. 拆下连接螺栓，取下安全器　　B. 送检安全器

C. 以 200N·m 力矩拧紧连接螺栓　　D. 调整齿轮与齿条间的啮合间隙

【答案】B

【解析】防坠安全器达到报废标准的应更换，更换步骤如下：

(1) 拆下安全器上部开关罩，拆下微动开关接线。(2) 松开安全器与驱动板之间的连接螺栓，取下安全器。(3) 装上新安全器，以 200N·m 力矩拧紧连接螺栓，调整安全器齿轮与齿条之间的啮合间隙。(4) 接好微动开关线，装好上开关罩。(5) 进行坠落实验，检查安全器的制动情况。(6) 按安全器复位说明进行复位。(7) 润滑安全器。

69. 施工升降机司机在驾驶施工升降机时，发现出现电源总开关合闸即跳，可能的原因不包括(　　)。

A. 电路内部损伤　　B. 短路

C. 相线对地短接　　D. 限位开关损坏

【答案】D

【解析】现象：总电源开关合闸即跳。故障原因：电路内部损伤、短路或相线对地短接。

70. 属于影响施工升降机架体垂直度的原因是(　　)。

A. 地基承载力　　B. 基础尺寸不符

C. 混凝土强度不符　　D. 基础表面平整度不符

【答案】D

【解析】基础表面平整度不符合要求，预埋件布置不正确，影响了架体的垂直度和联结强度。

71. 施工升降机的技术资料包括(　　)。

A. 设计文件　　B. 制造许可证

C. 合格证　　D. 制造监督检验证明

【答案】A

【解析】在购买或租赁施工升降机时，用户要选择具有制造许可证、产品合格证和制造监督检验证明、技术资料齐全的正规厂家生产的合格产品。

72. 许多人认为特种作业人员取得证书即可，不需参加继续教育，但施工升降机特种作业人员(　　)还应参加安全生产教育。

A. 每月　　B. 每半年　　C. 每年　　D. 每三年

【答案】C

【解析】严格特种作业人员资格管理，施工升降机的安装拆卸工、施工升降机司机、起重司索信号工及电工等特种作业人员必须接受专门的安全操作知识培训，经建设主管部门考核合格，取得"建筑施工特种作业操作资格证书"，每年还应参加安全生产教育。

73. 使用单位应当委托(　　)对施工升降机进行检验。

A. 监理单位　　B. 检测检验单位

C. 施工总承包单位　　D. 建设单位

【答案】B

【解析】自检合格后，使用单位应当委托具有相应资质的检测检验单位对施工升降机进行检验。

74. (　　)制定施工升降机安装方案和安全技术措施，进行技术交底，落实严格的安装验收手续。

A. 检测检验单位　　B. 安装单位

C. 施工总承包单位　　D. 建设单位

【答案】B

75. 所有楼层卸料平台防护门应(　　)。

A. 常闭，门锁在吊笼侧　　B. 常闭，门锁在楼内测

C. 常开，门锁在吊笼侧　　D. 常开，门锁在楼内测

【答案】A

【解析】所有楼层卸料平台防护门处于常闭状态，即开即闭，且开启门锁在吊笼侧。

76. 当需要进行检修作业时，可以在下列哪种情况下进行(　　)。

A. 运行　　B. 安装　　C. 拆除　　D. 停机

【答案】D

【解析】在未停机的情况下进行检修作业属于违章操作。

77. 维修保养人员维修保养时(　　)必须到位配合。

A. 现场安全管理人员　　B. 施工升降机司机

C. 项目经理　　D. 厂家技术人员

【答案】B

【解析】施工升降机司机必须经建筑专业培训合格的持证人员，配合维修保养人员到位。

二、多项选择题

1. 施工升降机的齿轮齿条传动由于润滑条件差，灰尘、脏物等研磨性微粒易落在齿面上，轮齿磨损快，且齿根产生的弯曲应力大，因此(　　)是施工升降机齿轮齿条传动的主要失效形式。

A. 轮齿折断　　B. 齿面点蚀

C. 齿面胶合　　D. 齿面磨损

E. 齿面塑性变形

【答案】AD

2. 液压油在液压系统中主要有以下(　　)几种作用。

A. 传递压力　　B. 润滑

C. 冷却　　D. 承受压力

E. 密封

【答案】ABCD

【解析】液压油是液压系统的工作介质，指在液压系统中，承受压力并传递压力的油液，也是液压元件的润滑剂和冷却剂。

3. 可以进行调质处理的常用轴类材料一般为(　　)。

A. 40Cr　　B. 45

C. Q235 钢　　D. Q345 钢

E. 不锈钢

【答案】ABD

【解析】Q235 钢和不锈钢无法淬火，所以无法调质。

4. 钢结构通常是由多个杆件以一定的方式相互连接而组成的。常用的连接方法有（　　）。

A. 焊接连接　　B. 螺栓连接

C. 铆接连接　　D. 钎焊连接

E. 销轴

【答案】ABCE

【解析】钢结构是由钢板、热轧型钢、薄壁型钢和钢管等构件通过焊接、铆接和螺栓、销轴等形式连接而成的能承受和传递荷载的结构，是施工升降机的重要组成部分。

5. 常用的钢丝绳连接和固定方式有以下几种（　　）。

A. 编结连接　　B. 楔块、楔套连接

C. 锥形套浇铸法　　D. 绳夹连接

E. 铝合金套压缩法

【答案】ABCDE

【解析】钢丝绳终端固定应确保安全可靠，并且应符合起重机手册的规定。常用的钢丝绳连接和固定方式有以下几种，编结连接，楔块、楔套连接，锥形套浇铸法，绳夹连接，铝合金套压缩法。

6. 起重钢丝绳在使用过程中经常、反复受到（　　），会使钢丝绳出现一种叫“金属疲劳”的现象，于是钢丝绳开始很快地损坏，应随时检查，及时更换。

A. 拉伸　　B. 弯曲

C. 淬火　　D. 退火

E. 回火

【答案】AB

【解析】钢丝绳在使用期间，一定要按规定进行定期检查，及早发现问题，及时保养或者更换报废，保证钢丝绳的安全使用。由于起重钢丝绳在使用过程中经常、反复受到拉伸、弯曲，当拉伸、弯曲的次数超过一定数值后，会使钢丝绳出现一种叫“金属疲劳”的现象，于是钢丝绳开始很快地损坏。

7. 千斤顶有（　　）三种基本类型。

A. 齿条式　　B. 螺旋式

C. 液压式　　D. 链轮式

E. 混合式

【答案】ABC

8. 施工升降机按其传动形式可分为(   )。

A. 齿轮齿条式　　B. 钢丝绳式

C. 混合式　　D. 曳引式

E. 液压式

【答案】ABC

【解析】施工升降机的分类方法很多，施工升降机按其传动形式可分为齿轮齿条式、钢丝绳式和混合式三种。

9. 齿轮齿条式施工升降机根据驱动装置的种类可以分为(   )。

A. 普通双驱动　　B. 三驱动

C. 变频调速驱动　　D. 液压传动驱动

E. 单驱动

【答案】ACD

【解析】施工升降机按驱动装置的种类可分为普通施工升降机、液压施工升降机和变频调速施工升降机。

10. 电缆防护装置一般由(   )组成。

A. 电缆进线架　　B. 电缆导向架

C. 电缆储筒　　D. 安全钩

E. 电缆滑车

【答案】ABCE

【解析】电缆防护装置一般由电缆进线架、电缆导向架和电缆储筒组成。当施工升降机架设超过一定高度时应使用电缆滑车。

11. 施工升降机的连接螺栓应为高强度螺栓，不得低于8.8级，其紧固件的表面不得有(   )等缺陷。

A. 锈斑　　B. 碰撞凹坑

C. 裂纹　　D. 油污

E. 划痕

【答案】ABC

【解析】附墙架的结构与零部件应完整和完好，连接螺栓为不低于8.8级的高强度螺栓，其紧固件的表面不得有锈斑、碰撞凹坑和裂纹等缺陷。

12. 施工升降机标准节的截面形状有(   )。

A. 矩形　　B. 菱形

C. 正方形　　D. 三角形

E. 梯形

【答案】ACD

【解析】标准节的截面一般有方形、三角形等，常用的是方形。标准节由四根竖向布置在四角的钢管作为主肢、水平布置的角钢作为水平杆腹杆、倾斜布置的圆钢作斜腹杆焊接而成。

13. 电动机的电气制动可分为(　　)。

A. 反接制动　　B. 能耗制动

C. 再生制动　　D. 常开制动器

E. 常闭制动器

【答案】ABC

14. 齿轮齿条式施工升降机的驱动系统一般包含(　　)。

A. 电动机　　B. 制动器

C. 联轴器　　D. 减速器

E. 卷筒

【答案】ABCD

15. 电气系统主要由(　　)组成。

A. 主电路　　B. 主控制电路

C. 辅助电路　　D. 坠落试验电路

E. 笼顶操作电路

【答案】ABC

【解析】坠落试验电路和笼顶操作电路都属于辅助电路。

16. 变频电气系统中的 PLC 接收(　　)等元器件的状态信号，经运算处理，控制变频电机的运行。

A. 上限位　　B. 下限位

C. 重量限位　　D. 操纵手柄档位

E. 急停开关

【答案】ABCD

【解析】急停开关一般直接串联到主电路，确保急停的有效性。

17. 对于 SS 型人货两用施工升降机，每个吊笼应设置兼有(　　)双重功能的防坠安全装置。

A. 防坠　　B. 限速

C. 断绳保护　　D. 超载保护

E. 过载保护

【答案】AB

【解析】施工升降机，每个吊笼应设置兼有防坠、限速双重功能的防坠安全装置，当限速器动作时，可以迅速切断施工升降机的电源。

18. 安全装置联锁控制开关主要有(　　)。

A. 防坠安全器安全开关　　B. 防松绳开关

C. 门安全控制开关　　D. 超载保护

E. 断绳保护

【答案】ABC

【解析】当施工升降机出现不安全状态，触发安全装置动作后，能及时切断电源或控制电路，使电动机停止运转。该类电气安全开关主要有防坠安全器安全开关、防松绳开关及门安全控制开关等。

19. 超载限制器是用于施工升降机超载运行的安全装置，常用的有(　　)。

A. 电子传感器式　　B. 弹簧式

C. 拉力环式　　D. 弓板式

E. 钢丝绳式

【答案】ABC

【解析】超载保护装置是用于施工升降机超载运行的安全装置，常用的有电子传感器式、弹簧式和拉力环式三种。

20. 施工升降机应当有(　　)和产品设计文件、有关型式试验合格证明等文件。

A. 原材检验报告　　B. 构件供应商名录

C. 监督检验证明　　D. 出厂合格证

E. 安装及使用维修说明

【答案】CDE

【解析】施工升降机应当有监督检验证明、出厂合格证和产品设计文件、安装及使用维修说明、有关型式试验合格证明等文件，并已在产权单位工商注册所在地县级以上建设主管部门备案登记。

21. 某设备租赁公司场内留存的施工升降机经检查后发现存有以下几种情形，其中不得出租、安装的有(　　)。

A. 属国家明令淘汰或者禁止使用的

B. 经检验达不到安全技术标准规定的

C. 无完整安全技术档案的

D. 超过制造厂家规定的使用年限的

E. 限位装置未经试验的

【答案】ABCD

【解析】有下列情形之一的施工升降机，不得出租、安装和使用：

(1) 属国家明令淘汰或者禁止使用的；(2) 超过安全技术标准或者制造厂家规定

的使用年限的；（3）经检验达不到安全技术标准规定的；（4）无完整安全技术档案的；（5）无齐全有效的安全保护装置的。

22. 专用电缆滑车（带滑车的电缆导向装置）的作用是（　　）。

A. 减少动力电缆的电压降　　B. 增大起升高度

C. 防止电缆受拉力太大而损坏　　D. 减少电缆使用

E. 固定电缆

【答案】AC

【解析】为了减少动力电缆的电压降和防止电缆受拉力太大而损坏，应采用带滑车的电缆导向装置。

23. 施工升降机构件如出现（　　），必须予以更换。

A. 严重锈蚀　　B. 严重磨损

C. 整体或局部变形　　D. 可见裂纹的构件

【答案】ABC

【解析】安装前应检查施工升降机的导轨架、吊笼、围栏、天轮、附墙架等结构件是否完好、配套，螺栓、轴销、开口销等零部件的种类和数量是否齐全、完好。对有可见裂纹的构件应进行修复或更换，对有严重锈蚀、严重磨损、整体或局部变形的构件必须进行更换，直至符合产品标准的有关规定后方能进行安装。

24. 不得使用施工升降机的环境情况有（　　）。

A. 大雨　　B. 大雪

C. 大雾　　D. 施工升降机顶部风速大于 20m/s

E. 导轨架、电缆表面结有冰层时

【答案】ABCDE

【解析】当遇大雨、大雪、大雾、施工升降机顶部风速大于 20m/s 及导轨架、电缆表面结有冰层时，不得使用施工升降机。

25. 施工升降机负载运行的主要目的为（　　）。

A. 检查上、下限位开关是否有效、灵敏

B. 检查制动器的可靠性

C. 结构架体的稳定性

D. 检查各润滑部位

【答案】BC

【解析】负载运行的主要检查内容为制动器的可靠性和架体的稳定性。

26. A 工地使用的 SC 型施工升降机，在使用时发生故障，项目部立即安排人员前往处理，其中应该采取的措施有（　　）。

A. 安排人员对此升降机进行监护

B. 停机，切断电源

C. 在醒目处挂“正在检修，禁止合闸”

D. 指挥笼内人员从吊笼顶部逃脱

【答案】ABC

【解析】发生故障或维修保养必须停机，切断电源后方可进行，并在醒目处挂“正在检修，禁止合闸”的标志，现场须有人监护。

27. 当吊笼在运行中途突然遇到电气设备或货物发生燃烧，司机应当(　　)。

A. 立即停止施工升降机的运行

B. 及时切断电源

C. 用随机备用的灭火器来灭火

D. 报告有关部门和抢救受伤人员

E. 冒火驾驶到安全楼层

【答案】ABCD

【解析】当吊笼在运行中途突然遇到电气设备或货物发生燃烧，司机应立即停止施工升降机的运行，及时切断电源，并用随机备用的灭火器来灭火。然后，报告有关部门和抢救受伤人员，撤离所有乘员。

28. 施工升降机维护保养“十字作业”法包括(　　)。

A. 防腐　　B. 清洁

C. 紧固　　D. 调整

E. 润滑

【答案】ABCDE

【解析】维护保养一般采用“清洁、紧固、调整、润滑、防腐”等方法，通常简称为“十字作业”法。

29. 在对施工升降机日常检查地面防护围栏和吊笼时，应注意检查(　　)。

A. 围栏是否齐全、无缺失　　B. 围栏门和吊笼门是否启闭自如

C. 通道区有无其他杂物堆放　　D. 吊笼运行区间有无障碍物

E. 笼内是否保持清洁

【答案】BCDE

30. SC型施工升降机在使用时，出现减速器驱动齿轮损坏，其更换步骤包括(　　)。

A. 将吊笼降至地面，用木块垫稳

B. 拆掉电机接线，松开电动机制动器，拆下背轮

C. 将驱动板从驱动架上取下

D. 接好电机及制动器接线

E. 通电试运行

【答案】ABCDE

【解析】当减速器驱动齿轮齿形磨损达到极限时，必须进行更换，方法如下：（1）将吊笼降至地面，用木块垫稳。（2）拆掉电机接线，松开电动机制动器，拆下背轮。（3）松开驱动板连接螺栓，将驱动板从驱动架上取下。（4）拆下减速机驱动齿轮外轴端圆螺母及锁片，拔出小齿轮。（5）将轴径表面擦洗干净并涂上黄油。（6）将新齿轮装到轴上，上好圆螺母及锁片。（7）将驱动板重新装回驱动架上，穿好连接螺栓（先不要拧紧）并安装好背轮。（8）调整好齿轮啮合间隙，使用扭力扳手将背轮连接螺栓、驱动板连接螺栓拧紧，拧紧力矩应分别达到 300N・m 和 200N・m。（9）恢复电机制动并接好电机及制动器接线。（10）通电试运行。

31. 施工升降机常见的电气故障包括(　　)。

A. 电气线路故障　　B. 元器件故障

C. 电气设备故障　　D. 电源系统故障

E. 限位开关故障

【答案】ABCD

【解析】由于电气线路、元器件、电气设备以及电源系统等发生故障，造成用电系统不能正常运行的情况，统称为电气故障。

32. 两个体系建设中各类危险源进行提前辨识，包括机械的(　　)。

A. 运输　　B. 安装

C. 使用　　D. 拆除

E. 检验

【答案】BCD

【解析】两个体系建设，即对机械安装、使用、拆除过程中存在的各类危险源进行提前辨识，确定不同危险级别，有针对性进行预防或排除，确保机械及操作人员安全。

33. 安全装置失效会诱发施工升降机事故，其中安全装置包括(　　)。

A. 安全器　　B. 机械联锁装置

C. 附着装置　　D. 行程限位开关

E. 超载限制器

【答案】ABDE

【解析】安全装置包括：各种安全器、制动器、超载限制器、机械联锁装置、行程限位开关、防松绳装置、急停开关等。

34. 要对施工升降机做好危险源消除及预防就要把控好以下环节(　　)。

A. 施工升降机购置和租赁　　B. 施工升降机安拆队伍

C. 作业人员培训考核　　D. 技术管理

E. 检查验收

【答案】ABCDE

【解析】施工升降机危险源及预防环节包括：(1) 施工升降机购置和租赁；(2) 施工升降机安拆队伍；(3) 作业人员培训考核；(4) 技术管理；(5) 检查验收。

35. 当施工单位要选用施工升降机，应注意查验(　　)。

A. 制造许可证　　B. 产品合格证

C. 制造监督检验证明　　D. 产权备案证明

E. 技术资料

【答案】ABCDE

【解析】施工单位在选用施工升降机等起重机械设备时应查验制造许可证、产品合格证、制造监督检验证明、产权备案证明，技术资料不齐全的不得使用。

四、案例题

1. A 公司的 M 工地因施工需要，从设备租赁公司租用了 1 台 SC 型施工升降机，并由 B 安装公司按照本单位审批完成的施工方案进行安装作业。期间发生了以下事件，请根据所学知识做出评价。

(1) 判断题

1) 施工升降机安装方案有安装单位编制完成并经技术负责人审批后，直接指导施工。

【答案】错误

2) 施工总承包单位 M 项目部为加快安装进度，指派 2 名务工人员进入作业区辅助安拆人员进行安装作业。

【答案】错误

(2) 单选题

1) 安装过程中，导轨架每升高(　　)m 左右在两个方向上进行一次垂直度测量。

A. 5　　B. 10　　C. 15　　D. 30

【答案】B

2) 上限位开关的安装位置应保证吊笼触发该开关后，上部安全距离不小于(　　)m。

A. 1　　B. 1.5　　C. 1.8　　D. 2.0

【答案】C

3) 施工升降机经安装单位自检合格交付使用前，应当经(　　)监督检验合格。

A. 建设单位　　B. 监理单位

C. 县级及以上主管部门　　D. 有相应资质的检验检测机构

【答案】D

（3）多选题

手动撬动作业法可以使吊笼在断电的情况下上升或下降，其作业内容包括（　　）

A. 查清原因，排除故障

B. 取下减速器与电机之间联轴器检查罩

C. 将摇把插入联轴器的孔中

D. 提起制动器尾部的松脱手柄

E. 调整各导向滚轮的偏心轴

【答案】ABCD

2. M工地按照年度演练计划，拟对施工升降机突发状况进行应急演练，项目部人员、施工升降机司机、部分班组人员参与了本次演习。

（1）判断题

1）为方便逃生，将拟演练楼层部位的层门保持开启状态。

【答案】错误

2）演练前，项目经理安排安全员将施工升降机驶离地面，并由工人将围栏内易燃杂物清理掉。

【答案】错误

（2）单选题

1）在施工升降机基础周边水平距离（　　）m以内，不得堆放易燃易爆物品及其他杂物。

A. 1m　　B. 2m　　C. 5m　　D. 10m

【答案】C

2）施工升降机司机每年应当参加不少于（　　）的安全生产教育。

A. 24h　　B. 2d　　C. 8h　　D. 3d

【答案】A

3）特种设备使用超过一定年限，（　　）必须经有相应资质的检验检测机构监督检验合格，才可以正常使用。

A. 每半年　　B. 每年

C. 每两年　　D. 任何情况不允许使用

【答案】B

（3）多选题

1）吊笼失火在电源未切断之前，应用（　　）灭火器灭火。

A. 1211　　B. 干粉

C. 二氧化碳　　D. 泡沫

E. 酸碱

【答案】ABC

2）演练结束后下班休息，施工升降机司机应该做的工作有(　　)。

A. 吊笼返回最底层停放

B. 将各控制开关拨到零位

C. 切断电源

D. 锁好开关箱、吊笼门和地面防护围栏门

【答案】ABCD

3. 某工地使用一台SC型施工升降机，经联合验收及第三方检测合格后投入使用，项目部履行使用单位责任。

（1）判断

1）季度及年度的维护保养，以施工升降机司机为主，专业维修人员配合进行。

【答案】错误

2）最常见的防腐保养包括对机械外表进行补漆或涂油脂等防腐涂料。

【答案】正确

（2）单选题

1）施工升降机到新工程，安装使用前，需进行一次全面的维护保养，这属于(　　)。

A. 大修　　B. 转场保养　　C. 闲置保养　　D. 润滑保养

【答案】B

2）为保持机械运动零件间的良好运动，减少零件磨损，要定期进行(　　)。

A. 紧固　　B. 清洁　　C. 润滑　　D. 防腐

【答案】C

（3）多选题

1）施工升降机在停置或封存期内，至少每月进行一次保养，重点是(　　)，由专业维修人员进行。

A. 紧固　　B. 清洁

C. 润滑　　D. 防腐

E. 试验

【答案】CD

2）施工升降机月检查保养由(　　)负责完成。

A. 施工升降机司机　　B. 修理工

C. 专业维修人员　　D. 有相应资质单位

E. 现场安全管理人员

【答案】AB

4. 2019年7月，某工地发生施工升降机吊笼坠落事故，造成2人死亡，教训引人深思。

（1）判断题

1）施工升降机的使用必须严格遵守特种作业人员持证上岗的规定，杜绝违章指挥、违章作业。

【答案】正确

2）施工升降机发生异常时，操作人员应立即停止作业，及时向有关部门报告。

【答案】正确

（2）单选题

1）施工升降机制动失灵引发吊笼坠落事故的原因不包括（　　）。

A. 安全防坠器失效　　B. 制动下滑距离过大

C. 产品设计制造不符合规范标准要求　　D. 制动力矩过大

【答案】D

2）不是导致施工升降机导轨架折断、吊笼坠落的主要原因的是（　　）。

A. 未按要求安装附着　　B. 顶部安全装置未一次安装完毕

C. 楼层呼叫系统故障　　D. 启用前未经验收

【答案】C

（3）多选题

1）消除和预防制动失灵引发的施工升降机吊笼坠落事故的措施有（　　）。

A. 及时更换制动片　　B. 更换符合设计要求的部件

C. 传动板设置防脱轨挡块　　D. 防坠安全器有效

E. 按规定维护保养

【答案】ABCDE

2）施工升降机吊笼冒顶的原因包括（　　）。

A. 未安装安全节　　B. 未安装上线限位撞块

C. 无安全钩或失效　　D. 未关锁笼门

E. 操作司机无证或未培训

【答案】ABCDE

5. 选用一根直径为12.5mm的钢丝绳，用于吊索，设定安全系数为8，则它的破断力和许用拉力各为多少？

【解】已知 $D=12.5mm$，$K=8$。

则：$Q=50\times D\times D=50\times 12.5\times 12.5=7812.5kg$。

$P=Q/K=7812.5/8=976.6kg$。

6. 已知：钢丝绳的直径 $d=16mm$，卷筒的直径 $D=500mm$，卷筒缠绕钢丝绳圈数 $Z=50$，安全圈数 $Z_0=3$。

请问卷筒只能缠绕单层钢丝绳的情况下，卷筒的容绳量是多少？

【解】已知 $d=16mm$，$D=500mm$，$Z=50$，$Z_0=3$。

则：根据卷筒的容绳量计算公式：$L=3.14(D+d)(Z-Z_0)=3.14(500+16)(50-3)=76151mm=76.151m$。

即：该卷筒的容绳量是 76.151m。

7. 已知：钢丝绳的直径 $d=16mm$，卷筒的直径 $D=500mm$，卷筒缠绕钢丝绳圈数 $Z=50$，安全圈数 $Z_0=3$。

请问卷筒可以缠绕 5 层钢丝绳的情况下，卷筒的容绳量是多少？

【解】已知 $d=16mm$，$D=500mm$，$Z=50$，$Z_0=3$，$n=5$ 层。

则：根据卷筒的容绳量计算公式：$L=3.14\times n\times Z(D+n\times d)=3.14\times 5\times 50(500+5\times 16)=455300mm=455.3m$。

即：该卷筒的容绳量是 455.3m。